"十三五"高职高专规划教材

大学物理

（高职版）

张小芳　田宜驰　任修红／主　编
艾国利　叶永春　王少强　杨能彪　郝巧梅／副主编

Daxue
Wuli

电子科技大学出版社

图书在版编目（CIP）数据

大学物理：高职版 / 张小芳，田宜弛，任修红主编.
—成都：电子科技大学出版社，2017.5
ISBN 978-7-5647-4578-3

Ⅰ.①大… Ⅱ.①张… ②田… ③任… Ⅲ.①物理学－高等职业教育－教材 Ⅳ.①O4

中国版本图书馆 CIP 数据核字（2017）第 127547 号

大学物理（高职版）
张小芳　田宜弛　任修红　主编

策划编辑	万晓桐
责任编辑	万晓桐

出版发行　电子科技大学出版社
　　　　　成都市一环路东一段 159 号电子信息产业大厦九楼　邮编　610051
主　　页　www.uestcp.com.cn
服务电话　028-83203399
邮购电话　028-83201495

印　　刷	廊坊市广阳区九洲印刷厂
成品尺寸	185 mm×260 mm
印　　张	13.75
字　　数	355 千字
版　　次	2017 年 5 月第一版
印　　次	2024 年 2 月第二次印刷
书　　号	ISBN 978-7-5647-4578-3
定　　价	36.00 元

版权所有，侵权必究

前　言

　　本书在编写过程中参考了物理学经典教材，学习了相关教材的先进经验，同时力求自己的特点，结合高职高专学生实际，用辩证唯物思想为指导，理论联系实际，努力做到该教材在高职高专教育中基础性和服务专业性的特征，加强基础物理概念和物理规律的阐述和实际应用，培养学生解决问题的能力和正确的人生价值观，提高学生的科学素养。

　　本书的编写均采用国际单位制，物理量和物理符号基本采用标准。具体内容紧密结合高职高专学生专业需求，从专业实际需求出发，结合物理基础知识和生活实际，浅显易懂的描述相关物理问题。具体编写过程充分考虑了高等职业技术学院学生的实际，知识点设计尽量衔接中学知识，贴近生活和专业实际，教材语言描述简洁易懂，突出重点，注重物理概念的阐述，结合例题和习题加大物理规律的理解巩固应用。内容编排上加强了物理原理在各领域中的应用，让学生能体会到物理在专业和实际中的应用和重要性。

　　另外，本团队成员均为教学一线教师，结合自身教学经验，用认真的态度撰写该教材。但由于我们水平有限，编写时间较为仓促，书中有缺点或错误，敬请读者指正，并给出宝贵意见和建议，使得它能逐步提高和完善。

编　者

目　　录

第1章　运动和力 1

    1.1　参考系　坐标系和质点 1

    1.2　位移　速度和加速度 2

    1.3　力　力的合成与分解 9

    1.4　圆周运动和角量描述 12

第2章　守恒定律 16

    2.1　动量　动量定理 16

    2.2　功　动能定理 21

    2.3　机械能守恒定律 29

    2.4　碰撞问题 31

    2.5　刚体定轴转动　角动量守恒定律 35

第3章　振动与波动 46

    3.1　简谐振动 46

    3.2　阻尼振动　受迫振动和共振 56

    3.3　机械振动的合成 61

    3.4　机械波及其特征 69

    3.5　波的干涉 80

    3.6　声波 87

    3.7　光度学 90

第4章　热力学定律 94

    4.1　热力学第一定律 94

    4.2　理想气体 100

    4.3　理想气体等值、绝热过程 107

    4.4　循环过程 111

    4.5　热力学第二定律 121

    4.6　热传递 125

    4.7　能源的开发和利用 134

第 5 章　静电学 137
5.1　电荷　真空中的库仑定律 137
5.2　电场　电场强度 138
5.3　电势　电势差 149
5.4　静电场中的导体与介质 155

第 6 章　稳恒磁场 165
6.1　磁场与磁感应强度 165
6.2　磁场高斯定理、安培环路定理 171
6.3　磁场力 173
6.4　磁场中的介质 182

第 7 章　电磁感应 188
7.1　电磁感应定律 188
7.2　自感与互感 194
7.3　三相交流电及供电连接 202

附录 208
附件 1　物理学单位 208
附件 2　常用物理常量 212
附件 3　希腊字母表 213

参考文献 214

第1章 运动和力

没有今日的基础科学，就没有明日的科技应用……可以想象，我们现在的基础科学将怎样地影响 21 世纪的科技文明。

——李政道

爱因斯坦说："运动只能理解为物体的相对运动。在力学中，一般讲到运动，总是意味着相对于坐标系的运动。"宇宙中所有物体都在不停地运动变化着，运动具有绝对性。本章讨论如何描述物体（可视为质点理想模型）的运动，并引用矢量这一数学工具对其力学规律进行描述。

1.1 参考系 坐标系和质点

1.1.1 参考系和坐标系

某物体的运动总是相对于另一些选定的参照物体而言的。例如研究汽车的运动，常用街道和房屋或电线杆作参照物；观察轮船的航行，常用河岸上的树木、码头或灯塔作参照物。**这些作为研究物体相对运动时所参照的物体（或彼此不作相对运动的物体群），称为参照系。**

选择不同的参照系，描述的物体运动是不同的。例如站在运动着的船上的人手中拿着一个物体，在同船的人看来它是不动的，但岸上的人看到它和船在一起运动。如果船上的人把手松开，同船的人看到物体沿直线自由下落，而岸上的人却看到物体做平抛运动。一般而言，研究运动学问题时，只要描述方便，参照系可以任意选择，但是在考虑动力学问题时，选择参照系就要慎重了，因为一些重要的动力学规律（如牛顿三定律）只对某类特定的参照系（惯性系）成立。

为了把物体在各个时刻相对于参照系的位置定量地表示出来，还需要在参照系上建立适当的**坐标系**。最常用的坐标系是直角坐标系，例如要描述室内物体的运动，可以选地板的某一角为坐标原点，以墙壁和墙壁、墙壁和地板的交线为坐标轴，这就构成一个直角坐标系。有时也选用极坐标系，例如研究地球的运动时，可以选太阳为坐标原点，而坐标轴则指向某个恒星。坐标系实质上是由实物构成的参照系的数学抽象，在讨论运动的一般性问题时，人们往往给出坐标系而不必具体地指明它所参照的物体。

1.1.2 质点

物体的运动变化问题是复杂的，为了便于问题的解决，物理学常采用"理想化"的

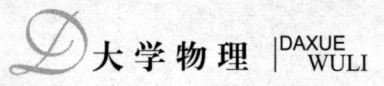

方法。理想化方法是物理学的最重要的研究方法之一。用理想化的方法忽略问题的次要方面（或矛盾）使被研究的问题变得简单可行。同时因它保留了主要方面，使研究结果具有充分的价值。物理学理想化方法包括理想模型、理想过程、理想实验等。

质点是物理学中最基本最重要的一个理想化模型，也是牛顿力学的最基本的研究对象。

若物体的大小和形状在所研究的问题中可以忽略时，就可把物体当作是有一定质量的一个点，即质点。质点保留了实际物体的两个主要特征：**物体的质量和物体的空间位置。**

物体是否能视为质点，不是由物体本身的大小形状决定，而是由研究的问题而定。以下两种情况可以把物体当作质点对待。一是刚体作平动，物体作平动时物体内各点具有相同的轨迹，相同的速度和加速度，因而只需研究物体上一点的运动情况，就足以认识其全貌。二是物体的几何尺寸比它运动的尺度小许多，其形状和大小可以忽略，比如研究地球相对太阳的运动，地球和太阳均可视为质点。

如果所研究的物体或运动问题不能当作一个质点处理，则可将其视为由许多质点或质元组成的系统，这些质点或质元的组合，称为质点系。

1.2 位移 速度和加速度

1.2.1 位置矢量与运动学方程

现在利用矢量这个数学工具对质点的一般运动建立位置矢量和运动学方程的概念。

如图 1.2-1 所示，以坐标原点 O 为参考点，画一个指向质点 P 所在位置的有向线段（矢量），**用来表示质点所在位置的矢量，称为位置矢量，简称位矢 r。**

即由参考点引向质点所在位置的矢量为质点的位置矢量。

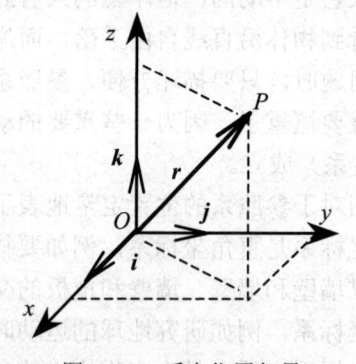

图 1.2-1 质点位置矢量

矢量与标量的不同在于标量只有大小，矢量是既有大小又有方向的物理量；还在于矢量的运算法则与标量的运算法则不同。矢量加减不能用代数加减，而是平行四边形法则或三角形法则。

为了使矢量便于表示和计算，采用三维坐标分量的表示方法。坐标分量可视为标量，同一坐标分量的运算用标量运算法则。

如果质点在空间运动,确定它的坐标分量可用直角坐标系。直角坐标系有三个互相垂直的坐标轴 Ox、Oy、Oz。质点 P 在三个坐标轴上的投影点的坐标分别为 x、y、z,是标量。于是,位置矢量 r 就可表示成

$$\boldsymbol{r} = x\boldsymbol{i} + y\boldsymbol{j} + z\boldsymbol{k} \tag{1.2-1a}$$

式中,$\boldsymbol{i}$、$\boldsymbol{j}$、$\boldsymbol{k}$ 分别为坐标轴 Ox、Oy、Oz 方向的单位矢量。$\boldsymbol{r}$ 可视为 $x\boldsymbol{i}$、$y\boldsymbol{j}$、$z\boldsymbol{k}$ 三个矢量之和,x、y、z 称为 $\boldsymbol{r}$ 的三个坐标轴方向上的位置坐标。还可以用位置坐标表示位置矢量的大小和方向,其大小为

$$r = \sqrt{x^2 + y^2 + z^2}$$

位置矢量的方向余弦为

$$\cos\alpha = \frac{x}{r}, \cos\beta = \frac{y}{r}, \cos\gamma = \frac{z}{r}$$

同理,若质点在二维平面上运动,那么在该平面上取平面直角坐标系 xOy,就可确定质点的位置,即

$$\boldsymbol{r} = x\boldsymbol{i} + y\boldsymbol{j} \tag{1.2-1b}$$

若质点沿一维直线运动,那么在该直线上选定坐标的原点和正方向设为 Ox 轴,就可以确定质点的位置,即

$$\boldsymbol{r} = x\boldsymbol{i} \tag{1.2-1c}$$

质点 P 在运动的每一时刻,均有一位置矢量与之对应,那么它的位置矢量 $\boldsymbol{r}$ 将随时间 t 变化,函数关系表示为

$$\boldsymbol{r} = \boldsymbol{r}(t) \tag{1.2-2}$$

称为质点的**运动学方程**,表示任意时刻质点的位置。一旦得知质点的运动学方程,则该质点的全部运动情况就一目了然。

这时质点的坐标分量 x、y、z 也是时间 t 的函数

$$\left.\begin{array}{l} x = x(t) \\ y = y(t) \\ z = z(t) \end{array}\right\} \tag{1.2-3}$$

称为质点运动学方程的标量表达式。

那么,通常把质点运动的实际轨迹称为质点运动的轨迹。在运动学方程基础上消去时间 t 即得质点的**轨迹方程**。

例如,大家熟知的平抛运动就可分解为水平(x 轴方向)匀速直线运动,竖直(y 轴方向)自由落体运动,其运动学方程为

$$x = v_0 t$$
$$y = y_0 - \frac{1}{2}gt^2$$

上式联立消去 t 即得轨迹方程为

$$y = y_0 - \frac{g}{2v_0^2}x^2$$

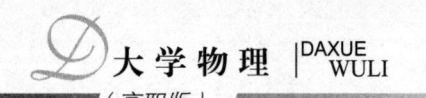

1.2.2 位移

位移即位置矢量的增量,用来描述质点在一定时间间隔内位置的变动。

如图 1.2-2 所示,若质点在空间运动,从 t 到 $t+\Delta t$,质点由位置 A 沿一曲线移动到位置 B。作从 A 指向 B 的矢量表示质点的位置变化,称为**位移**(矢量),记作 Δr。可见位移是描述一段时间 Δt 内(或某个运动过程)质点位置变化的物理量,它同时描述了质点位置变化的距离大小和方向,仅与始末位置有关,与运动路径无关。位移等于始末位置矢量之差,即

$$\Delta r_{AB} = r_B - r_A = \Delta x i + \Delta y j + \Delta z k \tag{1.2-4}$$

式中

$$\left.\begin{array}{l}\Delta x = x_B - x_A \\ \Delta y = y_B - y_A \\ \Delta z = z_B - z_A\end{array}\right\} \tag{1.2-5}$$

分别是 Δt 时间内质点各坐标分量的增量。

一般来讲,用位移表示质点在一段时间内位置变动的总效果。质点沿其轨迹上所经路径的长度用路程表示,即在一段时间内,质点在其轨迹上经过的路径的总长度称为路程,是标量。

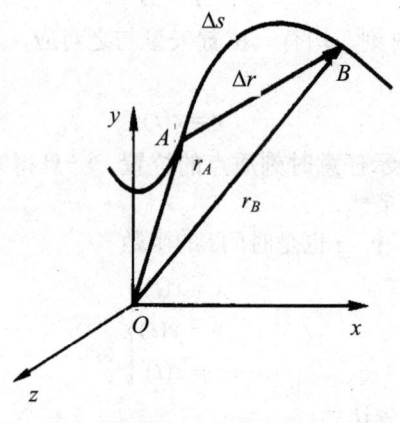

图 1.2-2 位移矢量

1.2.3 速度

为了描述质点运动过程中位置变化的方向和快慢,引入质点在 Δt 时间内的平均速度 $\bar{v}$,其等于该过程中单位时间内位移变化的平均值,即

$$\bar{v} = \frac{\Delta r}{\Delta t} \tag{1.2-6}$$

平均速度 $\bar{v}$ 是矢量,其方向与位移 Δr 方向相同,其大小反映了 Δt 时间内质点位置变化的平均快慢程度。显然它不能反映质点在各个时刻的运动情况,用它来描述运动是粗略的。Δt 越小,$\bar{v}$ 越能反映该时间内的运动情况。

若令 $\Delta t \to 0$，则得到

$$v = \lim_{\Delta t \to 0} \frac{\Delta r}{\Delta t} = \frac{\mathrm{d}r}{\mathrm{d}t} \tag{1.2-7}$$

v 称为质点在时刻 t 或质点于 A 点的瞬时速度，简称速度。它是矢量，它的方向与 Δr 在 $\Delta t \to 0$ 时的极限方向相同。当质点做曲线运动时，它在某一点的速度方向就是沿该点曲线的切线方向。在国际单位制（SI）中，速度的单位是米/秒，用符号 m/s 表示。

在空间直角坐标系中，若质点的位移为

$$\Delta r_{AB} = \Delta x \boldsymbol{i} + \Delta y \boldsymbol{j} + \Delta z \boldsymbol{k}$$

由速度定义得

$$v = \frac{\mathrm{d}r}{\mathrm{d}t} = \frac{\mathrm{d}x}{\mathrm{d}t}\boldsymbol{i} + \frac{\mathrm{d}y}{\mathrm{d}t}\boldsymbol{j} + \frac{\mathrm{d}z}{\mathrm{d}t}\boldsymbol{k} = v_x \boldsymbol{i} + v_y \boldsymbol{j} + v_z \boldsymbol{k} \tag{1.2-8}$$

其中

$$\left.\begin{aligned} v_x &= \frac{\mathrm{d}x}{\mathrm{d}t} \\ v_y &= \frac{\mathrm{d}y}{\mathrm{d}t} \\ v_z &= \frac{\mathrm{d}z}{\mathrm{d}t} \end{aligned}\right\} \tag{1.2-9}$$

分别为速度沿 Ox、Oy、Oz 三个轴的分量。根据这三个速度分量，可求得速度大小为

$$v = \sqrt{v_x^2 + v_y^2 + v_z^2} \tag{1.2-10}$$

1.2.4 加速度

在一般情况下，质点运动速度大小和方向可能随时间变化，为了描述速度的变化情况，引入加速度。加速度是速度矢量随时间的变化率。

如图 1.2-3 中，质点做曲线运动。在 t 时刻，质点位于 A 处，速度 v_A；在 $t + \Delta t$ 时刻，质点位于 B 处，速度为 v_B，则 Δt 时间内速度的增量为 $\Delta v = v_B - v_A$，则平均加速度为

$$\overline{\boldsymbol{a}} = \frac{\Delta \boldsymbol{v}}{\Delta t} \tag{1.2-11}$$

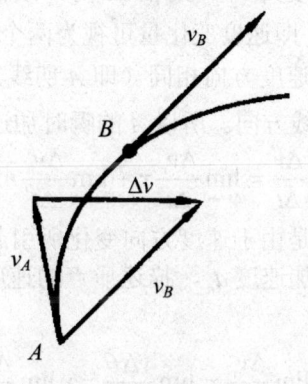

图 1.2-3　加速度示意图

$\bar{a}$ 是矢量，它的方向与 Δv 的方向一致。显然，它与平均速度一样，是一个粗略的概念。同理，为了精确地描述质点在任一时刻（或任意一位置）的速度变化率，当 $\Delta t \to 0$ 时，平均加速度的极限，即

$$a = \lim_{\Delta t \to 0} \frac{\Delta v}{\Delta t} = \frac{dv}{dt} \tag{1.2-12}$$

将式（1.2-8）代入上式得

$$a = \frac{dv}{dt} = \frac{dv_x}{dt}i + \frac{dv_y}{dt}j + \frac{dv_z}{dt}k = \frac{d^2x}{dt^2}i + \frac{d^2y}{dt^2}j + \frac{d^2z}{dt^2}k \tag{1.2-13}$$

则加速度 a 沿 Ox、Oy、Oz 三个轴的分量为

$$\left. \begin{aligned} a_x &= \frac{d^2x}{dt^2} \\ a_y &= \frac{d^2y}{dt^2} \\ a_z &= \frac{d^2z}{dt^2} \end{aligned} \right\} \tag{1.2-14}$$

1.2.5 法向加速度和切向加速度

在曲线运动中，用自然坐标系解决问题更方便。在自然坐标系中，加速度矢量可以按质点运动轨迹的法线方向和切线方向分解。

如图 1.2-4 所示，一质点在圆轨道上运动到 A 点。在 A 点沿圆的切线作一坐标轴 AT，以质点运动的方向为正方向，称为切向方向坐标轴；沿半径方向指向圆心作一坐标轴 AN，称为法向坐标轴。圆上每一点都有自己的切向坐标轴和法向坐标轴。曲线运动的质点，其速度方向沿所在点的切线方向，所以在自然坐标系中，速度只有切线速度分量。而此速度方向一直是变化的，描述这一方向变化的物理量称为法向加速度（因速度瞬时变化的方向是法线方向），而速率大小的变化的快慢称为切向加速度。

用最简单曲线运动——质点作变速圆周运动为例来说明，质点曲线运动速度的方向和大小均变化。如图 1.2-5 所示，质点在圆周上运动时，若 t 时刻质点在 A 点，其速度为 v_1，$t+\Delta t$ 时刻质点在 B 点，其速度为 v_2，则在 Δt 内，质点速度变化量为 Δv，其可视为 $\Delta v = \Delta v_\tau + \Delta v_n$，当 $\Delta t \to 0$ 时，即速度变化量可视为两个分量之和，即变化量 Δv_τ，其大小为速率大小的增量，方向与速度方向相同（即 A 切线方向）；变化量 Δv_n，其大小是速度方向改变量，方向即 A 法线方向。所以 A 的瞬时加速度为

$$a = \lim_{\Delta t \to 0} \frac{\Delta v}{\Delta t} = \lim_{\Delta t \to 0} \frac{\Delta v_\tau}{\Delta t}\tau + \lim_{\Delta t \to 0} \frac{\Delta v_n}{\Delta t}n = a_\tau \tau + a_n n \tag{1.2-15}$$

即质点加速度有两个分量，一是由于速度方向变化所引起的，其方向指向圆心，即沿法向坐标轴的正方向，称为法向加速度 a_n，描述质点的速度方向对时间的变化率，在圆周运动中，其值为

$$a_n = \lim_{\Delta t \to 0} \frac{\Delta v_\tau}{\Delta t} = \lim_{\Delta t \to 0} \frac{v\Delta\theta}{\Delta t} = v\lim_{\Delta t \to 0} \frac{\Delta\theta}{\Delta t} = \frac{v^2}{r} \tag{1.2-16}$$

另一个是由于速度大小变化所引起的,其方向沿切线方向,即在切向坐标轴上,称为切向加速度 a_τ,描述质点的速度大小对时间的变化率,其值为

$$a_\tau = \frac{dv}{dt} \tag{1.2-17}$$

由两个分量可求出作圆周运动的质点在任一点的加速度 **a**,为两互相垂直的分量 a_n 和 a_τ 的矢量和,即 **a** 的大小和方向(用 **a** 与 **v** 的夹角 φ 表示)

$$a = \sqrt{a_\tau^2 + a_n^2} \tag{1.2-18}$$

$$\tan\varphi = \frac{a_n}{a_\tau} \tag{1.2-19}$$

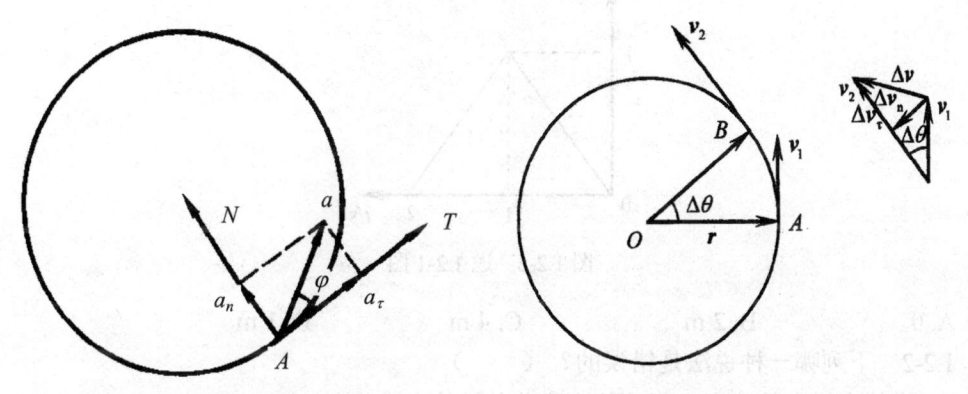

图 1.2-4 法向与切线加速度方向　　图 1.2-5 法向与切线加速度示意图

质点作一般的曲线运动时,速度的大小在变化,方向也在变化,其加速度 **a** 也可分解为切向 a_τ 和法向 a_n,此时(1.2-16)式中的 r 被曲线在该点的曲率半径 ρ 代替,因为曲线上任意微元弧 ds 可视为半径为 ρ 的圆的一段弧线。不同弯曲度的地方弧段所在的圆半径 ρ 不同,ρ 是曲线某点弯曲度的描述,称为曲率半径。所以任意的曲线运动,划分为若干不同曲率半径 ρ 的微元弧段 ds 上的圆周运动。

例 1.2-1 已知质点的运动学方程是(其中 R 和 ω 是常数)

$$x = R\cos\omega t$$
$$y = R\sin\omega t$$

求:质点的速度、法向加速度和切向加速度。

解:由题知此质点在 xOy 平面运动,将运动方程两边平方后相加,得

$$x^2 + y^2 = R^2$$

由此轨迹方程看出,质点是以原点为圆心,以 R 为半径的圆周运动

质点在 xOy 系中的速度分量为

$$v_x = \frac{dx}{dt} = -R\omega\sin\omega t \qquad v_y = \frac{dy}{dt} = R\omega\cos\omega t$$

由此得出速度的大小为 $v = \sqrt{v_x^2 + v_y^2} = R\omega$,其大小不变

法向加速度为 $a_n = \frac{v^2}{R} = R\omega^2$　　切向加速度为 $a_\tau = \frac{dv}{dt} = 0$

该质点做的是匀速圆周运动,速率大小不变,速度方向不断变化,只有法向加速度(向心加速度)。

思考与练习

1.2-1　质点做直线运动,其速度 v 随时间 t 变化规律如图1.2-6所示,则质点在 $t = 0 \to 2 \text{ s}$ 过程中位移为(　　)。

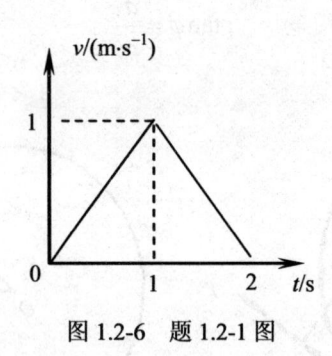

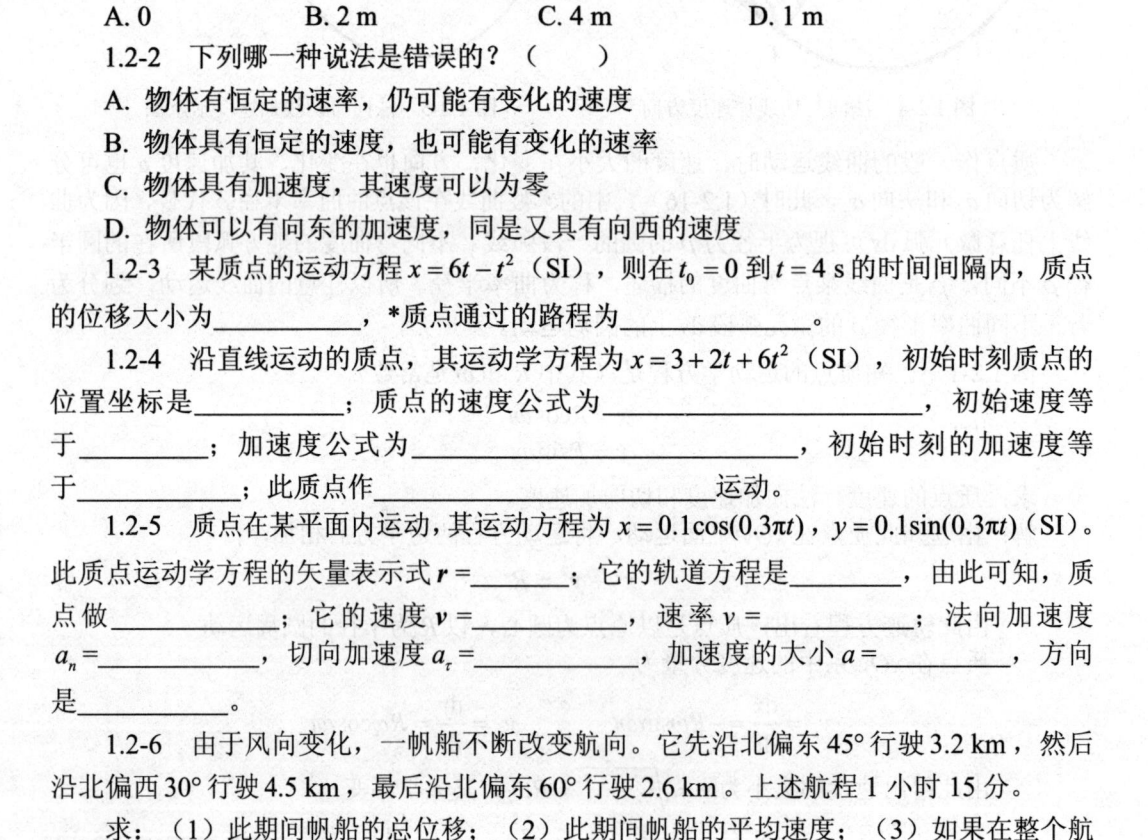

图 1.2-6　题 1.2-1 图

A. 0　　　　　B. 2 m　　　　　C. 4 m　　　　　D. 1 m

1.2-2　下列哪一种说法是错误的?(　　)
A. 物体有恒定的速率,仍可能有变化的速度
B. 物体具有恒定的速度,也可能有变化的速率
C. 物体具有加速度,其速度可以为零
D. 物体可以有向东的加速度,同是又具有向西的速度

1.2-3　某质点的运动方程 $x = 6t - t^2$(SI),则在 $t_0 = 0$ 到 $t = 4 \text{ s}$ 的时间间隔内,质点的位移大小为_____,*质点通过的路程为_____。

1.2-4　沿直线运动的质点,其运动学方程为 $x = 3 + 2t + 6t^2$(SI),初始时刻质点的位置坐标是_____;质点的速度公式为_____,初始速度等于_____;加速度公式为_____,初始时刻的加速度等于_____;此质点作_____运动。

1.2-5　质点在某平面内运动,其运动方程为 $x = 0.1\cos(0.3\pi t)$,$y = 0.1\sin(0.3\pi t)$(SI)。此质点运动学方程的矢量表示式 $r =$ _____;它的轨道方程是_____,由此可知,质点做_____;它的速度 $v =$ _____,速率 $v =$ _____;法向加速度 $a_n =$ _____,切向加速度 $a_\tau =$ _____,加速度的大小 $a =$ _____,方向是_____。

1.2-6　由于风向变化,一帆船不断改变航向。它先沿北偏东 45° 行驶 3.2 km,然后沿北偏西 30° 行驶 4.5 km,最后沿北偏东 60° 行驶 2.6 km。上述航程 1 小时 15 分。
求:(1)此期间帆船的总位移;(2)此期间帆船的平均速度;(3)如果在整个航程中速率不变,求速率。

1.3　力　力的合成与分解

1.3.1　力

力是力学中的基本概念之一，在生活和工程技术中常见。早在约 2400 年前，《墨经》中写到"力，刑（形）之所由奋也。"即力是物体奋起运动的原因。**所谓力，就是物体间相互的作用，可使物体的运动状态和形状发生改变**。经典力学认为，只要两物体存在，彼此作用结果有两种：一种是物体间接触后导致的力，比如移动桌子时与地面的摩擦力，汽车车头牵引车厢的牵引拉力，跳水运动员起跳前对跳板的压力等等；另外一种是物体没有直接接触，通过物理场相互作用后形成的力，比如运动电荷在静电场中受到的力，铁器被磁铁吸引或者排斥的力等等。

经验表明，**力对物体的作用效果取决于力的大小、方向和作用点，称为力的三要素**。力是矢量，物理符号为 F，国际单位为牛顿，即 N。

力根据性质可分为：重力、弹力、万有引力、摩擦力、分子力、电磁力、核力等；根据效果不同分为：拉力、张力、压力、支持力、动力、阻力、向心力、回复力等；根据研究对象不同分为：外力和内力；根据力的作用方式分为：非接触力（如万有引力、电磁力等）和接触力（如弹力、摩擦力等）。

下面简单介绍常见的几种力（因这些知识在中学物理中已经介绍过，在此只做简单的回顾复习）。

重力：地球表面附近的一切物体都受到地球的吸引作用，这种由于地球吸引而使物体受到的力叫重力。当质点被一线悬挂并相对于地球静止时，质点所受重力的方向沿着悬线且竖直向下，其大小在数值上等于质点的悬线的拉力。实际上，重力是悬线对质点拉力的平衡力。

物体受到的重力符号为 G，为矢量，大小与物体的质量 m 成正比，即

$$G = mg$$

式中，g 为重力加速度，理论上，物体在地球表面附近不同高度的重力加速度不同，但相差甚微，在精度要求不高的计算中，通常认为是常量。

弹力：通常，物体在某种力的作用下发生形变，因要恢复原状，而与接触物体产生力的作用，叫弹力。因此，弹力是一种最典型的因接触形成形变而产生的力。弹力的表现形式多样，生活和工程中，最常见的是因为相互挤压而发生形变的情况。如竹竿受力弯曲；建筑物的屋架压柱子，柱子因积压形变而产生向上的弹力托住屋架；等等。在力学中讨论最多的是弹簧的弹力。弹簧受力变形，水平放置的弹簧一端固定，另一端与质点相连，维持原长不变的状态叫自由伸展状态，以弹簧自由伸展时质点位置为坐标原点，沿弹簧轴线建立 x 轴，x 表示质点坐标或对于原点的位移，用 F 表示作用于质点的弹性力，根据胡克定律有

$$F = -kx$$

即弹簧弹力的大小与物体相对于坐标原点的位移成正比,负号表示方向与位移方向相反,比例系数 k 叫弹簧的劲度系数,与弹簧的匝数、直径、线径和材料等因素有关。

摩擦力:物体间相互接触,两者相对运动或有相对运动趋势,在接触表面处形成阻碍其相对运动的现象,叫作摩擦。

固体间摩擦分为静摩擦力和滑动摩擦力。当用力推水平面上的重物箱子,力气小了推不动,因为地面给予箱子沿着两者接触面与推力大小相等、方向相反的力,此力称为静摩擦力,其大小由物体所受推力和物体运动状态而定。当静摩擦力增至最大静摩擦力时,静摩擦力就会被滑动摩擦力所代替。

通常用 f_0、f 和 $f_{0\max}$ 分别表示静摩擦力、滑动摩擦力和最大静摩擦力;用 μ_0 和 μ 分别表示静摩擦系数和滑动摩擦系数。如果用 N 表示接触面上的正压力大小,则有

$$f_0 \leq f_{0\max} = \mu_0 N$$
$$f = \mu N$$

式中,μ_0 和 μ 与物体材料、表面光滑度、干湿程度及温度等因素有关。一般计算中,可视为常数。如表 1-1 给出几种材料间的 μ_0 和 μ 的近似值。

表 1-1 几种材料间的 μ_0 和 μ 的近似值

材料	μ_0	μ
钢-钢	0.5	0.4
钢-木	0.5	0.4
钢-聚四氟乙烯	0.04	0.004
木-木	0.4	0.3
木-皮革	0.4	0.3
橡胶轮胎-水泥路面	1.0	0.7

注:表中数据地给出,未考虑表面状况和相对速度等因素。

实际中,摩擦力的机制很复杂,无论多么光滑的表面,在显微镜下也显得凹凸不平,所以实际中的光滑是一种理想状况。比如,两块打磨光滑的金属块放在一起,要使得它们相对运动是很困难的,因为接触表面间的分子吸引作用会增大摩擦力。

1.3.2 力的合成与分解

通常,移动物体,可以是一个力完成,也可以是两个或多个力共同完成。如果物体的移动,是在一个力作用下或由多个力共同作用下分别完成的效果一样,则称两者作用效果相同。那么这个力就叫作多个力的合力,多个力叫作这个力的分力。多个力求合力,叫力的合成;求一个已知力的分力,叫力的分解。

现在讨论作用在一直线上力的合成,以最简单的二力合成为例。

如图 1.3-1 中作用在同一物体同一直线上的两个力,若两力方向相同,合力大小为两个分力大小之和,合力方向与分力方向同向;若两力方向相反,合力大小为两力大小之

差，合力方向与分力较大者方向一致。若在两力作用下，物体处于静止或匀速运动状态，则这两个分力关系为大小相等，方向相反。

图 1.3-1　同一直线上两力的合成

如果是两个互成角度的力合成，遵从平行四边形法则或三角形法则处理。

实验证实，互成角度的两个力的合成，用图解可以表示成如图 1.3-2 所示的形式。两个互成角度的分力构成了平行四边形的两条邻边，对角线 OF 代表两个分力的合力。

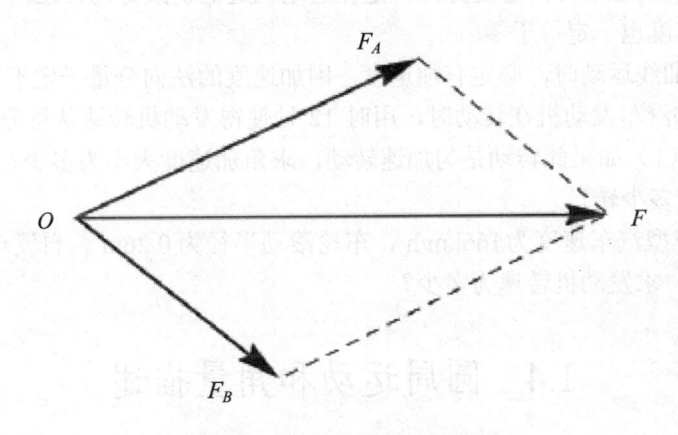

图 1.3-2　互成角度两力的合成

为简便起见，在求两力合力时，不必画出两力构成的平行四边形，只需画出平行四边形中的一个三角形即可。如图 1.3-2 中所示，共点 O 出发，OF_A 表示其中一分力，F_AF 可表示另外一个分力 OF_B，则从 O 点连接 F 点为合力 OF，就此构成一矢量三角形，这种用作三角形求合力的方法，即为三角形法则。

力的平行四边形法则，是将两个力合成一个力，也可以用在一切有向矢量的合成，如对位移、速度、加速度等均适用，该法则针对复杂力系在简化时必须用到的最基本方法之一。

同样，平行四边形法则（或三角形法则）也可以解决已知合力求分力的情况。

思考与练习

1.3-1 设地球绕太阳做圆周运动，自己查找数据，计算地球自转和公转的角速度。

1.3-2 用轻绳系小球，使之在竖直平面内做匀速圆周运动，绳中张力最小时，小球位置在（ ）。

A. 圆周上和圆心处于同一水平面的两点

B. 圆周最高点

C. 圆周最低点

D. 条件不足，不能确定

1.3-3 下列哪一种说法正确？（ ）

A. 在圆周运动中，加速度的方向一定指向圆心

B. 匀速率圆周运动中运动的速度和加速度都恒定不变

C. 物体做曲线运动时，速度方向一定在运动轨迹的切线方向，法向分速度等于零，因此其法向加速度也一定等于零

D. 物体做曲线运动时，必定有加速度，因加速度的法向分量一定不等于零

1.3-4 已知汽车发动机在转动时，用时 12 秒使得发动机转速从每分钟 1200 转增至 3000 转，求：（1）如果此转动是匀加速转动，求角加速度大小为多少？（2）在此时间内，发动机转了多少转？

1.3-5 某车型汽车速度为 166km/h，车轮滚动半径为 0.26m，自发动机到驱动轮的转速比为 0.909，求发动机转速为多少？

1.4 圆周运动和角量描述

1.4.1 圆周运动

在生活和工程实际中，物体沿圆周运动是一种常见的曲线运动，也是曲线运动中的一个重要特例。这里学习完圆周运动，为后面刚体定轴转动知识的学习打基础。物体绕定轴转动时，物体中每个质点都在作圆周运动，因此，圆周运动是研究物体转动问题的基础。

如图 1.4-1 中，将小球固定在绳子一端，手持绳子的另一端抡起，小球就会做圆周运动。在圆周运动中，最简单的是匀速圆周运动，运动速度大小保持不变，在任意时间间隔内通过的弧长都相等。

在一般的圆周运动中，质点的速度大小和方向都在改变着，即运动存在着加速度，具体的运动加速度求法在前面 1.2.5 节中已经叙述过，质点运动时，同时有法向加速度和切向加速度的存在，即运动速度的大小和方向同时改变，这也是一般的曲线运动特点。如果只有切向加速度，没有法向加速度，那么速度的方向不变，只是速度的大小改变，

这样的运动即为变速直线运动；如果只有法向加速度，没有切向加速度，则速度只改变方向，不改变大小，这就是匀速曲线运动。

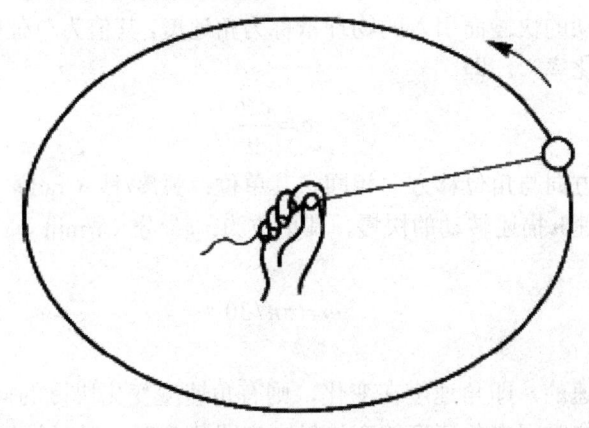

图 1.4-1　圆周运动

1.4.2　角量描述

通常物体做圆周运动，常用角量描述，即角位移、角速度和角加速度。

1. 角位置（角坐标）θ

如图 1.4-2 所示，设物体在平面内绕原点 O 做圆周运动，若在 t 时刻，质点在 A 点，半径 OA 与坐标轴 Ox 成夹角 θ，此角称作角位置。

角位置是矢量，其方向垂直于旋转平面，其方向与旋转方向满足**右手螺旋定则**（即四指为旋转方向，大拇指为角位置方向）。这里物体旋转的角位置矢量相当于质点运动的位置矢量（位矢）。

角位置的国际制单位是：弧度（rad）。

2. 角位移 $d\theta$（或 $\Delta\theta$）

如图 1.4-2 所示，角位置 $\theta(t)$ 是时间的函数，随时间变化而变化。在时刻 $t+dt$，点 A 的角位置变化为 $\theta+d\theta$，即质点转过角度为 $d\theta$，这里的 $d\theta$ 称为 dt 时间内质点对 O 点的**角位移**。

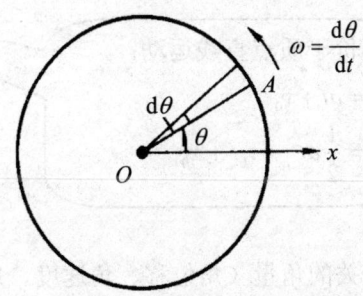

图 1.4-2　角位移、角速度

角位移也是矢量，其不仅有大小也有转向。一般规定：沿着逆时针转动的角位移取正值，沿着顺时针转动的角位移取负值。

其国际单位为：弧度（rad）。

3. 角速度 ω

为描述质点转动的快慢而引入的物理量称为角速度，其值为单位时间内的角位移（或角位置对时间的变化率）。即

$$\omega = \frac{d\theta}{dt} \qquad (1.4\text{-}1)$$

角速度是矢量，其方向与角位移方向相同。其单位：弧度/秒（rad/s）。

工程上还用转速 n 描述转动的快慢，其单位为：转/分（r/min），转速与角速度的关系为

$$\omega = \pi n / 30 \qquad (1.4\text{-}2)$$

4. 角加速度 α

若转动不是匀速的，即角速度在变化，则有角速度变化快慢的问题，为此引入角加速度 α。其值为单位时间内角速度的变化量，亦即角速度 ω 对时间的变化率。即

$$\alpha = \frac{d\omega}{dt} = \frac{d^2\theta}{dt^2} \qquad (1.4\text{-}3)$$

角加速度是矢量，逆时针为正，顺时针为负。若 ω 与 α 同符号则是角速度增大的转动，若两者异号为角速度减小的转动。其单位为：rad/s²。

质点在做匀速圆周运动或匀变速圆周运动，用角量可以表示其运动方程。其方法与中学学习的匀速或匀变速直线运动的运动方程类似。

匀速圆周运动，其 $\alpha = 0$，其运动方程与质点匀速直线运动形式相同。即

$$\theta = \omega t + \theta_0 \qquad (1.4\text{-}4)$$

等价于质点直线运动：$x = vt + x_0$

匀变速圆周运动，α 不变，类似于质点的匀变速直线运动。其运动方程有

$$\omega = \alpha t + \omega_0 \qquad (1.4\text{-}5)$$

$$\theta = \frac{1}{2}\alpha t^2 + \omega_0 t + \theta_0 \qquad (1.4\text{-}6)$$

等价于质点直线运动：
$v = at + v_0$
$x = \frac{1}{2}at^2 + v_0 t + x_0$

5. 角量与线量的关系

质点做圆周运动时，其相关的角量（角位移、角速度、角加速度）与线量（线位移、线速度、线加速度）有一定的关系。具体推导关系如下：

如图 1.4-3 所示，设转动半径为 r，在 Δt 的时间内转过角位移为 θ，质点由 P 点位置变到 P'，该质点在 Δt 时间内通过的路径为 $\overset{\frown}{PP'}$，用 s 表示，由角位移弧度单位的定义得

线位移与角位移的关系为

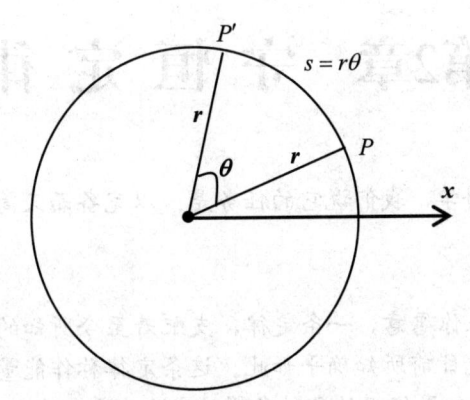

图 1.4-3　角量与线量关系

$$s = r\theta \tag{1.4-7}$$

由线速度的定义，得线速度的大小为

$$v = \frac{ds}{dt} = r\frac{d\theta}{dt} = r\omega \tag{1.4-8}$$

由式（1.4-8）得切线加速度为

$$a_\tau = r\frac{d\omega}{dt} = r\alpha \tag{1.4-9}$$

对应质点速度方向变化的法线加速度为

$$a_n = \frac{v^2}{r} = r\omega^2 \tag{1.4-10}$$

第2章 守恒定律

力学是关于运动的科学，我们说它的任务是：以完备而又简单的方式描述自然界中发生的运动。

——基尔霍夫

有一个事实，或如果你愿意，一条定律，支配着至今所知的一切自然现象。关于这条定律没发现例外——就目前所知确乎如此。这条定律称作能量守恒，它指出有某一个量，我们称它能量，在自然界经历的多种多样的变化中它不变化。那是一个抽象的概念，因为它为一数学方面的原则，它表明有一种数量当某些事情发生时它不变。

——费曼

运动和物体相互作用的关系是人类不断探索的话题。能量也是物理学中最为重要最为抽象的概念之一。本章在上章的基础上，将研究对象由质点转向质点系统，从动量概念入手，讨论如何用冲量表述动量定理，质点的动能定理又是如何发展成机械能守恒定律的，以及如何得来自然界普遍规律动量守恒、能量守恒。本章最后部分会引入经典力学中的第二个物理模型：刚体，并对其遵从的运动情况进行具体分析学习。

2.1 动量 动量定理

2.1.1 动量

通常情况下，体积大小相同的塑料球与铁球从同一高度掉下，虽然具有相同的速度，但砸着人的危害却大不同；同一锻锤，以不同的速度打工件，工件受力变形的程度也不同。以上事例告知我们，只用速度，或只用质量不能准确描述运动物体相互作用所产生的效果，为此引入动量概念。

动量描述物体运动量的情况，特别针对撞击打击问题时所表现出的能力（效果）。一个质点的动量 p 等于质点质量 m 与运动速度 v 的乘积。即

$$p = mv \qquad (2.1\text{-}1)$$

在国际单位制（SI）中，动量单位是：kg·m/s。

动量理解注意以下几点。

（1）动量的瞬时性：因速度具有瞬时性，动量是针对某一时刻来说的，是描述物体运动状态的**状态量**。

（2）动量的相对性：由于速度与参照系的选择有关，所以物体的动量也与参照系的选择有关。

（3）动量的矢量性：动量是矢量，其方向与质点运动速度方向相同，运算时要遵循矢量的运算法则。若质点做任一三维空间运动，其速度为

$$v = v_x\boldsymbol{i} + v_y\boldsymbol{j} + v_z\boldsymbol{k}$$

则该质点的动量为

$$\boldsymbol{p} = mv_x\boldsymbol{i} + mv_y\boldsymbol{j} + mv_z\boldsymbol{k} = p_x\boldsymbol{i} + p_y\boldsymbol{j} + p_z\boldsymbol{k} \tag{2.1-2}$$

即动量可分解为三个坐标分量，任意运动都可看作三个独立的直角坐标方向直线运动的叠加，每个直线运动可按代数量进行运算。

2.1.2 动量定理

任何力总是在一段时间内作用的，为了描述力在一段时间间隔的积累作用，专门引入了冲量的概念。

1. 冲量 $\boldsymbol{I}$

力对时间的累积效果，即力与时间的乘积。若力在 t_0 至 t 过程中 $\boldsymbol{F}$ 是变化的，则冲量表达式为

$$\boldsymbol{I} = \int_{t_0}^{t} \boldsymbol{F} dt \tag{2.1-3}$$

从式（2.1-3）知，力的冲量等于力在所讨论时间间隔内对时间的定积分。若 $\boldsymbol{F}$ 是恒力，则

$$\boldsymbol{I} = \boldsymbol{F}(t - t_0) \tag{2.1-4}$$

冲量是矢量，其方向为 $\boldsymbol{F}$ 的方向。国际单位制中，冲量的单位为 N·s（牛顿·秒）。冲量是**过程量**。打击力有一共同点，作用时间短，力的大小变化迅速，且可达到很大数值，这种力叫冲力。

2. 质点动量定理

在质点运动过程中，随着运动状态的变化其动量发生变化。牛顿早在其《自然哲学的数学原理》一书中，指出运动外力正比于运动量的变化率，其微分数学表达式为

$$\boldsymbol{F} = \frac{d\boldsymbol{p}}{dt} = \frac{d(m\boldsymbol{v})}{dt} \tag{2.1-5}$$

在经典力学中，质点的质量可视为常量，由上式得

$$\boldsymbol{F} = \frac{d(m\boldsymbol{v})}{dt} = m\frac{d\boldsymbol{v}}{dt} = m\boldsymbol{a} \tag{2.1-6}$$

这即是大家熟悉的牛顿第二定律，它只适用于宏观低速，即质量可视为常量时，而式（2.1-5）的动量定理较式（2.1-6）的牛顿第二定律更具普适性。因此可将牛顿第二定律视为动量定理在特定条件下的表现形式。

由（2.1-5）得动量定理的积分形式

$$\boldsymbol{F} = \frac{d\boldsymbol{p}}{dt} \Rightarrow \boldsymbol{F}dt = d\boldsymbol{p} \Rightarrow \int_{t_0}^{t} \boldsymbol{F}(t)dt = \int_{p_0}^{p} d\boldsymbol{p} = \boldsymbol{p} - \boldsymbol{p}_0 \tag{2.1-7}$$

由式（2.1-3）和（2.1-7）得

$$\boldsymbol{I} = \boldsymbol{p} - \boldsymbol{p}_0 = \Delta\boldsymbol{p} \tag{2.1-8}$$

式（2.1-8）表明：质点所受合外力的冲量，等于它的动量的增量。这一结论是质点**动量定理**的积分形式的表述。

动量定理表明：**冲量是动量变化的量度**。动量比速度更全面地反映了机械运动物体的状态。动量、动能的变化都是反映力累积作用效果，引起动量变化的冲量是力在时间上的累积作用效果，而引起动能变化的功是力在空间上的累积作用效果。

动量定理在直角坐标系中的表达式

$$I_x = p_x - p_{x0} = \Delta p_x \tag{2.1-9a}$$

$$I_y = p_y - p_{y0} = \Delta p_y \tag{2.1-9b}$$

$$I_z = p_z - p_{z0} = \Delta p_z \tag{2.1-9c}$$

即质点在某坐标轴方向动量的增量等于该方向上合外力的冲量（或外力冲量的代数和）。

解决直线运动中只需设运动方向为轴，则只需用上第一个方程（代数方程）即可。

3．用动量定理解决打击问题

打击（碰撞）问题是指力较为复杂，一般变化规律如图 2.1-1 所示，是一变力。

其特点是：力方向不变，力大小变化剧烈而快速，作用时间 Δt 短。因此可通过找作用时间内的平均冲力来表示其作用效果。

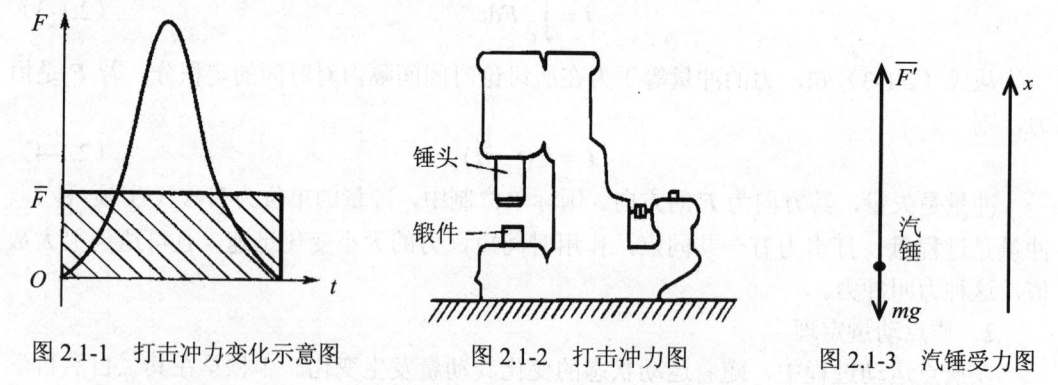

图 2.1-1 打击冲力变化示意图 　　图 2.1-2 打击冲力图 　　图 2.1-3 汽锤受力图

平均冲力在作用时间内的冲量等效于该力在该段时间内总冲量。即

$$\overline{F}t = \int_{t_0}^{t} F \mathrm{d}t = \boldsymbol{p} - \boldsymbol{p}_0 \tag{2.1-10}$$

例 2.1-1（用动量定理解决打击问题——汽锤锻打锻件的平均冲击力）如图 2.1-2 所示在压缩空气作用下，质量为 $m=1$ 吨的汽锤，在打击锻件的前一瞬间的速率达到 $v=6.5$ m/s，打击锻件后在 $\Delta t = 1.2 \times 10^{-2}$ s 内速率变为零，忽略打击时压缩空气的压力，求汽锤对锻件的平均冲力 $\overline{F}$ 大小。

解：以汽锤为研究对象，取竖直向上为正，则打击过程中，汽锤的动量增量为

$$\Delta p = 0 - (-mv)$$

分析汽锤受力（如图 2.1-3 所示），忽略打击时压缩空气的压力，汽锤受到重力（方向竖直向下）和锻件对汽锤的平均反冲力 $\overline{F}$（方向竖直向上，与选取正向相同），根据动量定理得

$$(\overline{F} - mg)\Delta t = 0 - (-mv)$$

$$\overline{F}' = mv/\Delta t + mg$$
$$= 1\times 10^3 \times 6.5/(1.2\times 10^{-2}) + 1\times 10^3 \times 9.8$$
$$= 5.5\times 10^5 \,\text{N}$$

根据牛顿第三定律，汽锤对锻件的平均冲力 $\overline{F} = -\overline{F}' = -5.5\times 10^5 \,\text{N}$，负号表示力的方向为竖直向下。

动量定理常用于分析、解决一短暂时间段的力学过程问题，由于时间很短，常用平均力的冲量表示总冲量，即

$$\Delta \boldsymbol{p} = m\boldsymbol{v} - m\boldsymbol{v}_0 = \overline{\boldsymbol{F}} \cdot \Delta t \tag{2.1-11}$$

如打击、碰撞等问题，根据式（2.1-11），对同样的动量变化，平均合外力 $\overline{\boldsymbol{F}}$ 与其作用时间 $\Delta t = t - t_0$ 成反比。若物体相撞时 Δt 较小，则作用力很大，容易造成非弹性碰撞形变，从而损伤物体，为了避免这种情况，通过设法延长作用时间，以使物体所受的作用力减少。常见的易碎或贵重商品要用泡沫作内包装，运动时接球要有个缓冲动作等等都是利用的上述原理。而打击时，为提高打击效果，则需减小作用时间，以增大打击力。

2.1.3 动量守恒定律

1. 系统动量定理

设系统由 n 个质点组成，它们的质量分别为 $m_1, m_2, \cdots, m_n$，在系统中，任意质点 m_i 所受的合力是作用于它的外力和内力的矢量和，由质点动量定理得

$$(\boldsymbol{F}_{ie} + \sum_{j\neq i}\boldsymbol{F}_{iji})\mathrm{d}t = \mathrm{d}(m_i\boldsymbol{v}_i) \tag{2.1-12}$$

其中，$\boldsymbol{F}_{ie}$ 是第 i 质点受到的合外力，$\boldsymbol{F}_{iji}$ 是系统内第 j 质点对第 i 质点作用的内力。

系统所有质点动量方程求和得

$$\sum_{i=1}^{n}(\boldsymbol{F}_{ie} + \sum_{j\neq i}\boldsymbol{F}_{iji})\mathrm{d}t = \sum_{i=1}^{n}\mathrm{d}(m_i\boldsymbol{v}_i) \tag{2.1-13}$$

由上式得

$$\sum_{i=1}^{n}\boldsymbol{F}_{ie}\mathrm{d}t + \sum_{i=1}^{n}\sum_{j\neq i}\boldsymbol{F}_{iji}\mathrm{d}t = \mathrm{d}\sum_{i=1}^{n}(m_i\boldsymbol{v}_i) \tag{2.1-14}$$

根据牛顿第三定律，系统质点间的内力成对出现，因此

$$\sum_{i=1}^{n}\sum_{j\neq i}\boldsymbol{F}_{iji}\mathrm{d}t = 0$$

则得

$$(\sum_{i=1}^{n}\boldsymbol{F}_{ie})\mathrm{d}t = \mathrm{d}\sum_{i=1}^{n}(m_i\boldsymbol{v}_i) \tag{2.1-15}$$

系统所受合外力表示为 $\boldsymbol{F}_e = \sum_{i=1}^{n}\boldsymbol{F}_{ie}$

系统动量为各质点动量的矢量和

$$p = \sum_{i=1}^{n}(m_i v_i) \qquad (2.1\text{-}16)$$

则式（2.1-15）可写为

$$F_e dt = dp \qquad (2.1\text{-}17)$$

若作用过程为 $t_0 \to t$，对应系统动量变化为 $p_0 \to p$，对式（2.1-17）进行积分得

$$\int_{t_0}^{t} F_e dt = \int_{p_0}^{p} dp = p - p_0 = \Delta p \qquad (2.1\text{-}18)$$

式（2.1-18）表明系统合外力的冲量（或所有外力冲量的矢量和）等于系统动量的增量，这一结论即是系统动量定理。

其在直角坐标系中的表达式为

$$\sum F_{iex} \cdot t = p_x - p_{x0} = \Delta p_x \qquad (2.1\text{-}19a)$$

$$\sum F_{iey} \cdot t = p_y - p_{y0} = \Delta p_y \qquad (2.1\text{-}19b)$$

$$\sum F_{iez} \cdot t = p_z - p_{z0} = \Delta p_z \qquad (2.1\text{-}19c)$$

即系统在某坐标方向上的动量增量等于系统所受合外力在该坐标轴上分量的冲量（或所有外力在该坐标方向上冲量的代数和）。

2. 系统动量守恒定律

由（2.1-18）式知 $F_e = 0 \Rightarrow p = p_0$，即当一个质点系统所受合外力为零时，系统内力的冲量实现系统内质点（物体）间动量的转移，系统动量总量不变，即系统动量守恒。

系统动量守恒条件是系统所受合外力为零。实际问题中，如在太空中的飞船、火箭系统等，两微观粒子的碰撞。实际上往往是外力远远小于内力时，可把外力略去不计，视为近似守恒，如一般碰撞问题等。

由运动的独立可叠加或者动量定理的坐标分量表达式知：$\sum F_{iex} = 0 \Rightarrow p_x = p_{x0}$，即动量守恒定律还可表达仅某一方向（或直线运动）的情况，即当某方向上的合外力为零，该方向上系统的动量守恒。

抑或合外力虽不为零，但合外力在某个方向上的分量为零，则系统在该方向上的动量守恒，如图 2.1-4 所示炮弹射出的过程中，炮车与地面水平方向的力远小于炮弹与炮间的相互作用，可忽略不计，但竖直方向上的力不可忽略，所以总动量不守恒，但在水平方向上可视为动量守恒。

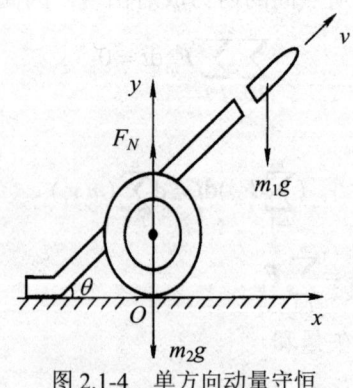

图 2.1-4 单方向动量守恒

思考与练习

2.1-1 在匀速圆周运动中，质点的动量是否守恒呢？

2.1-2 跳伞运动员在临时着陆时为什么要用力向下拉降落伞？

2.1-3 在何种情况下，即便是外力不为零，也可用动量守恒定律解决问题？

2.1-4 质点动量定理的表达式是_____，质点动量守恒的条件是_____，质点系动量守恒的条件是_____。

2.1-5 质量为 m 的铁锤，从某一高度自由下落，与桩发生完全非弹性碰撞，设碰撞前锤速为 v，打击时间为 Δt，锤的质量不能忽略，则铁锤所受的平均冲力为（ ）。

A. $\dfrac{mv}{\Delta t} + mg$ B. $\dfrac{mv}{\Delta t} - mg$ C. $\dfrac{mv}{\Delta t}$ D. $\dfrac{2mv}{\Delta t}$

2.1-6 一个不稳定的原子核，其质量为 M，开始时是静止的。当它分裂出一个质量为 m，速度为 v_0 的粒子后，原子核的其余部分沿相反方向反冲，其反冲速度大小为（ ）。

A. $\dfrac{mv_0}{M-m}$ B. $\dfrac{mv_0}{M}$ C. $\dfrac{M+m}{m}v_0$ D. $\dfrac{m}{M+m}v_0$

2.1-7 一炮弹在静止的状态下爆炸成二碎片，其中一碎片质量是另一碎片的 5 倍。假如爆炸后的瞬间，较轻的碎片以 30m/s 的速度向正北方向飞去，则另一碎片的速度大小为_____，方向为_____。

2.1-8 枪身质量为 6kg 的步枪，射出质量是 50g，速度是 300m/s 的子弹。则枪身的反冲速度为_____；设该枪托在士兵的肩上，士兵用 0.05s 时间阻止枪身后退，作用在士兵肩上的平均冲力为_____；若士兵肩上放上一个护垫，使阻止枪身后退作用时间延长到 0.1s，则作用在士兵肩上的平均冲力为_____。

2.1-9 用蒸汽锤对金属加工，锤的质量为 2×10^3 kg，打击时的速度为 4.9m/s，打击时间为 5×10^{-2} s，求汽锤对金属的平均打击力（$g = 10\text{m/s}^2$）。

2.1-10 一质量为 60kg 的人，以 2.0m/s 的速度跳上一辆迎面开来，速度为 1.0m/s 的小车，小车的质量为 180kg，求人跳上小车后，人和小车共同运动的速度。

2.2 功 动能定理

2.2.1 功

1. 恒力的功

中学阶段学习过功的概念，力在受力质点位移上的投影与位移的乘积。这种作用在物体上的力是特殊的力，即大小方向均不变，称之恒力。

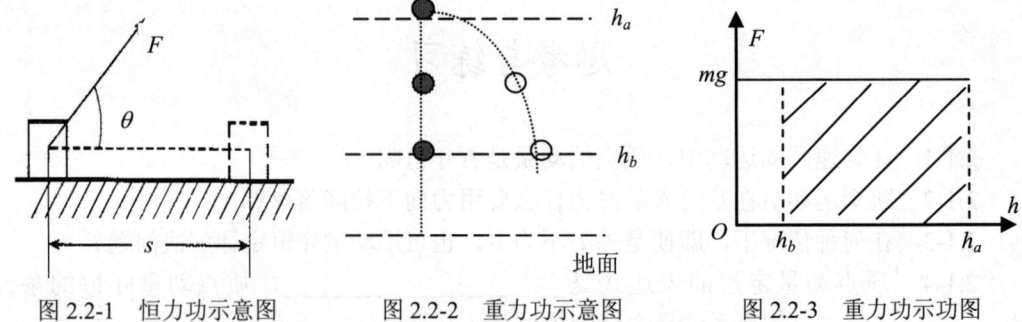

图 2.2-1　恒力功示意图　　图 2.2-2　重力功示意图　　图 2.2-3　重力功示功图

根据功的物理意义知，功是描述力在空间上的积累效应的物理量。力做的功定义为力乘以力方向上的位移。如图 2.2-1 所示，若用矢量表示，功是力矢量与位移矢量的标积，其计算式为

$$W = \boldsymbol{F} \cdot \boldsymbol{s} = F \cdot s\cos\theta \tag{2.2-1}$$

式中，θ 是 $\boldsymbol{F}$ 与 $\boldsymbol{s}$ 间的夹角。功的国际制单位是 J（焦耳），$1J = 1N \times 1m$。功是标量，当 $\theta < 90°$ 时，$W > 0$；当 $\theta > 90°$ 时，$W < 0$；当 $\theta = 90°$ 时，$W = 0$，即若作用力与物体位移垂直，则该力不对物体做功。

2. 重力功

（1）重力：由于地球表面上的物体受到地球的吸引而产生的力，是地球对物体的引力在竖直方向上的分量，其大小为 mg，方向为竖直向下，在地球表面一般视为恒力。

（2）重力功的计算：如图 2.2-2 所示，若一质点由高度为 h_a 的位置下落到高度为 h_b 的位置，可用图 2.2-3 中带阴影的矩形面积表示，即该过程中重力做功

$$W_{ab} = mg(h_a - h_b) \tag{2.2-2}$$

由此可见重力做功的特点为：做功只与物体的始、末位置（竖直高度 h_a、h_b）有关，而与所经历的路径无关。

3. 重力势（位）能

具有做功的能力即称为具有能量。具有做功本领大，则能量大。物体由于处于高位（相对于零势能参照点的高度）时，在此自由下落过程中，重力会做正功，因此而具有的能量，称为重力势能，在此"势"可理解为"位置状态"。重力势能的值大小由所在位置做功来量度，即为

$$E_p = mgh \tag{2.2-3}$$

其中 h 是物体所在位置与势能零点的竖直距离。由式（2.2-2）和（2.2-3）可见，重力对物体所做的功是重力势能增量的负值，即

$$W_{ab} = -(E_{pb} - E_{pa}) \tag{2.2-4}$$

4. 变力功计算

实际生活中的力方向会变，且质点运动不一定沿直线，现在需要讨论变力功的情况。

若作用在物体（质点）上的力或沿位移方向的分力是随位置变化而变化的，这种情况下，作用力所做的功该怎样计算呢？

在宏观低速时，物理量均是连续量。因此可用下列方法求变力功。如图 2.2-4 所示，

将位移分割为无数多段小位移,小到在每段小位移内力不变(连续性决定);可求每一段小位移内(恒力)所做的功,即 $\Delta W_i = \boldsymbol{F}_i \cdot \Delta \boldsymbol{s}_i$,然后将各段功求和得到整个位移段力做的功,即 $W = \sum \Delta W = \sum \boldsymbol{F}_i \cdot \Delta \boldsymbol{s}_i$。

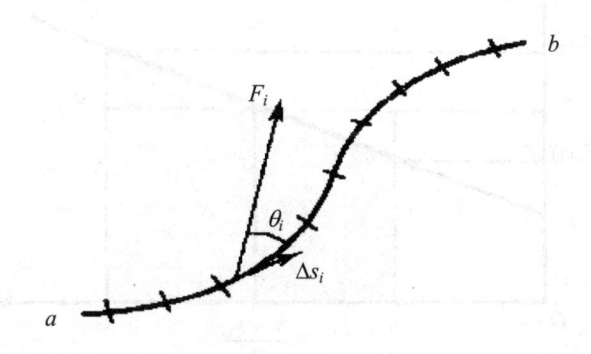

图 2.2-4 变力做功

(1)积分法求变力功:因经典物理量均为连续变化量,所以还可直接用微积分方法,则微元位移段(小到在该段位移中可将 F 视为不变)F 所做微元功为:$\mathrm{d}W = F\cos\theta \cdot \mathrm{d}s$,图 2.2-4 中 a 到 b 过程中所有的微元功求和即为该过程 F 所做的功,即

$$W = \int_a^b F\cos\theta \cdot \mathrm{d}s \tag{2.2-5}$$

(2)示功图法求变力功:若已知力随位置变化的函数关系曲线图 $F(s)$,如图 2.2-5 所示。则由定积分的几何意义知,即是 $F(s)$ 图线与始末位置线($s=a$ 和 $s=b$)及 s 轴围成的曲边梯形面积。通过求 $F(s)$ 曲线与始末位置线决定的梯形的面积,求力所做的功,这一方法称为示功图法。

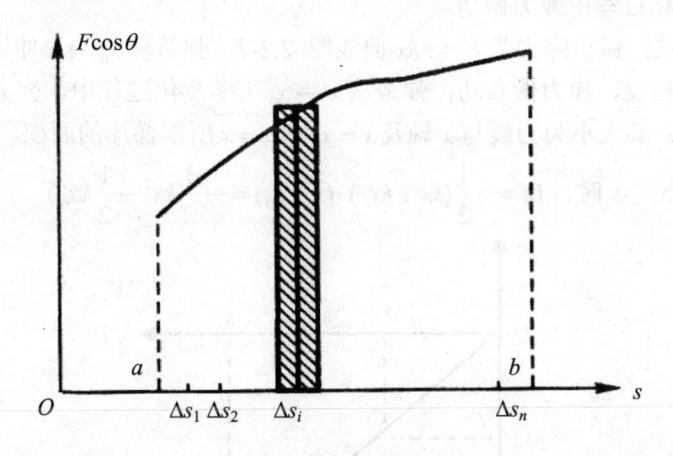

图 2.2-5 变力功示功图

(3)平均力法:若能求出一段位移中的平均力 $\overline{F}$,则变力 $F(x)$ 在该段位移中所做的功为

$$W = \overline{F}(x_2 - x_1) \tag{2.2-6}$$

如图 2.2-6 所示，变力 $F(x)$ 与 x 成线性函数关系时，平均力为

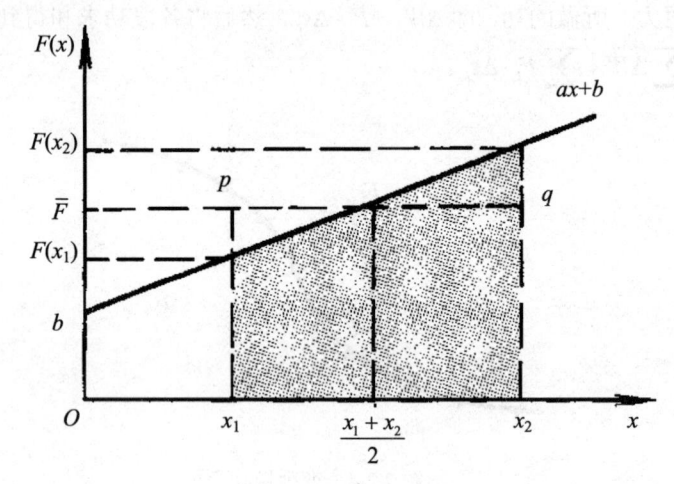

图 2.2-6 线性力做功示功图

$$\overline{F} = \frac{1}{2}[F(x_2) + F(x_1)] \tag{2.2-7}$$

式（2.2-7）仅适用于与位移成线性函数关系的作用力；对与位移成非线性函数关系的作用力，必须用积分法或其他方法来计算。

5．弹力功

在弹性限度内，弹簧的弹力与弹簧的伸长成正比，方向指向平衡位置，即 $F = -kx$。所以弹力是一个随位置坐标作线性变化的变力。求弹力功是典型的变力功问题。

问题：假设以弹簧原长为坐标原点，x 是弹簧的伸长，x 的伸长方向为正方向时，求弹簧从 $x_0 \rightarrow x$ 的变化过程中弹力做功。

（1）用图示法：做出弹力为 $F = -kx$ 曲线图 2.2-7。弹簧从 $x_0 \rightarrow x$ 伸长变化过程中，弹力与位移方向相反，弹力做负功；弹簧从 $x \rightarrow x_0$ 压缩变化过程中，弹力与位移方向相同，弹力做正功，其大小为力线与 x 轴及 $x = x_0$ 和 $x = x$ 所围梯形的面积，即

$$当 x_0 \rightarrow x 时, W = -\frac{1}{2}(kx + kx_0) \cdot (x - x_0) = -\left(\frac{1}{2}kx^2 - \frac{1}{2}kx_0^2\right) \tag{2.2-8}$$

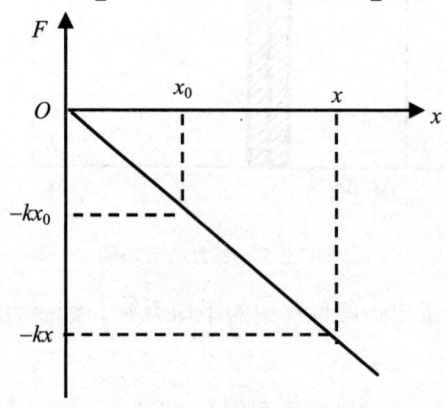

图 2.2-7 弹力功示功图

（2）用微积分法：当 $x_0 \to x$ 时，$W = \int_{x_0}^{x} -kx \cdot dx = -(\frac{1}{2}kx^2 - \frac{1}{2}kx_0^2)$

当 $x \to x_0$ 时，$W = \int_{x}^{x_0} -kx \cdot dx = \frac{1}{2}kx^2 - \frac{1}{2}kx_0^2$ （2.2-9）

由此可见弹力做功的特点为：在弹簧的弹性限度内，弹力做功与重力做功有相同的特点，即仅决定于始、末位置（x_0, x），与路径无关。

6．弹性势能

物体发生形变时，因物体具有恢复形变的能力，而恢复形变的过程中，弹力将做正功，因此具有的能量称为弹性势能。弹簧在弹性限度内，弹力做功与路径无关，仅决定于始末状态，由此可用弹力做功量度弹簧始末状态弹性势能的变化。

弹簧从 $x \to 0$ 时弹力所做的功，将 $x_0 = 0$ 代入式（2.2-9），得到弹簧伸长为 x 时具有的势能为

$$E_p = \frac{1}{2}kx^2 \qquad (2.2\text{-}10)$$

由式（2.2-8）和（2.2-10）得

$$W = -(\frac{1}{2}kx^2 - \frac{1}{2}kx_0^2) = -(E_p - E_{p_0}) = -\Delta E_p \qquad (2.2\text{-}11)$$

弹力做功等于弹性势能增量的负值。当外力对物体做正功，弹性物体变形，弹力做负功，物体从外界获得能量，弹性势能增加；当物体恢复形变时，弹力做正功，将弹性势能转变为动能，则弹性势能减少。

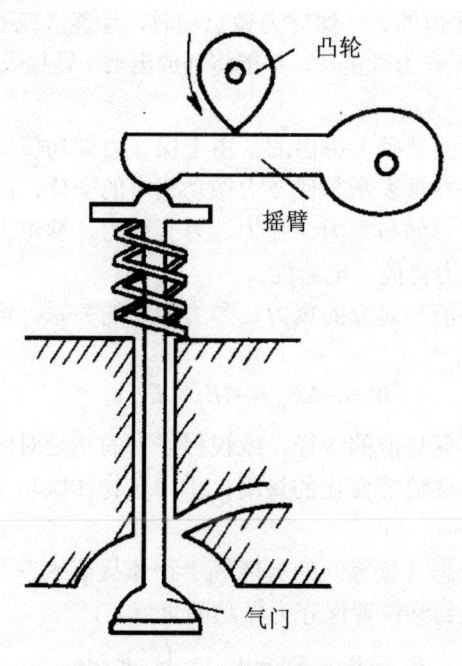

图 2.2-8　气门控制机构

弹性势能和动能的相互转换，应用于许多技术设计的重要环节，在许多机器设备中

都有巧妙利用弹性势能的实例。如图 2.2-8 所示，是广泛应用于汽油机和柴油机的一种气门控制机构：当凸轮从图示位置继续转动时，原被压缩的弹簧将伸长而对气门做功，使其封闭气缸，然后再打开，不断重复。这种常见的利用弹性势能的方式，通过外力做功，将动能转换为弹性势能储存起来，然后在适当时候，使弹性势能释放出来（也就是弹簧对外做功），以获得期望的效果。

2.2.2 保守力 势能

1. 保守力与非保守力

按相互作用的性质将力分为：引力、电磁力、强相互作用和弱相互作用四大类力。

按力作用效果分为：动力、阻力、向心力、拉力等。

据力做功的特点将力分为保守力与非保守力。

若力做功仅由受力质点始末位置决定，而与受力质点所经历的路径无关，则这种力称为**保守力**，如重力、弹力、静电场力和引力等做功仅与始末位置有关，与路径无关；保守力沿闭合路径所做的功等于零。并不是所有的力都是保守力，如摩擦力、黏滞阻力、内燃机内气体对活塞的推力、火药爆炸力、磁力等力做功不仅与始末位置有关，还与路径有关，具有此种做功特点的力称为**非保守力**。非保守力沿闭合路径做功不等于零。

2. 保守力做功的特点

保守内力做功的特点是：（1）做功与路径无关，而只与始、末位置有关；（2）保守内力的功是系统势能变化的量度；（3）保守内力的功不会造成机械能的改变（conservative：保守的、守恒的），保守力做负功时，动能（或其他形式的能）将以势能形式被"保存"起来；当保守力做正功，势能将释放出来，转换成可利用的动能或其他能。

3. 势能

势能是在保守力概念的基础上提出的。由于保守力做功仅决定于始、末状态，与路径无关，说明可用一个状态量表示与保守力做功相对的变化，因此每一种保守力，都可引入一种与之对应的势能。如与重力、弹力、万有引力、静电力相对应的，分别可引入重力势能、弹性势能、引力势能、电势能。

由重力势能、弹性势能与对应的重力、弹力做功的关系，可见保守力所做的功等于势能增加的负值，即

$$W = -\Delta E_p = -(E_p - E_{p0}) \tag{2.2-12}$$

说明保守力做功是改变势能的途径，或说保守力的功是对应势能变化的量度。如弹力对物体做的功是物体弹性势能变化的量度；重力对物体做功是该物体重力势能变化的量度。

势能的确定：某一状态（位置）的势能等于物体从该状态（位置）到势能零点保守力做的功（或从势能零点到某位置保守力做功的负值）。

$$E_{p_0} = 0，\quad E_p = W_{pp_0} = \int_p^{p_0} \boldsymbol{F} \cdot \mathrm{d}\boldsymbol{s} \tag{2.2-13}$$

4. 势能的利用

势能的优点是便于储存，也便于有控制地释放和利用。势能的利用主要就是借物体

的势（状态）存储能量，有控制地释放与利用，如水电站的储水，打桩及锻压机的提高，都是利用重力势能典型实例。

5. 材料轴向形变特性及势能

在工程实际中，产生轴向拉伸或压缩的杆件很多，当杆件受到与轴线重合的拉力（或压力）作用时，杆件将产生沿轴向的伸长（或缩短），这种形变称为轴向拉伸或压缩形变。为描述这种形变及材料的相关特性，引入应力与应变概念。如图 2.2-9 所示，一根结构均匀、长度为 l、横截面积为 S 的弹性直棒，两端受到大小为 F 且沿轴向的反向作用力，结果使其长度变为 $l+x$（x 为伸长长度，当 F 为拉力时，$x>0$；当 F 为压力时，$x<0$）。为描述棒受到的拉力强度，引入物理量 $\sigma = F/S$，即棒单位面积受到的拉力（或压力）大小称为应力；为描述棒的拉伸形变大小，引入物理量 $\varepsilon = x/l$，即单位长度棒的伸长，称为应变。实验表明，在弹性限度内，应力与应变成正比 $\sigma = Y\varepsilon$，其比例系数 Y 称为杨氏模量，该系数与棒的长短和横截面积无关，只与直棒材料的性质有关，所以杨氏模量是某种材料拉伸形变能力的量度。

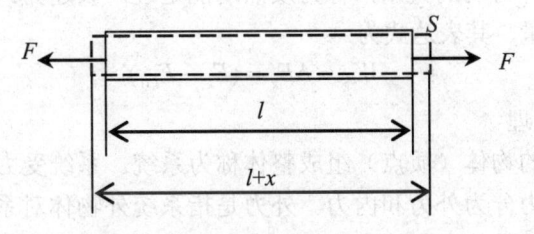

图 2.2-9 弹性直棒的拉伸形变

例 2.2-1 若上述直棒的杨氏模量已知，在某应力作用下产生应变，求该直棒的弹性势能及其弹性势能密度。

解：把 $\sigma = F/S$ 和 $\varepsilon = x/l$ 代入 $\sigma = Y\varepsilon$ 得

$$F = \frac{YS}{l}x$$

将上式与弹簧弹力公式相比，可见 $\frac{YS}{l}$ 相当于弹性系数 k，将其代入弹性势能公式得直棒的弹性势能为

$$E_p = \frac{1}{2}\frac{YS}{l}x^2 = \frac{1}{2}YSl\left(\frac{x}{l}\right)^2 = \frac{1}{2}YSl\varepsilon^2 = \frac{1}{2}Y\varepsilon^2 V$$

可见，直棒的弹性势能与其应变的平方成正比，与直棒的体积成正比。

则可引入直棒的弹性势能密度为

$$\omega_p = \frac{E_p}{Sl} = \frac{1}{2}Y\varepsilon^2$$

可见，直棒的能量密度仅与材料杨氏模量和应变平方成正比。

6. 能量与状态量

能量是物体（或系统）具有做功本领大小的量度，不同的能量形式总是不同的物体状态参量的单值函数。如表 2.2-1 所示，所有的能量（包括势能），都是系统状态量的

单值函数。

表 2.2-1　几种常见能量与状态参量关系对照表

能量	动能	重力势能	弹力势能	理想气体内能
表达式	$\frac{1}{2}mv^2$	mgh	$\frac{1}{2}kx^2$	$\frac{i}{2}vRT$
状态参量	速度 v	高度 h	伸缩量 x	热力学温度 T

2.2.3　动能定理

1. 质点动能定理

质点动能 $E_k = \frac{1}{2}mv^2$，是质点因运动而具有的能量，是运动速率状态的单值函数，动能是标量，且只有正值（大小）。

质点动能变化与外力功的关系，称为质点动能定理。表述为：质点所受合外力做的功等于质点动能的增量，其表达式为

$$W_{外} = \Delta E_k = (E_k - E_{k0}) \qquad (2.2\text{-}14)$$

2. 系统的动能定理

多个有相互联系的物体（质点）组成整体称为系统。系统受力可根据施力物体的不同，将系统内质点受力分为外力和内力。外力是指系统外物体对系统内物体的作用力；内力是指系统内物体间的相互作用力。根据作用力做功的特点不同，又将内力分为保守内力和非保守内力。

系统动能是指系统各物体（质点）动能的总和。即系统动能为

$$E_k = \sum_{i=1}^{n} E_{ki} = \frac{1}{2}\sum_{i=1}^{n} m_i v_i^2 \qquad (2.2\text{-}15)$$

系统动能的变化与所有力做功有关，其关系称为系统的动能定理，即外力、保守内力、非保守内力做功的代数和等于系统动能的增加。其数学表达式为

$$W_e + W_{ic} + W_{in} = \Delta E_k = (E_k - E_{k0}) \qquad (2.2\text{-}16)$$

动能定理说明功是改变动能的途径与方法，或功是动能变化的量度。

思考与练习

2.2-1　以岸为参考系，人逆水划船，使船相对于岸不动，人是否做功？停止划船，使船顺流而下，流水对船是否做功？

2.2-2　一沿 x 轴运动的物体，所受变力与坐标的函数 $F(x)$ 如图 2.2-10 所示，在该过程中，变力 F 对物体所做的功 W 等于_____。

2.2-3　一水井水面到井口的距离为 H，把水面处质量为 M 的一桶水匀速上提。由于桶漏水，所漏水的质量与上提高度成正比，至井口时这桶水的质量为 m，则提水拉力是_____，其所做的功是_____。

图 2.2-10　题 2.2-2 图

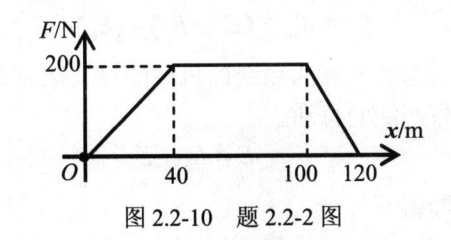

2.2-4　甲将弹簧拉伸 0.03 m 后，乙再将弹簧拉伸 0.03 m，甲做的功_____乙做的功。

2.2-5　把空桶匀速放入井中，再将盛满水的桶提出井口，下面的叙述中正确的是（　　）。
A. 放桶的过程只有重力做功，提水的过程重力不做功
B. 提水的过程只有拉力做功，放桶的过程拉力不做功
C. 放桶的过程，重力做正功，拉力做负功，提水的过程，拉力做正功，重力做负功
D. 放桶的过程是匀速运动，动能不变，势能逐渐减少，所以只有重力做功

2.2-6　下列表述正确的是（　　）。
A. 保守力做正功时，系统内相应的势能增加
B. 质点沿一闭合路径运动，保守力对质点做功为零
C. 质点沿一闭合路径运动，摩擦力做功为零
D. 作用力和反作用力大小相等，方向相反，所以两者做功的代数和为零

2.2-7　一个做直线运动的物体，其速率 v 与时间 t 的关系曲线如图 2.2-11 所示，设 t_1 到 t_2 过程合力做功为 W_1，t_2 到 t_3 时间的过程中合力做功为 W_2，t_3 到 t_4 时间的过程中合力做功为 W_3，下述正确的是（　　）。

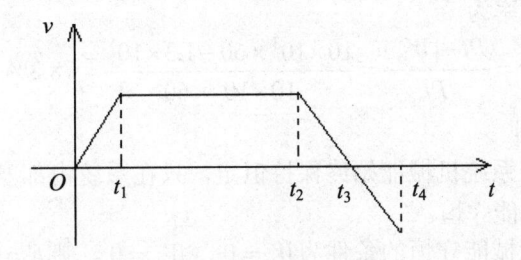

图 2.2-11　题 2.2-7 图

A. $W_1 > 0$，$W_2 < 0$，$W_3 < 0$ 　　　　B. $W_1 > 0$，$W_2 < 0$，$W_3 > 0$
C. $W_1 = 0$，$W_2 < 0$，$W_3 > 0$ 　　　　D. $W_1 = 0$，$W_2 < 0$，$W_3 < 0$

2.3　机械能守恒定律

1. 功能原理

因保守内力的功是系统势能的增量，即 $W_{ic} = -\Delta E_p = -(E_p - E_{p0})$，代入系统动能定理式（2.2-16）得

$$W_e + W_{in} = (E_k + E_p) - (E_{k0} + E_{p0}) \tag{2.3-1}$$

系统所有动能和势能的总和，称为系统的机械能 E。表征系统所有质点因机械位置和机械运动所具有的势能与动能的总和。

$$E = E_k + E_p \tag{2.3-2}$$

将其代入式（2.3-1）即得

$$W_e + W_{in} = E - E_0 = \Delta E \tag{2.3-3}$$

该式表明：所有外力功和非保守内力功的代数和，等于物体系统机械能的增量，这一规律称为功能原理，也称为机械能定理。

功能原理说明外力功和非保守内力功是改变机械能的途径，或说外力功和非保守内力功的代数和是机械能变化的量度。

例 2.3-1 输出功率为 $P=10$ kW 的水泵，在 $t=60$s 的时间内，从 $h=15$m 深的井中抽出 $m=3.0$t 的水，水从管口喷出的速度为 $v=4.0$m/s，求摩擦力在时间 t 内所做的功 W 及其机械效率。

解：以抽出的水为研究对象，水泵对水的作用力是外力，摩擦力包括管壁对水的摩擦（外力）和水流各部分之间的摩擦力（非保守内力），根据功能原理有

$$Pt + W_{损} = \frac{1}{2}mv^2 + mgh$$

$$\begin{aligned}W_{损} &= \frac{1}{2}mv^2 + mgh - Pt \\ &= \frac{1}{2} \times 3.0 \times 10^3 \times 4.0^2 + 3.0 \times 10^3 \times 9.8 \times 15 - 10 \times 10^3 \times 60 = -1.3 \times 10^5 \text{J}\end{aligned}$$

抽水过程的机械效率为

$$\eta = \frac{Pt - |W_{损}|}{Pt} = \frac{10 \times 10^3 \times 60 - 1.3 \times 10^5}{10 \times 10^3 \times 60} = 78.3\%$$

2. 机械能守恒定律

在某一过程中，若系统机械能始终保持恒定，只在系统内部发生动能和势能的相互转化的情况，称为机械能守恒。

由式（2.3-3）知机械能守恒的条件为 $W_e = 0$，$W_{in} = 0$，则 $E = E_0$。即若系统只有保守内力做功的情况下运动，系统的动能和势能可以相互转化，但系统的机械能保持不变，这一结论即是机械能守恒定律。

现实中的运动由于摩擦力等非保守力的普遍存在，机械能精确守恒的情况是比较少见的，但在许多问题中，若将摩擦力等非保守力的功忽略不计，对计算结果不发生明显影响，因此，在不少情况下仍可应用机械能守恒定律。例如在第一宇宙速度（抛出后可不返回地面）、第二宇宙速度（物体逃离地球引力束缚，成为太阳的行星）、第三宇宙速度（脱离太阳系的速度）计算中，就忽略了空气阻力（非保守力）这一次要因素，而应用了机械能守恒定律。

自然界中的物体存在着多种运动形式，对应物质的各种运动形式，能量也有各种不同形式，如机械能、内能、电磁能、光能、化学能、核能等。在一定的条件下，伴随运

动形式之间的相互转换，能量也随之相互转化。从古代的钻木取火，到现在的原子能发电，都包含了能量的转化过程。物体的运动还可通过相互作用，从一个物体转移到另一个物体，运动发生转移时，其能量也从一个物体转移到了另一个物体。

长期的生产实践和科学实验表明，尽管各种能量之间进行着转化，但对一个不受外界影响的孤立系统来说，它所具有的各种不同形式的能量的总和是守恒的。即能量不能创生，也不能消灭，只能从一种形式转化为另一种形式，或者从一个物体传递到另一个物体。这一结论称为能量守恒定律。

能量守恒定律是自然界基本的普适定律之一。机械能守恒定律只是它的一个特例。自然界中的一切变化和过程，无论是宏观还是微观，都遵守这一定律。

思考与练习

2.3-1 一物体放在水平传送带上，物体与传送带无相对运动，当传送带加速运动时，静摩擦力对物体做的功是_____；当传送带匀速运动时，静摩擦力对物体做的功是_____；当传送带减速运动时，静摩擦力对物体做的功是_____。（填"正""负"或"零"）

2.3-2 地球绕太阳运动的轨道是椭圆形，远日点时地球在太阳系的引力势能比近日点时大，则地球公转的速率是_____点比_____点大。

2.3-3 下列命题中不正确的有（　　）。
A. 不受外力作用的系统，它的机械能必然守恒
B. 内力都是保守力的系统，当它所受的外力矢量和为零时，它的机械能必然守恒
C. 挂钟的摆锤在摆动过程中，如果不计空气阻力和支点摩擦阻力，机械能守恒
D. 在水平面做匀速圆周运动的质点，机械能守恒

2.3-4 质量为 $m = 2.0 \times 10^{-3}$ kg 的子弹，在枪筒中前进时受到的合力的大小为

$$F = 400 - \frac{8000}{9}x \text{ (SI)}$$

已知子弹在枪口的速度大小是 $v = 300 \text{m} \cdot \text{s}^{-1}$，求枪筒的长度。

2.3-5 一弹簧，原长为 l_0，劲度系数为 k，上端固定，下端挂一质量为 m 的物体。先用手托住，使弹簧保持原长。（1）若将物体托住慢慢放下，到达静止（平衡位置）时，弹簧的伸长和弹性力是多少？（2）如突然松手释放物体，物体达最大位移时，弹簧的最大伸长和弹性力是多少？物体经过平衡位置时的速度是多少？

2.4 碰撞问题

1. 碰撞现象

工作生活中常见的敲打、锻压、击球等过程具有共同的特点，即两个物体相互靠近时，物体间骤然加大的作用力只持续极短时间，使得至少有一物体的运动状态因之发生

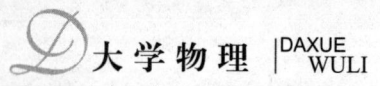

显著变化的过程。这种过程称碰撞。

复杂问题的解决，首先要分析问题各因数并进行分类。碰撞过程是一个较复杂的过程，为了便于研究，首先进行分类。根据碰撞前后的运动方向情况将碰撞分为正碰与斜碰。两个物体碰撞前后，都沿同一直线运动的碰撞称为正碰；碰撞后运动方向发生变化的碰撞称为斜碰。根据碰撞后弹性恢复情况，可将碰撞分为完全弹性碰撞、非完全弹性碰撞、完全非弹性碰撞。

（1）完全弹性碰撞：碰撞后形变完全恢复，碰撞前后两物体的总动能保持不变的碰撞。（微观粒子间碰撞即是完全弹性碰撞，钢球之间碰撞可近似视为完全弹性碰撞。）

（2）非完全弹性碰撞：物体碰撞造成的形变不能完全恢复，仅有部分形变恢复的碰撞，因有部分形变未恢复，由此碰撞造成了系统部分动能的损失。

（3）完全非弹性碰撞：碰撞后两物体合为一体一起运动的碰撞，碰撞造成的形变完全没有恢复，此碰撞系统动能损失最大，如子弹打进物体的碰撞等。

2. 碰撞问题分析

碰撞（爆炸）过程中，因碰撞引起的系统内部的相互作用力（弹力）一般远远大于系统所受的外力（如重力、摩擦力等），因而忽略外力，近似认为系统的总动量守恒。

如图 2.4-1 所示的正碰，两物体碰撞前后均在同一直线上运动，则碰撞过程动量守恒方程可写为直线运动动量守恒（标量式）

$$m_1 v_{10} + m_2 v_{20} = m_1 v_1 + m_2 v_2 \tag{2.4-1}$$

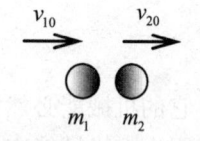

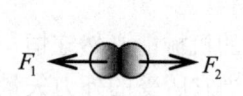

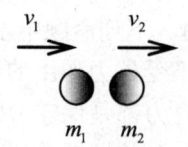

图 2.4-1 小球碰撞示意图

若已知碰撞前两质点的运动状态，求碰撞后两质点的运动，上一个方程，有无穷多组解，而每一具体碰撞情况均只有一种结果。这是因为对两个质点，碰撞的弹性恢复不同，但对确定材质的两质点，其弹性恢复程度与其碰撞的速度无关。为量度弹性恢复程度，引入恢复系数

$$e = \frac{v_2 - v_1}{v_{10} - v_{20}} \tag{2.4-2}$$

其中，$v_2 - v_1$ 称碰后分离速度，$v_{10} - v_{20}$ 称为碰前趋近速度。

实验表明，$0 < e < 1$，且 e 值决定于两碰撞材料性质，与物体碰前、碰后的速度无关，实验测得的几个恢复系数，如表 2.4-1 所示。

表 2.4-1 几类材料的恢复系数

材料	玻璃—玻璃	铝—铝	铁—铝	钢—软木
e	0.93	0.20	0.12	0.55

解（2.4-1）和（2.4-2）得碰撞后两物体的速度为

$$v_1 = v_{10} - \frac{m_2}{m_1 + m_2}(1+e)(v_{10} - v_{20}) \qquad (2.4\text{-}3)$$

$$v_2 = v_{20} - \frac{m_1}{m_1 + m_2}(1+e)(v_{20} - v_{10}) \qquad (2.4\text{-}4)$$

碰撞后动能损失为

$$\Delta\varepsilon_k = \frac{1}{2}\frac{m_1 m_2}{m_1 + m_2}(1-e^2)(v_{10} - v_{20})^2 \qquad (2.4\text{-}5)$$

对完全弹性碰撞 $e=1$，则得

$$v_1 = \frac{(m_1 - m_2)v_{10} + 2m_2 v_{20}}{m_1 + m_2} \qquad (2.4\text{-}6)$$

$$v_2 = \frac{(m_2 - m_1)v_{20} + 2m_1 v_{10}}{m_1 + m_2} \qquad (2.4\text{-}7)$$

碰撞过程无动能损失：$\Delta\varepsilon_k = 0$

当 $m_1 = m_2$ 时，则得 $v_1 = v_{20}$、$v_2 = v_{10}$，即等质量物体做完全弹性正碰后，两物体交换速度反弹。

当 $m_1 = m_2$，$v_{20} = 0$ 时，则得 $v_1 = 0$、$v_2 = v_{10}$，即一物体与静止的等质量另一物体做完全弹性正碰，则该物体静止，被碰撞物体获得其速度继续运动。

当 $m_1 \ll m_2$，$v_{20} = 0$ 时，则得 $v_1 = -v_{10}$、$v_2 = 0$，即小质量物体与静止的大质量物体做完全弹性正碰后，小质量物体以原速度返回，大质量物体基本不动。

对完全非弹性碰撞 $e=0$，则得

$$v_1 = v_2 = \frac{m_1 v_{10} + m_2 v_{20}}{m_1 + m_2} \qquad (2.4\text{-}8)$$

完全非弹性碰撞，其较前两种碰撞动能损失最大。

$$\Delta\varepsilon_{km} = \frac{1}{2}\frac{m_1 m_2}{m_1 + m_2}(1-e^2)(v_{10} - v_{20})^2 = \frac{1}{2}\frac{m_1 m_2}{m_1 + m_2}(v_{10} - v_{20})^2 \qquad (2.4\text{-}9)$$

3. 碰撞理论的应用

1932 年，查德威克用未知"射线"（电中性），以相同的速度 v_{10} 分别去撞击静止氢核和氮核，发生完全弹性碰撞，设它们获得的速率分别为 v_2 和 v_2'，并测得比值为 $v_2/v_2' = 7.5$。

根据完全弹性碰撞规律式（2.4-7）得

$$v_2 = \frac{2m_1 v_{10}}{m_1 + m_2} \qquad v_2' = \frac{2m_1 v_{10}}{m_1 + m_2'}$$

$$\frac{v_2}{v_2'} = \frac{m_1 + m_2'}{m_1 + m_2} = 7.5$$

又已知

$$\frac{m_2'}{m_2} = 14$$

$$m_1 = \frac{m'_2 - 7.5 m_2}{7.5 - 1} = \frac{14 m_2 - 7.5 m_2}{6.5} = m_2$$

未知"射线"的质量与氢核相等,从而证明"未知射线"是中子流。

例 2.4-1（谁开的汽车超速？） 两辆质量同为 m 的汽车迎面相撞,撞后二者扣在一起又沿直线滑动了 $s = 2.3\text{m}$ 才停下来,设路面与车轮之间的摩擦系数为 $\mu = 0.82$,撞后两个司机都声明在撞车时未超过 $v_\text{m} = 10\text{m/s}$ 的限制,试作分析判定。

解：设碰前两车的速度 v_{10}、v_{20},碰后共同速度为 v,并设 v 方向为正方向。

两车碰后一起滑动到停止的过程中只有摩擦力做功,根据动能定理得

$$\frac{1}{2}(2m)v^2 = \mu(2m)gs$$

由上式得

$$v = \sqrt{2\mu gs} = \sqrt{2 \times 0.82 \times 9.8 \times 2.3} \approx 6.1 \text{m/s}$$

两车碰撞过程是完全非弹性碰撞,则碰撞后的速度为

$$v = \frac{mv_{10} - mv_{20}}{m + m} = \frac{1}{2}(v_{10} - v_{20})$$

$$v_{10} = 2v + v_{20} = 12.2 + v_{20} > 10 \text{m/s}$$

因此可判定：与 v 同向行驶的汽车,肯定超过 $v_\text{m} = 10\text{m/s}$ 的限制。

思考与练习

2.4-1 碰撞前后两物体的总动能保持不变的碰撞称为_____,其恢复系数 $e =$ _____；$e = 0$ 的碰撞,称为_____碰撞,该碰撞动能损失_____（填"最小""最大"或"为零"）。

2.4-2 测材料弹性的一种方法,是用同种材料的小球与大平板相碰撞,通过回跳高度测定材料的弹性。若小球在离平板高度为 H 处自由落下,回跳高度为 h（$h < H$）,说明碰撞过程动能有_____（填"增加"或"减少"）,而小球落下与回跳的过程均满足_____守恒,小球与平板碰撞的过程_____近似守恒,碰撞过程的恢复系数 $e =$ _____。

2.4-3 一木块静止在水平面上,一子弹水平地射穿木块,若木块与地面的摩擦力可忽略,则在子弹射穿木块的过程中（　　　）。

A. 子弹-木块系统的动量和机械能都守恒

B. 子弹的动量守恒

C. 子弹动能的减少等于木块动能的增加

D. 子弹-木块系统的动量守恒

2.5 刚体定轴转动 角动量守恒定律

2.5.1 刚体

1．刚体

研究物体运动时，若形状和大小不能忽略，则不能将物体视为质点，如研究物体转动问题时，物体就不能视为质点。一般情况下，物体转动过程中多少都会产生形变，但在许多情况下，这种形变较小，可忽略，因此引入又一种理想模型——**刚体**。在任何情况下，其上的任何两点间的距离均始终保持不变。也可以说，**刚体**就是在外力作用下运动过程中均不变形的物体。

2．解决刚体力学问题的基本方法

在讨论刚体的力学问题时，一般把刚体看成许多小部分组成，每一部分都小到可看成质点，称为刚体的"质元"。因为刚体不变形，各质元间的距离不变，因此把它视作"不变质点组"，可应用已知质点或质点组的运动规律进行讨论。

3．刚体的基本运动

刚体的运动形式有多种多样，它的基本运动形式有平动与定轴转动。

（1）刚体平动：如图 2.5-1 所示，若刚体运动过程中，刚体上任意直线在空间的指向总保持不变的运动。例如：汽缸内活塞的往复运动、刨床上刨刀的运动都是平动。平动过程中，刚体内质元的轨迹都一样，而且在同一时刻的速度和加速度都相同，因此在描述刚体平动时，就可以用其上面的一个点的运动来代表。所以**刚体作平动时，可视为一质点**。

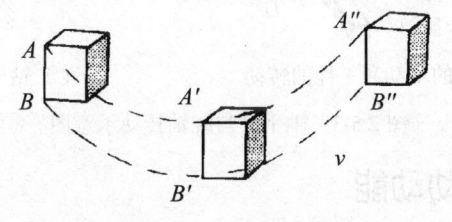

图 2.5-1 刚体平动

（2）定轴转动：如图 2.5-2 所示，若刚体运动过程中，刚体上各点绕同一直线做圆周运动，这类运动形式称为刚体转动，其所绕的直线称为转轴。转轴相对惯性系静止不动的转动称为定轴转动。例如门窗、挂钟指针、砂轮、车床工件等的转动都属于定轴转动。

质点的直线运动是质点运动最基本最简单的运动形式；刚体的定轴转动是刚体转动中最基本最简单的转动运动形式。刚体的其他运动形式总可以视为绕轴的运动与轴运动的叠加，轴又可做平动或转动。例如，前行的自行车轮（轴的平动加绕轴的转动），地球的运动（自转加公转）是地球上的所有点绕地轴转动，而地轴绕太阳转动等。如图 2.5-3 所示。

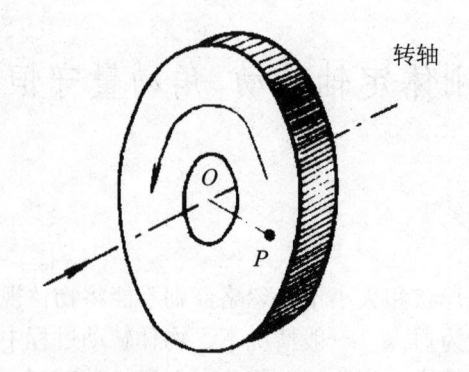

图 2.5-2 刚体定轴转动

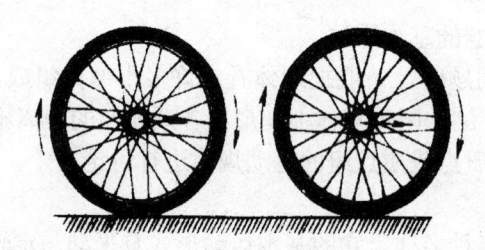

A. 自行车轮

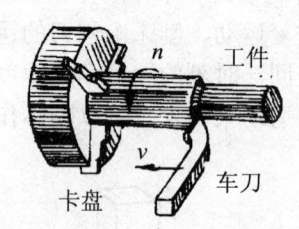

B. 车刀的平动和工件的转动　　C. 钻床上钻头

图 2.5-3 轴平动与绕轴转动示意图

2.5.2 刚体转动动能

当刚体以角速度 ω 绕轴转动时，刚体上各质点的角速度 ω 相等。设想刚体由 N 个质点组成，对第 i 个质点，此质点质量为 Δm_i，距转轴的距离为 r_i，线速度大小为 $v_i = r_i\omega$，则该质点的动能为

$$\Delta E_i = \frac{1}{2}\Delta m_i v_i^2 = \frac{1}{2}\Delta m_i r_i^2 \omega^2 \tag{2.5-1}$$

整个刚体的总动能为刚体各质点动能之和，即

$$E_k = \sum \Delta E_i = \sum \frac{1}{2}\Delta m_i r_i^2 \omega^2 = \frac{1}{2}(\sum \Delta m_i r_i^2)\omega^2 \tag{2.5-2}$$

对定轴转动的刚体，其 $\sum \Delta m_i r_i^2$ 是一个常数，称为刚体绕某轴的转动惯量

$$I = \sum \Delta m_i r_i^2 \tag{2.5-3}$$

则刚体绕定轴转动的动能可以写成

$$E_k = \frac{1}{2}I\omega^2 \qquad (2.5\text{-}4)$$

上式表明：刚体的转动动能等于它的转动惯量和角速度平方乘积的一半。

2.5.3 转动惯量

刚体定轴转动的动能 $E_k = \frac{1}{2}I\omega^2$ 与质点动能 $E_k = \frac{1}{2}mv^2$ 比较，可见转动惯量与质点质量相对应。由此可推得转动惯量的物理意义：是刚体**转动惯性**大小的量度。**转动惯性**是指刚体具有保持匀速定轴转动的能力。转动惯量是这种能力大小的量度。

一个刚体相对于某轴的转动惯量的大小为：刚体内所有质点质量与它到转轴距离平方的乘积之和。即

$$I = \sum \Delta m_i r_i^2$$

或写为积分形式

$$I = \int r^2 \mathrm{d}m \qquad (2.5\text{-}5)$$

转动惯量与质量相似，是只有正值的标量，在国际单位制中，转动惯量的单位为：$\mathrm{kg \cdot m^2}$。

从定义计算式可看出，刚体的转动惯量与下列因素有关：与刚体的质量有关，质量越大，其转动惯量越大；在一定质量的情况下，还与质量分布有关，如表 2.5-1 所示，相同质量的圆柱体与圆环，相对其对称轴的转动惯量，圆环的转动惯量远大于圆柱体；转动惯量与转轴的位置有关，因不同的转轴，刚体上每质点相对轴的距离不同，所以转动惯量不同。

表 2.5-1 常用规则物体的转动惯量（密度均匀的刚体）

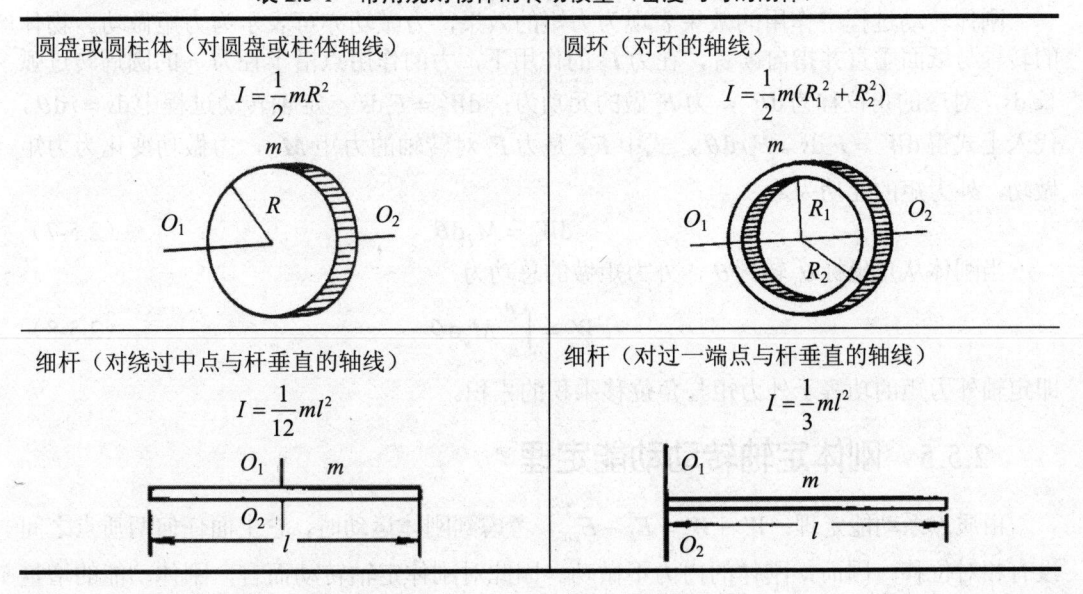

圆盘或圆柱体（对圆盘或柱体轴线） $I = \frac{1}{2}mR^2$	圆环（对环的轴线） $I = \frac{1}{2}m(R_1^2 + R_2^2)$
细杆（对绕过中点与杆垂直的轴线） $I = \frac{1}{12}ml^2$	细杆（对过一端点与杆垂直的轴线） $I = \frac{1}{3}ml^2$

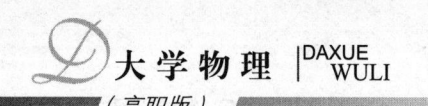

2.5.4 力矩及力矩的功

外界作用力对转动的影响不仅与力的大小方向有关，还与力的作用点相对于转轴的距离有关。为描述作用力对物体转动的作用效果而引入物理量——力矩，其值定义为：作用力与力臂（力到转轴的垂直距离）的乘积。可表示为

$$\boldsymbol{M} = \boldsymbol{r} \times \boldsymbol{F} \tag{2.5-6}$$

其中，r 是作用力点的位矢。其大小为：$M = Fr\sin\theta$（θ 是 $\boldsymbol{F}$ 与 $\boldsymbol{r}$ 间的夹角）；其方向由右手螺旋定则确定，而对定轴转动而言，其方向与轴的方向平行，因此可用代数量表示。单位：N·m。

在工程技术上，对定轴转动物体形成力矩的力，最常见的是垂直于转动半径的切向力，如传动力、切削力、摩擦力等。常表示为 F_τ。

对位于转动平面的非切向力 $\boldsymbol{F}$，可以分解为切向力 F_τ 和垂直转轴的法向力 F_n，而 F_n 并不会对转动平面产生力矩。如图 2.5-4 所示。

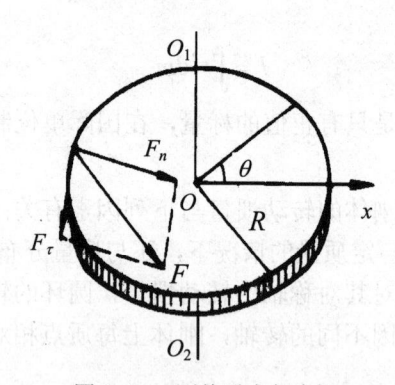

图 2.5-4 刚体受力与力矩

刚体转动过程中作用的效果表现为力矩的效果，力做功亦可表示为力矩做功。物体的转轴与纸面垂直并指向读者，在力 F_τ 的作用下，力的作用点沿半径为 r 的圆周转过弧长 ds，对应的角位移为 $d\theta$，力 F_τ 做的元功为：$dW_e = F_\tau ds$，定轴转动过程中 $ds = rd\theta$，代入上式得 $dW_e = F_\tau ds = F_\tau r d\theta$，式中 $F_\tau r$ 是力 F_τ 对转轴的力矩 M_τ，力做功变化为力矩做功，外力矩的元功为

$$dW_e = M_\tau d\theta \tag{2.5-7}$$

当刚体从角坐标 θ_0 转到 θ，外力矩做的总功为

$$W_e = \int_{\theta_0}^{\theta} M_e d\theta \tag{2.5-8}$$

即定轴外力矩的功等于外力矩与角位移乘积的累积。

2.5.5 刚体定轴转动动能定理

由质点系动能定理：$W_e + W_i = E_k - E_{k0}$，考虑到刚体运动时，它上面任何两质点之间没有相对位移，因而，刚体的内力不做功。因此对刚体定轴转动而言，刚体动能的增量

只决定于外力做的功：$W_e = E_k - E_{k0}$，亦即

$$\int_{\theta_0}^{\theta} M_e d\theta = \frac{1}{2} I\omega^2 - \frac{1}{2} I\omega_0^2 \qquad (2.5\text{-}9)$$

上式表明：合外力矩对转动刚体做的功，等于刚体转动动能的增量。

例 2.5-1 如图 2.5-5 所示，直棒的质量为 m，长为 l，O 端为光滑的支点，最初处于水平位置，释放后向下摆动，求杆摆至竖直位置时，其下端点 A 的线速度。

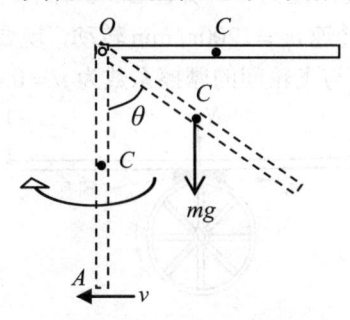

图 2.5-5 棒定轴转动

解：从水平位置摆到竖直位置仅重力矩做功，其值为

$$W_e = \int_{\frac{\pi}{2}}^{0} -mg \cdot \frac{l}{2}\sin\theta d\theta = \frac{1}{2}mgl$$

由刚体转动的动能定理得 $\frac{1}{2}mgl = \frac{1}{2}I\omega^2$

又因已知 $I = \frac{1}{3}ml^2$，代入上式得 $\omega = \sqrt{\frac{3g}{l}}$

A 点的线速度为 $v_A = \omega l = \sqrt{3gl}$，方向水平向左。

2.5.6 刚体定轴转动定律

由刚体动能定理知，若刚体所受合外力等于零，则刚体的动能增量为零，即刚体定轴转动角速度不会发生变化，若外力矩不等于零，则刚体定轴转动的角速度将发生变化，其变化快慢可由角加速度量度，那么刚体定轴转动角速度与合外力矩的关系是怎样的？

由刚体定轴转动动能定理知

$$M_e d\theta = d\left(\frac{1}{2}I\omega^2\right) = I\omega d\omega$$

即可得

$$M_e \frac{d\theta}{dt} = I\omega \frac{d\omega}{dt}$$

由此推得

$$M_e = I\frac{d\omega}{dt} = I\alpha \qquad (2.5\text{-}10)$$

上式表明：定轴转动的刚体的角加速度 α 与合外力矩 M 成正比，与本身的转动惯量

成反比。该结论被称为刚体定轴转动定律。其在刚体转动中价值等同于牛顿第二定律在质点运动学中的地位。

定轴转动定律说明：刚体具有转动惯性，即刚体具有保持静止与匀速定轴转动的能力。转动惯量 I 是刚体保持定轴转动状态不变的能力大小的量度。力矩 M 是改变刚体定轴转动的原因，且与定轴转动改变的量度——角加速度 α 成正比。

例 2.5-2（摩擦制动中闸瓦的压力） 如图 2.5-6 所示一个转动惯量为 $I = 4.0 \text{kg} \cdot \text{m}^2$，半径为 $R = 0.25\text{m}$ 的飞轮，以转速 $n_0 = 1200\text{r/min}$ 转动，现要制动飞轮，要求在 $t = 5.0\text{s}$ 内使它匀变速而停下。假定闸瓦与飞轮间的摩擦系数为 $\mu = 0.4$。求闸瓦对轮子的压力。

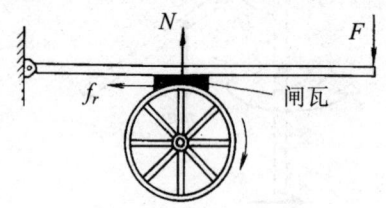

图 2.5-6 闸瓦原理图

解：制动角加速度为

$$\alpha = \frac{\omega - \omega_0}{t} = \frac{-\omega_0}{t} = -\frac{\pi n_0}{30t} = -\frac{3.14 \times 1200}{30 \times 5.0} = -25.1 \text{rad/s}^2$$

分析飞轮受力，只有摩擦外力矩，则由刚体定轴转动定律得

$$M = -fR = -\mu NR = I\alpha$$

$$\therefore N = -\frac{I\alpha}{\mu R} = -\frac{4 \times (-25.1)}{0.4 \times 0.25} = 1000\text{N}$$

2.5.7 角动量定理

由刚体定轴转动定律 $M_e = I\alpha = I\dfrac{d\omega}{dt}$，得 $M_e dt = I d\omega = d(I\omega)$。

把转动惯量和角速度的乘积称为定轴转动刚体角动量。一般用 **L** 表示，则 $\boldsymbol{L} = I\omega$，则得

$$M_e dt = dL \tag{2.5-11}$$

对 t_0 到 t 的过程积分得

$$\int_{t_0}^{t} M_e dt = L - L_0 \tag{2.5-12}$$

角动量类似质点动量 $\boldsymbol{p} = m\boldsymbol{v}$，是描述转动动量大小与方向的物理量，反映转动刚体与其他运动相互作用时体现出的运动量的大小，是转动刚体的状态量。角动量是矢量，其方向与角速度方向相同，在定轴转动中角动量沿定轴的方向，为代数量。在国际制单位中，角动量的单位为 $\text{kg} \cdot \text{m}^2 \cdot \text{s}$。

$\int_{t_0}^{t} M_e dt$ 称为转动物体所受合外力矩的**角冲量**（也叫冲量矩），是外力矩对时间的累积效果，是一过程量。

式（2.5-12）为角动量定理的数学表达式。即在 t_0 到 t 的过程中，**作用于刚体的合外力矩的角冲量矩等于刚体的角动量的增量**。角动量定理与质点动量定理相对应，表明了力矩对时间的累积效应引起刚体转动角动量的变化，且外力矩的角冲量等于角动量增量，说明**角冲量是角动量变化的量度**。

2.5.8 角动量守恒定律

由式（2.5-12）知：当 $M_e = 0$ 时，$L = L_0$。即作用于刚体（或刚体系统）的合外力矩为零时，刚体（或刚体系统）的角动量守恒。这一结论称为角动量守恒定律。角动量守恒定律是除机械能守恒与动量守恒外的另一重要的力学守恒定律，是物体运动转动对称性的表现。

若系统角动量守恒，是指系统内各物体角动量的矢量和守恒，而系统内物体间角动量是可以相互转移的，系统内角动量的转移是因系统内力矩存在的结果，系统内物体间转移的角动量等于系统内力矩的角冲量，无论系统内物体间的角动量怎样转移，系统总角动量不变，所以称为角动量守恒。

角动量守恒条件是合外力矩为零。刚体（或刚体系统）合外力矩为零，不一定合外力为零，所以角动量守恒的条件与动量守恒是有很大区别的。

常见的角动量守恒情况有以下几类。

1. 有心力系统

如太阳系的行星作椭圆轨道运动时，受到太阳中心的引力作用，行星对太阳的力矩为零，因此相对太阳的角动量守恒。地球的卫星绕地球的运动、原子核中的电子的运动、航天器绕地球的运动等也是遵从角动量守恒定律。

由于 $L = I\omega = mr^2\omega = C$（常量），可见角速度与轨道半径的平方成反比。并由此可证明开普勒第二定律。开普勒第二定律即"面积定律"：行星和太阳之间的连线（轴矢）在相等的时间间隔里扫过的面积相等，如图 2.5-7 所示。根据该定律知道，行星在轨道上运行的速度是不均匀的，当它离太阳最近时，运行速度最快，当它离太阳最远时，即位于轨道的另一侧时，速度最慢。也就是，行星在近日点附近要比在远日点附近运动得快。椭圆轨道越扁，速度变化越显著。

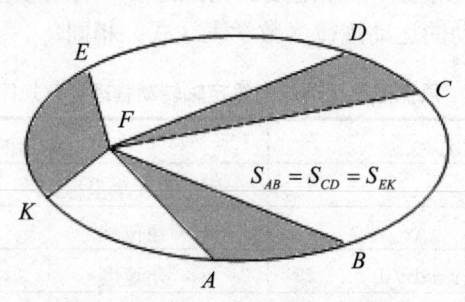

图 2.5-7 行星运动"面积定律"

2. 转动惯量可变化的系统

刚体未受到外力矩，角动量守恒，即 $I\omega = I_0\omega_0$，角速度与转动惯量成反比，因此可通过改变其转动惯量,使角速度发生变化。例如:跳芭蕾舞和花样溜冰时,运动员高速旋转时要将身体抱紧,减小转动惯量,欲减慢转动速度,则伸展四肢,以增大转动惯量,达到减速的作用,如图 2.5-8 所示。

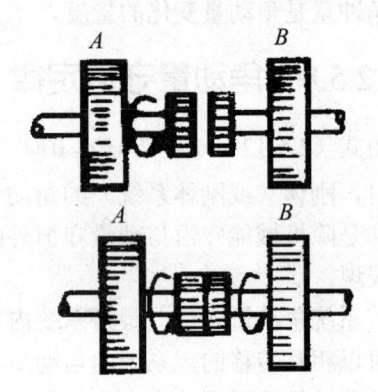

图 2.5-8　跳水过程角动量近似守恒　　　　图 2.5-9　齿轮啮合过程角动量近似守恒

3．刚体系统

在没有外力矩的作用下,刚体系统角动量守恒,刚体间通过内力矩角冲量实现角动量在系统内物体间转移。

如两物体组成的刚体系统,若初态两物体的状态量分别是 $I_{10}, \omega_{10}; I_{20}, \omega_{20}$,末态两物体的状态量分别是 $I_1, \omega_1; I_2, \omega_2$,其变化过程中,受合外力矩为零,则角动量守恒,即

$$I_1\omega_1 + I_2\omega_2 = I_{10}\omega_{10} + I_{20}\omega_{20} \tag{2.5-13}$$

如两转动刚体发生碰撞时(如两齿轮啮合过程,如图 2.5-9 所示),内力矩远大于外力矩,可忽略外力矩,视系统角动量近似守恒。

2.5.9　刚体定轴转动与质点直线运动规律比较

刚体定轴转动是刚体转动最简单最基本的转动运动形式,质点直线运动是质点运动最简单最基本的运动形式,虽然看似两种完全不同的运动形式,当找到描述刚体运动的基本物理量——角位置、角位移、角速度、角加速度、转动惯量、力矩角动量后,如表 2.5-2 所示,发现两种运动的运动规律(数学表达式)相同。

表 2.5-2　质点直线运动与刚体定轴转动物理量及规律对照表

质点的直线运动		刚体的定轴转动	
位置(坐标)	x	角位置(角坐标)	θ
位移	Δx	角位移	$\Delta\theta$
速度	$v = dx/dt$	角速度	$\omega = d\theta/dt$
加速度	$a = dv/dt = dx^2/dt^2$	角加速度	$\alpha = d\omega/dt = d\theta^2/dt^2$
匀速运动	$\Delta x = vt$	匀速转动	$\Delta\theta = \omega t$

第 2 章 | 守恒定律

（续表）

	质点的直线运动		刚体的定轴转动	
匀变速运动	$v = v_0 + at$ $\Delta x = v_0 t + \frac{1}{2}at^2$		匀变速转动	$\omega = \omega_0 + \alpha t$ $\Delta \theta = \omega_0 t + \frac{1}{2}\alpha t^2$
质量	m		转动惯量	$I = \sum m_i r_i^2$
力	F		力矩	$M = Fr\sin\theta$
牛顿第二定律	$F = ma$		转动定律	$M = I\alpha$
力的功	$W = \int_{x_0}^{x} F \cdot dx$		力矩的功	$W = \int_{\theta_0}^{\theta} M \cdot d\theta$
动能	$E = \frac{1}{2}mv^2$		转动动能	$E = \frac{1}{2}I\omega^2$
动能定理	$W = E_k - E_{k0}$		转动动能定理	$W = E_k - E_{k0}$
动量	$p = mv$		角动量	$L = I\omega$
冲量	$\int_{t_0}^{t} F \cdot dt$		角冲量	$\int_{t_0}^{t} M \cdot dt$
动量定理	$\int_{t_0}^{t} F \cdot dt = p - p_0$		角动量定理	$\int_{t_0}^{t} M \cdot dt = L - L_0$
动量守恒定理	$\int_{t_0}^{t} F \cdot dt = p - p_0$		角动量守恒定理	$M = 0 \Rightarrow L = L_0$

思考与练习

2.5-1 两个质量相同、直径相同的飞轮，以相同的角速度绕中心转轴转动，一个是圆盘形 A，一个是环状 B，在相同阻力矩作用下，谁先停下来？

2.5-2 一个有固定轴的刚体，受到两个力作用。当这两个力的合力为零时，它们对轴的合力矩也一定为零吗？当这两个力的合力矩为零时，它们的合力也一定为零吗？举例说明。

2.5-3 一个卫星在圆形轨道上运动时，大气阻力对它的角动量（相对地球中心）有何影响？卫星的速度将如何变化？

2.5-4 一砂轮在电动机驱动下，以 $1800 r/min$ 的转速绕定轴做逆时针转动，关闭电源后，砂轮均匀地减速，经过15s而停止转动，则砂轮的角加速度_____，从关闭电源到砂轮停转，砂轮转过_____圈。

2.5-5 长为 L 的均匀细棒，可绕其一端与棒垂直的水平轴自由转动，其转动惯量 $I = mL^2/3$，则棒在竖直位置时的角加速度大小为_____；若将棒拉至水平位置，然后由静止释放，此时棒的角加速度大小为_____。

2.5-6 在水平面内做匀速圆周运动的质点，其机械能_____；该质点动量_____，该质点的角动量_____。（填"守恒"或"不守恒"）

· 43 ·

2.5-7 如图 2.5-10 所示，在一根穿过竖直管的轻绳一端系一小球，开始时小球在水平面内做半径为 r_1 的匀速圆周运动，然后向下拉绳子，使小球的运动轨道缩小为 r_2，则小球前后角速度之比 $\omega_1/\omega_2 =$ _____，动能之比 $E_1/E_2 =$ _____，动能变化的原因是 _____。

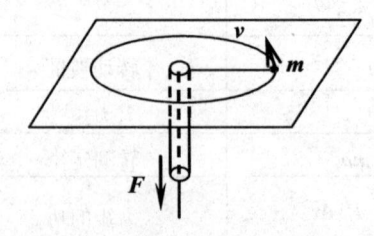

图 2.5-10 题 2.5-7 图

2.5-8 一轻绳绕在具有水平转轴的定滑轮上，绳下悬挂一质量为 m 的物体，此时滑轮的角加速度为 α。若将物体卸掉，而用大小等于 mg，方向向下的力直接拉绳子，则滑轮的角加速度将（　　）。

A. 不变　　　　B. 变大　　　　C. 变小　　　　D. 无法判定

2.5-9 细棒可绕光滑水平轴转动，该轴垂直地通过棒的一个端点。使棒从水平位置开始下摆，在棒转到竖直位置的过程中，棒的角速度 ω 和角加速度 α 的变化情况是（　　）。

A. ω 从小到大，α 从大到小　　　　B. ω 从小到大，α 从小到大
C. ω 从大到小，α 从大到小　　　　D. ω 从大到小，α 从小到大

2.5-10 人造地球卫星绕地球做椭圆运动，则卫星（　　）。

A. 动量不守恒，动能守恒　　　　B. 动量守恒，动能不守恒
C. 角动量守恒，动能不守恒　　　　D. 角动量不守恒，动能守恒

2.5-11 花样滑冰运动员绕通过自身的竖直轴旋转，可认为无外力矩作用。若两臂伸开，转动惯量为 I_0，角速度为 ω_0；若两臂合拢，转动惯量变为 $2I_0/3$，则转动角速度 ω 变为（　　）。

A. $\dfrac{2}{3}\omega_0$　　　　B. $\dfrac{2}{\sqrt{3}}\omega_0$　　　　C. $\dfrac{3}{2}\omega_0$　　　　D. $\dfrac{\sqrt{3}}{2}\omega_0$

2.5-12 如图 2.5-11 所示，半径为 $R = 0.5\text{m}$ 的飞轮，可绕过其中心 O 且与轮面垂直的水平轴转动，转动惯量 $I = 2\text{kg}\cdot\text{m}^2$，原来以 $n = 240\text{r/min}$ 的转速转动。当制动力 $F = 8\text{N}$ 作用于轮缘时，飞轮减速到最后停转，求飞轮的角加速度，从制动到停转飞轮转过的圈数。

2.5-13 *如图 2.5-12 所示，质量为 m，长为 l 的均匀细棒，其棒的上端点固定。若细棒从偏角 $\theta = \theta_0$ 的位置自由释放，求细棒释放及转到竖直位置（$\theta = 0$）时的转动角速度及加速度；从释放到竖直位置的过程中，重力矩所做的功 W。

2.5-14 如图 2.5-13 所示，A 与 B 两飞轮的轴杆可由摩擦啮合器使之连接，轮的转动惯量分别为 $I_A = 10\text{kg}\cdot\text{m}^2$、$I_B = 20\text{kg}\cdot\text{m}^2$，$A$ 轮以 $n_A = 600\text{r/min}$ 的转速转动，B 开始时静止，求：（1）啮合后两轮的转速；（2）在啮合过程中损失的机械能。

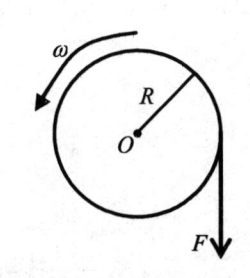

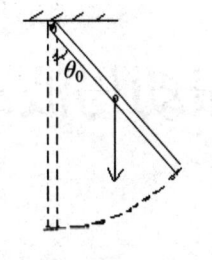

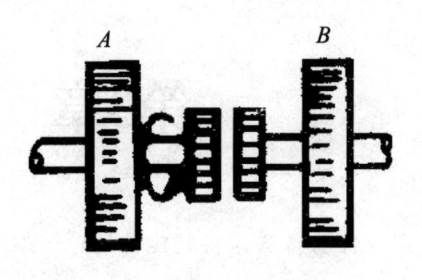

图 2.5-11　题 2.5-12 图　　图 2.5-12　题 2.5-13 图　　图 2.5-13　题 2.5-14 图

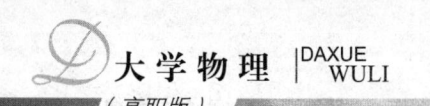

第3章 振动与波动

用一件共振器,我就能把地球一裂为二。

——特斯拉

我们学习的简谐振子,在很多领域有与之非常相似的对象,虽然我们从弹簧下悬重物、小摆动的单摆或某种其他机械手段开始学习某种微分方程。而该方程一再出现于物理学和其他科学,且实际上是如此众多现象中的要素以至对它作仔细的研究是颇有价值的。

——费曼

人们习惯于按照物质运动的形态,把经典物理学分为力(包括声)、热、光、电等子学科。然而,某些形式的运动却横跨这些学科,其中典型的是振动和波动。在力学中有机械振动和机械波,在电学中有电磁振荡和电磁波,声是一种机械波,光是一种电磁波。尽管在物理学的各分支学科中振动和波的具体内容不同,但在形式上却具有极大的相似性。本章将以弹簧振子、单摆的物理模型为研究对象,展开物理学中振动和波动现象的探讨。

3.1 简谐振动

物体在平衡位置附近的往复运动,称为机械振动。如心脏及脉搏的跳动、机械钟表的摆轮、风中颤抖的树梢、运行中的机器底座等都是机械振动。交流电路中的电压与电流在零值附近作周期性变化也是一种振动(振荡)。**广义的振动**是指一个物理量在某一量值附近往复变化。

3.1.1 简谐振动

物体的位移 x 随时间 t 作余弦(或正弦)函数变化的机械振动,称为简谐振动。即

$$x = A\cos(\omega_0 t + \varphi) \quad (3.1\text{-}1)$$

其中,A 与 ω_0 为常量。简谐振动的基本特征是**等周期、等振幅**。

简谐振动是振动中最简单、最基本的振动形式,各种复杂的振动均可由简谐振动合成。

作简谐振动的系统称为简谐振子,简称谐振子。弹簧振子和单摆都是典型的机械谐振子。

1. 弹簧振子

弹簧振子是最简单、最基本、应用最广泛的振动系统。例如,汽车和火车车厢,就

竖直方向运动而言，都可以看成重物放在缓冲弹簧上；一些机器设备和科学仪器与辅设其下的弹性垫层，包装箱内的物品与其周围的弹性材料，船舶或单摆，轴的扭转均可等效（或近视等效）为弹簧振子系统。

如图 3.1-1 所示，将质量可忽略的弹簧，一端固定，另一端与质点物体相连接所组成的系统，称为弹簧振子。弹簧振子若受到冲击力的作用，或者外界对振子做功，获得能量的弹簧振子将在平衡位置附近做往复振动。系统在不受外力作用且耗能因素可忽略的振动称为自由振动。

如图 3.1-1 所示，物体 m 处于平衡状态的位置称为平衡位置。以平衡位置为坐标原点，其弹簧伸长的振动方向为 x 轴正方向建立坐标系。

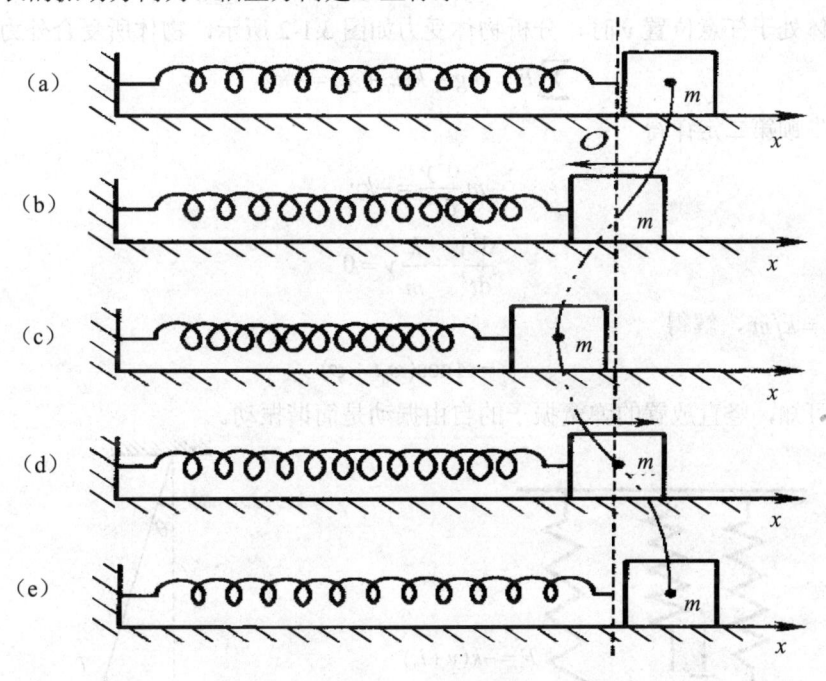

图 3.1-1 弹簧振子

根据胡克定律，在弹性限度内，物体 m 的位移为 x，作用于物体的合力为

$$F = -kx \tag{3.1-2}$$

该物体的受力特征是所受合外力为线性回复力，即力的大小与位移大小成正比，其方向始终指向原点，根据牛顿第二定律（$F = ma$）得

$$m\frac{d^2x}{dt^2} = -kx \tag{3.1-3}$$

式（3.1-3）两端除以 m，并令 $\omega_0^2 = k/m$，ω_0 称为弹簧振子的固有角频率（或圆频率），其仅决定于弹簧的劲度系数与物体质量，所以称为固有频率。

则该振动的动力学特征方程为

$$\frac{d^2x}{dt^2} + \omega_0 x = 0 \tag{3.1-4}$$

解得

$$x = A\cos(\omega_0 t + \varphi)$$

由此可见，弹簧振子的自由振动是简谐振动。式（3.1-1）（3.1-2）（3.1-4）为判断简谐振动的三个特征判据。其中变量 x 可以是长度、角度、电流、电压，也可以是化学反应中某种化学组分的浓度等。

例 3.1-1（**竖直放置的弹簧振子**） 如图 3.1-2 所示，一竖直悬挂的弹簧振子，弹簧劲度系数为 k，物体质量为 m，试证其自由振动是简谐振动。

证明：设物体所受合外力为零时弹簧伸长了 l_0，即得

$$kl_0 = mg$$

设平衡位置为原点，以竖直向下为 y 的正方向建立坐标系。

当物体处于任意位置 y 时，分析物体受力如图 3.1-2 所示，物体所受合外力为

$$\sum F = mg - k(l_0 + y) = -ky$$

根据牛顿第二定律得

$$m\frac{d^2 y}{dt^2} = -ky$$

即得

$$\frac{d^2 y}{dt^2} + \frac{k}{m} y = 0$$

令 $\omega_0^2 = k/m$，解得

$$y = A\cos(\omega_0 t + \varphi)$$

由此可知，竖直放置的弹簧振子的自由振动是简谐振动。

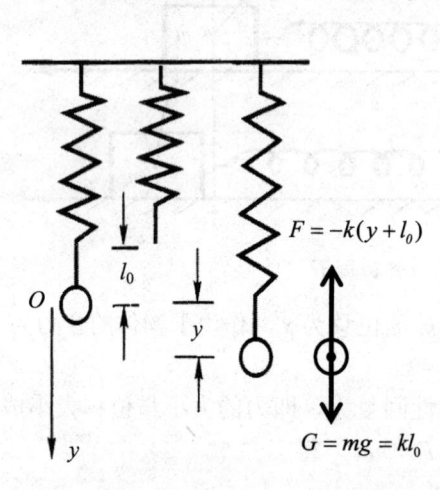

图 3.1-2 弹簧振子

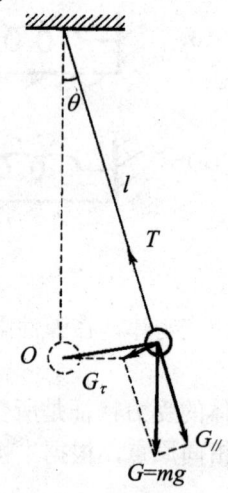

图 3.1-3 单摆

2. 单摆

如图 3.1-3 所示，形变可忽略的轻绳挂一小球（可视为质点）组成**单摆**系统，若该系统在竖直平面内作小角度振动，该振动为简谐振动。

以小球平衡位置为参考点，竖直向下为正方向，取逆时针转动方向为角位置正方向，如图 3.1-3 所示，小球在角位置 θ 处，单摆受合力为

$$G_\tau = -mg\sin\theta$$

当 $\theta < 5°$（小角度偏转）时，$G_\tau \approx -mg\theta$。

可见小球受到的切向力与角位置坐标呈线性关系，且方向相反，可视为准弹性力。

根据牛顿第二定律得

$$ml\frac{d^2\theta}{dt^2} = -mg\theta$$

令

$$\omega_0^2 = \frac{g}{l} \tag{3.1-5}$$

则有

$$\frac{d^2\theta}{dt^2} + \omega_0^2\theta = 0$$

微分方程的解为

$$\theta = \theta_m\cos(\omega_0 t + \varphi) \tag{3.1-6}$$

可见，单摆做较小摆角的自由振动时，近似为简谐振动。

3.1.2 简谐振动的特征量

1. 振幅 A

振幅 A 表示振动的范围，即物体离开平衡位置的最大位移的绝对值，或振动量的最大值，是描述振动强度的物理量，为标量，其单位随振动量的不同而不同。振幅的大小由振动系统的初始条件决定。

2. 周期、频率与角频率

简谐振动是典型的等周期性运动，**周期 T** 是谐振子做一次**全振动**所需的时间。全振动是指从某一振动状态出发又回到该振动状态的过程，即在同一周期内没有相同的振动状态。

频率 f 是指单位时间（每秒）内谐振子所做全振动的次数，周期与频率的关系为

$$f = 1/T \tag{3.1-7}$$

在国际单位制（SI）中频率的单位为 Hz。它是一个无量纲的单位。

角频率（圆频率） ω 是相位的变化率，即振动相位变化快慢的描述，亦振动状态变化快慢的描述。

$$\omega = \frac{d}{dt}(\omega t + \varphi) \tag{3.1-8}$$

在国际单位制（SI）中角频率单位为 rad/s。

因正余弦函数的周期为 2π，所以有

$$\omega(t+T) + \varphi = \omega t + \varphi + 2\pi$$
$$\omega T = 2\pi$$

由此得

$$\omega = 2\pi/T = 2\pi f \tag{3.1-9}$$

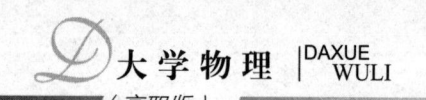

T、f、ω 三个物理量均是描述振动快慢的物理量。周期和频率是方便进行测量的物理量；角频率能直观描述振动状态（相位）变化的快慢，便于理论研究的描述。

弹簧振子的角频率为 $\omega_0 = \sqrt{k/m}$，由弹簧振子的弹性劲度系数 k（弹性特征）和振子质量 m（惯性大小）决定；由此可推得弹簧振子的周期为 $T = 2\pi\sqrt{\dfrac{m}{k}}$。

单摆的角频率为 $\omega_0 = \sqrt{g/l}$，由摆长 l 与摆所在位置的重力加速度 g 决定；由此可推得单摆周期 $T = 2\pi\sqrt{l/g}$，则可求出 $g = 4\pi^2 l / T^2$。

谐振子的角频率由谐振子本身的性质所决定，而与初始条件无关，因此谐振子的角频率称为固有角频率，同样其周期、频率称为固有周期和固有频率。

3．相位与初相

谐振子所处的运动状态，由位移 x 和速度 v 及加速度的大小和方向所描述，由式（3.1-1）得振动物体的速度和加速度函数为

$$v = -\omega_0 A\sin(\omega_0 t + \varphi) = \omega_0 A\cos\left(\omega_0 t + \varphi + \dfrac{\pi}{2}\right) \quad (3.1\text{-}10)$$

$$a = -\omega_0^2 A\cos(\omega_0 t + \varphi) = \omega_0^2 A\cos(\omega_0 t + \varphi + \pi) \quad (3.1\text{-}11)$$

由此可见，$\omega_0 t + \varphi$ 决定了谐振子在 t 时刻的运动状态，故将 $\omega_0 t + \varphi$ 称为 t 时刻振动的**相位**。相位是时间 t 的线性函数，即某时刻或某位置的振动状态量。

例 3.1-2 质点作简谐振动 $x = A\cos(\omega_0 t + \varphi)$，在不同时刻，相位分别为 $\phi = \omega_0 t + \varphi = 0$，$\pi$，$\pi/2$，$-\pi/2$，问该时刻质点的运动状态如何？

解：质点在某一时刻的振动状态可用位移和速度描述，如下

$$x = A\cos(\omega_0 t + \varphi) \qquad v = -\omega_0 A\sin(\omega_0 t + \varphi)$$

$\omega_0 A$ 是最大速度的绝对值，叫"速度幅"。

当相位 $\omega_0 t + \varphi = 0$ 时，则 $x_0 = A$，$v_0 = 0$，质点在正振幅处，速度为零；

当 $\omega_0 t + \varphi = \pi$ 时，则 $x_0 = -A$，$v_0 = 0$，质点在负振幅处，速度为零；

当 $\omega_0 t + \varphi = \pi/2$ 时，则 $x_0 = 0$，$v_0 = -\omega_0 A$，表示质点正过平衡位置并以最快的速率向 x 轴的负向运动；

当 $\omega_0 t + \varphi = -\pi/2$ 时，则 $x_0 = 0$，$v_0 = \omega_0 A$，表示这一瞬间，质点以 $\omega_0 A$ 的速率过平衡位置向 x 轴的正向运动。

由上题进一步表明，相位与谐振子运动状态是一一对应关系。

当 $t = 0$ 时的相位 φ，决定初始时刻的位移 x_0、速度 v_0 和加速度 a_0，就是说 φ 决定了振子在 $t = 0$ 时刻的运动状态，称为**初相位**，简称**初相**。

相位与初相是描述振动状态的物理量，是代数量，国际制单位 rad，相位取值 $[2k\pi, (2k+1)\pi]$；初相取值 $(0, 2\pi)$ 或 $(-\pi, \pi)$。

若振子在 $t = 0$ 时刻的初态为 (x_0, v_0)，由式（3.1-1）和式（3.1-10）得

$$x_0 = A\cos\varphi \qquad v_0 = -\omega_0 A\sin\varphi$$

由上两式得

$$A = \sqrt{x_0^2 + \left(\frac{v_0}{\omega_0}\right)^2} \tag{3.1-12}$$

$$\varphi = \operatorname{arctg} \frac{-v_0}{\omega_0 x_0} \tag{3.1-13}$$

振幅与初相位由振动初始条件决定。

式（3.1-1）（3.1-10）（3.1-11），若已知角频率、振幅、初相位，则谐振量的变化规律就掌握了，因此 A、ω、φ 是描述谐振动总体特征的物理量，称为基本特征量。

简谐振动的特点：第一，简谐振动是周期性运动；第二，简谐振动各瞬时的运动状态由振幅和固有角频率及初相位决定；第三，简谐振动的频率是由振动系统本身固有性质决定的，而振幅和初相位由初始条件决定。

3.1.3 简谐振动的图示法

用作图的方法画出物理量随时间变化的曲线称为图示法。因简谐量是时间的正弦（或余弦）函数，如图 3.1-4 所示，该曲线表示初相 $\varphi = 0$、振幅为 A、周期为 T 的简谐振动，不同初相的简谐振动其图线的初始位置不同。

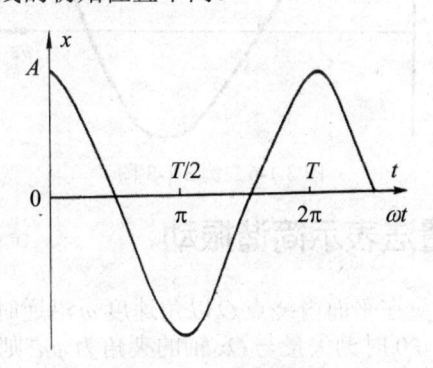

图 3.1-4 振动曲线

如图 3.1-5 所示为简谐振动的位移、速度、加速度随时间变化的曲线，从图中可以看出 x、v、a 三者的相位依次相差 $\pi/2$。

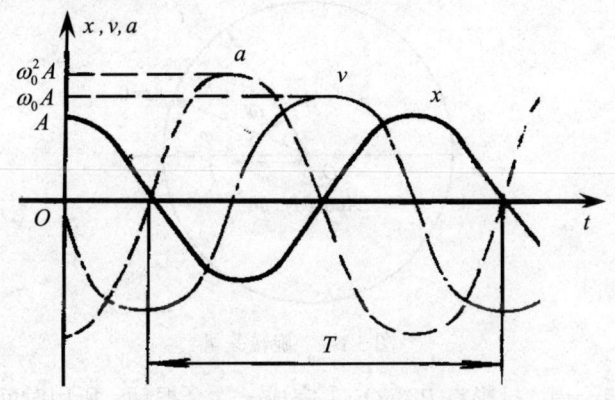

图 3.1-5 简谐振动的 x、v、a 相位关系

例 3.1-3　按图 3.1-6 所示的振动曲线图，求其振动基本特征量，写出振动方程。
解：由振动曲线可见 $A = 6$ cm；
$t = 0$ 时，$x_0 = 3$ cm，$v_0 > 0$；$t = 1$ s 时，$x_1 = 0$；
初始条件代入简谐振动位移和速度方程得
$$x_0 = 3 = 6\cos\varphi, \quad v_0 = -\omega A\sin\varphi > 0$$
得 $\varphi = -\pi/3$（或 $\varphi = 5\pi/3$）。
将 $t = 1$ s 时，$x = 0$ 代入位移方程得
$$x_1 = 0 = 6\cos(\omega \times 1 - \pi/3)$$
因此得 $\omega - \pi/3 = \pi/2$，由此得 $\omega = \pi/3 + \pi/2 = 5\pi/6$。
该图线所示的振动方程为
$$x = 6\cos\left(\frac{5\pi}{6}t - \frac{\pi}{3}\right) \text{ cm}$$

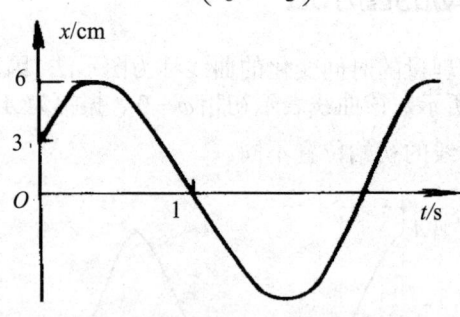

图 3.1-6　例 3.1-3 图

3.1.4　旋转矢量法表示简谐振动

如图 3.1-7 所示，一矢量在平面内绕点 O 以角速度 ω 沿逆时针方向作匀速转动，若旋转矢量的长度等于 A，设 $t = 0$ 时刻矢量与 Ox 轴的夹角为 φ，则任意时刻 t，矢量与 Ox 的夹角为 $\omega t + \varphi$，则矢量在 Ox 轴上的投影点 P 的坐标为 $x = A\cos(\omega t + \varphi)$。由此可见，当旋转矢量作匀角速度转动时，矢量在 Ox 上的投影点作简谐振动。这样的矢量称为旋转矢量。

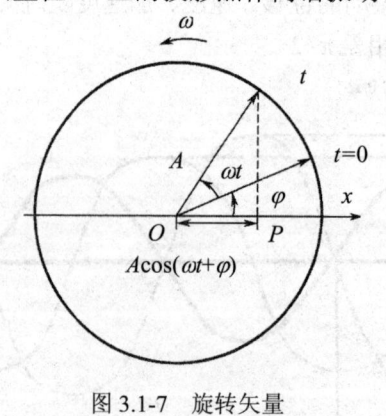

图 3.1-7　旋转矢量

旋转矢量每转一周，投影点 P 在 Ox 上完成一次全振动，所用时间是简谐振动的周期

$T = 2\pi/\omega$。矢量作匀速圆周运动也是等振幅等周期的运动，可将圆周运动视为振动方向互相垂直的等幅等角频率的两振动的合成。

例 3.1-4（用旋转矢量法求振动方程） 弹簧振子沿 x 轴方向作简谐振动，振幅为 A，角频率为 ω，若 $t=0$ 时，振子的运动状态分别如图 3.1-8 所示：① $x_0 = A$；② $x_0 = 0$，向 Ox 正向运动；③ $x_0 = \sqrt{2}A/2$，向 Ox 正向运动。试用旋转矢量法确定振动方程。

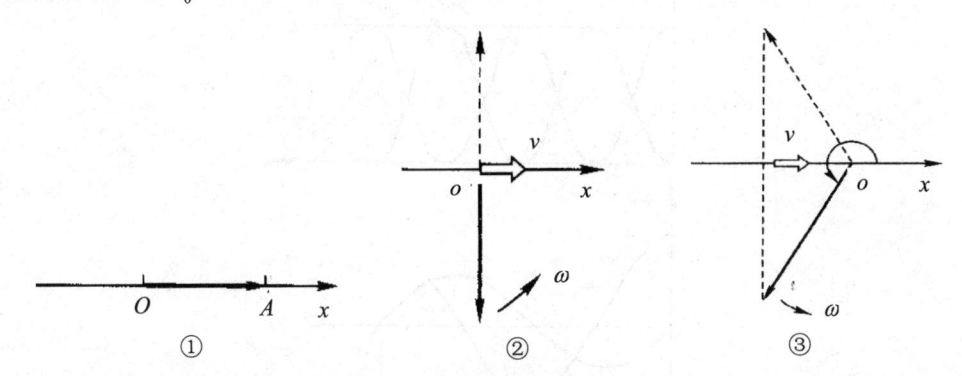

图 3.1-8 例 3.1-4 图

解：由初始条件画出三种情况下的旋转矢量如图 3.1-8 所示。
由图得运动方程
① $x = A\cos(\omega t)$
② $x = A\cos\left(\omega t - \dfrac{\pi}{2}\right)$
③ $x = A\cos\left(\omega t - \dfrac{3\pi}{4}\right)$

3.1.5 简谐振动的能量

以谐振子为例讨论简谐振动的能量问题，弹簧振子振动系统中线性回复力是保守力，因此简谐振动系统的总机械能守恒。将式（3.1-10）和式（3.1-1）代入质点的动能公式和弹簧的弹性势能公式得简谐振动的动能与势能分别为

$$E_k = \frac{1}{2}mv^2 = \frac{1}{2}m\omega_0^2 A^2 \sin^2(\omega_0 t + \varphi) \tag{3.1-14}$$

$$E_p = \frac{1}{2}kx^2 = \frac{1}{2}kA^2 \cos^2(\omega_0 t + \varphi) \tag{3.1-15}$$

又因 $\omega_0^2 = k/m$，则可得简谐振动的机械能为

$$E = E_k + E_p = \frac{1}{2}kA^2 \tag{3.1-16}$$

式（3.1-16）说明，弹簧简谐振子的机械能决定于劲度系数和振幅，与时间无关，即机械能守恒，其大小与振幅平方成正比，这一结论也适用于其他简谐振动，可见振幅 A 反映了振动的强度，即振动系统总能量的大小。

如图 3.1-9 所示为 $\varphi = 0$ 情形下的简谐振动的动能、势能及机械能随时间变化的曲线，

可以看出机械能为一恒量，而势能与动能亦按简谐规律变化，因此可以说简谐振动的动能与势能均是简谐量，只是它们变化的频率是简谐振动频率的两倍。这是因为在简谐振动过程中，只有保守内力做功，所以系统机械能守恒，而系统的动能与势能通过保守内力做功而不断的转化。

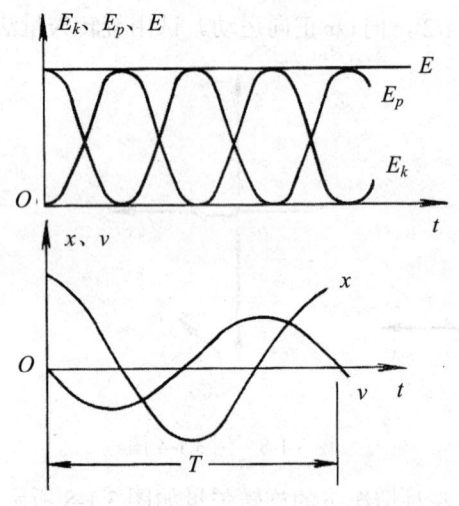

图 3.1-9 E_k、E_p、E 曲线与 x、v 曲线对比

思考与练习

3.1-1 举例说明什么是简谐振动。

3.1-2 在阻力均可以忽略的情况下，同一弹簧振子平放、竖放、悬吊和斜放（置于光滑斜面上）时，其振动周期是否会发生变化？

3.1-3 将弹簧振子的弹簧剪掉一半，其振动频率将如何变化？

3.1-4 一位宇航员要在地球轨道航天器中停留数月，无法用常规的办法测体重。请想出测量宇航员质量的办法。

3.1-5 将汽车车厢和下面的弹簧视为一沿着竖直方向运动的弹簧振子，当有乘客时，其固有频率会有怎样的变化？

3.1-6 在没有测长度工具的情况下，能否用一条足够长的细线，测出一个大圆筒的直径？

3.1-7 简谐振动的速度和加速度，在什么情况下同向？在什么情况下反向？

3.1-8 试比较 $\phi = \pi/2$ 和 $\phi = 3\pi/2$，$\phi = 2\pi/3$ 和 $\phi = 5\pi/3$，$\phi = \pi/4$ 和 $\phi = 3\pi/4$ 的谐振动状态的区别，这种区别说明了什么？

3.1-9 交流电的电压 U 随时间按余弦规律变化，频率 $\nu = 50$ Hz，已知电压最大值 $U_m = 311$ V，取初相为 $\varphi = 0$，此电压的振动规律为_____，电压的有效值为_____。

3.1-10 简谐振动函数为 $x = 0.07\cos(2t - \pi/6)$ cm，则该振动的振幅 A 为_____，角频率 ω 为_____，初相 φ 为_____。

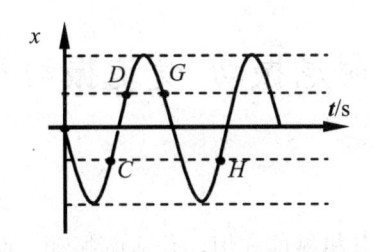

图 3.1-10　题 3.1-11 图

3.1-11　在图 3.1-10 所示的振动曲线图中，D 点和 G 点的位移_____，速度_____；C 点和 H 点的位移_____，速度_____。（填"相同"或"不相同"）

3.1-12　若谐振子的总能量为 200J，当谐振子处于最大位移的 1/2 时，其势能的瞬时值为_____J，其动能的瞬时值为_____J。

3.1-13　两个上端固定的完全相同的弹簧，分别挂有质量为 m_1 和 m_2 的物体（$m_1 > m_2$），组成两个弹簧振子"1""2"，若两者的振幅相等，则它们的周期 T 和机械能 E 的大小关系为（　　）。

A. $T_1 > T_2$，$E_1 = E_2$　　　　　　B. $T_1 = T_2$，$E_1 > E_2$
C. $T_1 = T_2$，$E_1 = E_2$　　　　　　D. $T_1 > T_2$，$E_1 > E_2$

3.1-14　一单摆周期为 1.5 s，它的摆长约为（　　）。
A. 0.99 m　　　　B. 0.25 m　　　　C. 0.56 m　　　　D. 0.5 m

3.1-15　水平弹簧振子运动到平衡位置时，恰好有一质量为 m_0 的泥块从正上方落到质量为 m 的振子上，与振子粘在一起运动，则下述结论正确的是（　　）。
A. 振幅变小，周期变小　　　　　　B. 振幅变小，周期不变
C. 振幅变小，周期变大　　　　　　D. 振幅不变，周期变大

3.1-16　$k = 4.0 \times 10^4$ N/m 的弹簧谐振子做自由振动，若振幅为 10 cm，机械能量为_____；振动动能为 150 J 时，振子位移的大小为_____。

3.1-17　两个物体作同方向、同频率、同振幅的简谐振动，第一个物体的振动方程为 $x_1 = A\cos(\omega_0 t + \varphi_1)$，第一个物体处于负方向端点时，第二个物体在 $x_2 = A/2$ 处，且向 x 轴正向运动，求两物体振动的相位差和第二个物体的振动方程。

3.1-18　弹簧下面悬挂质量为 50 g 的物体，物体沿着竖直方向的运动学方程为 $x = 0.02\sin(1000t)$(SI)，平衡位置为势能零点（时间单位：s）。求：（1）弹簧的劲度系数；（2）最大动能；（3）总的机械能。

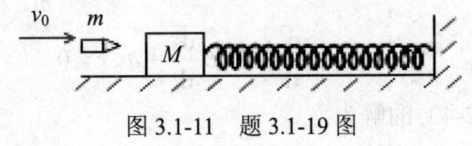

3.1-19　如图 3.1-11 所示，质量为 $m = 10$ g 的子弹，以 $v_0 = 100$ m/s 的速度射入木块中，木块质量 $M = 4.99$ kg，弹簧劲度系数 $k = 8.0 \times 10^3$ N/m，若忽略摩擦，求子弹射入后弹簧振子振动的振幅 A。

图 3.1-11　题 3.1-19 图

3.2 阻尼振动 受迫振动和共振

3.2.1 阻尼振动

作简谐振动的谐振子，其机械能守恒，作等幅振动。而实际的振动系统在运动过程中都受阻力作用，如无外界能量补偿，振动的振幅将不断减小而归于静止。

耗损振动系统能量的因素，称为阻尼。常见阻尼因素有两种，一是摩擦引起的阻尼，使系统能量逐渐转化为内能；另一种辐射引起阻尼，即由于振动系统引起周围介质振动，使系统能量转换为波动能量向四周辐射出去。

振动系统由于阻尼存在引起的能量耗损，而使振幅不断减小的振动，称为阻尼振动（减幅振动）。可用如图 3.2-1 所示模型表示。

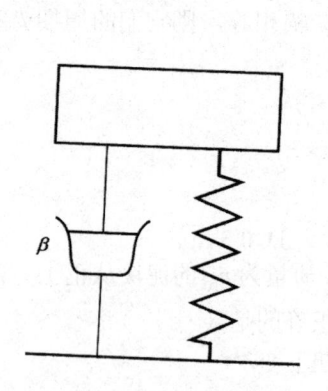

图 3.2-1 阻尼系统模型　　图 3.2-2 阻尼振动曲线

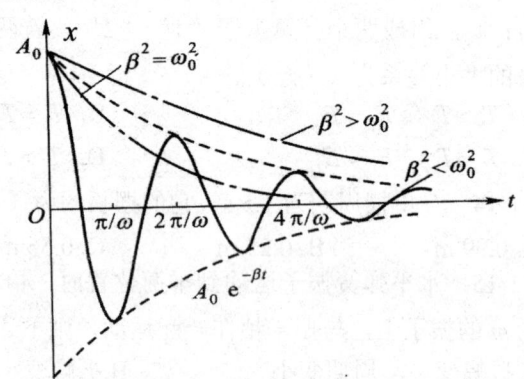

现讨论低速运动时液体介质中物体受到的阻尼，液体阻力大小与速度成正比，即

$$F_{阻力} = -\mu v = -\mu \frac{dx}{dt} \qquad (3.2\text{-}1)$$

μ 阻力系数：决定于物体的形状、大小与介质的性质；负号表示介质阻力始终与速度方向相反。加上谐振系统的线性回复力，则由牛顿第二定律得振动系统的动力学方程为

$$m\frac{d^2x}{dt^2} = -\mu\frac{dx}{dt} - kx \qquad (3.2\text{-}2)$$

$$\frac{d^2x}{dt^2} + 2\frac{\mu}{2m}\frac{dx}{dt} + \frac{k}{m}x = 0 \qquad (3.2\text{-}3)$$

令 $\beta = \dfrac{\mu}{2m}$，称阻尼因素，表征阻尼强弱程度；令 $\omega_0^2 = \dfrac{k}{m}$，式（3.2-3）为

$$\frac{d^2x}{dt^2} + 2\beta\frac{dx}{dt} + \omega_0^2 x = 0 \qquad (3.2\text{-}4)$$

其中 $\omega_0 \gg \beta$ 时，式（3.2-4）的解为

$$x = A_0 e^{-\beta t}\cos(\omega t + \varphi) \qquad (3.2\text{-}5)$$

其中

$$\omega = \sqrt{\omega_0^2 - \beta^2} \approx \omega_0 \qquad (3.2\text{-}6)$$

$$A(t) = A_0 e^{-\beta t} \qquad (3.2\text{-}7)$$

$A(t)$ 是阻尼振动的振幅，它随着时间按指数规律变化，阻尼振动是减幅振动。因 $\cos(\omega t + \varphi)$ 是周期变化，保证了质点每连续两次通过平衡位置并沿着相同方向运动所需的时间间隔是相同的，于是把 $\cos(\omega t + \varphi)$ 的周期称作阻尼振动的周期，阻尼振动的周期大于同样振动系统的简谐振动的周期。

式（3.2-7）可见振幅衰减的快慢决定于阻尼因素 β，所以说 β 表征了振幅衰减的快慢程度，其值为阻尼振动振幅衰减到最大振幅的 $e^{-1} \approx 0.368$ 倍时所需的时间的倒数。β 越大，阻尼越大，衰减越快；β 越小，阻尼越小，衰减越慢，即 β 是阻尼大小的描述。

阻尼振动曲线如图 3.2-2 所示。当 $\beta \ll \omega_0$ 时称为弱阻尼状态，表示阻力很小，振动系统作振幅按指数规律逐渐减小、频率不变的振动。

当 $\beta \gg \omega_0$ 时称为过阻尼，表示阻力很大，若质点移开平衡位置释放后，来不及作一次往复运动，能量就损耗殆尽，到达平衡位置便归于静止。如将振子放入黏性较大的机油中，将振子移开平衡位置后释放，振子便慢慢地回到平衡位置停下来。

当 $\beta = \omega_0$ 称为临界阻尼，处于临界阻尼状态的系统，由于阻力相比较前者小，系统将最快的回到平衡位置。现实中使用的指针式仪表系统往往要求处于此种状态。例如电流表的指针，有电流通过，指针受力，偏距原平衡位置，指针受到电磁阻尼，为使指针尽快达到新的平衡位置又避免往复摆动，要求设计时指针的系统运动处于临界阻尼。

3.2.2 受迫振动

振动系统处于弱阻尼情况，为了维持系统的振动就需要不断地输入能量，对机械振动就要有外力做功。系统受外界驱动作用而被迫进行的振动称为受迫振动。扬声器的纸盒、钟摆、缝纫机针、汽缸中的活塞、连杆机构等的振动，及机械运转时所引起的基座振动，地震所引起的地面建筑等的振动，都是受迫振动。

激起系统出现振动的外界驱动作用或能量输入称为**激励**（或称驱力）。受迫振动的位移、速度等振动量，作为系统的输出，称为在激励作用下系统的**响应**。其相互关系如图 3.2-3 所示。从能量的观点看，激励输入能量，阻尼损耗能量，响应输出能量。

图 3.2-3 受迫振动激励与响应的关系

随时间按余弦（或正弦）函数规律变化的激励，称为简谐激励。简谐激励是最简单最基本的激励，任何复杂周期性激励都可以由若干简谐激励所合成。

在简谐激励 $F = F_m \cos\omega t$（F_m 称为力幅）的作用下，原来的弱阻尼振动系统的动力学方程变为

$$\frac{d^2x}{dt^2} + 2\beta\frac{dx}{dt} + \omega_0^2 x = \frac{F_m}{m}\cos(\omega t) \tag{3.2-8}$$

一开始运动比较复杂，相隔一定时间后达到稳定（稳态响应），式（3.2-8）的稳态解为

$$x = A\cos(\omega t - \delta) \tag{3.2-9}$$

$$A = \frac{F_0/m}{\sqrt{(\omega_0^2 - \omega^2)^2 + 4\beta^2\omega^2}} \tag{3.2-10}$$

$$\tan\delta = \frac{2\beta\omega}{\omega_0^2 - \omega^2} \tag{3.2-11}$$

可见稳态响应仍是一个简谐振动，且其频率等于**简谐激励的频率**，振幅 A 和响应相对激励的相位差 δ 与初始条件无关，由系统特性 (ω_0, β) 和激励性质 (ω, F_m) 决定。

如图 3.2-4 和图 3.2-5 所示，是根据式（3.2-10）可做出的 A 随 ω_0 而变化和 A 随 ω 而变化的关系曲线，称为受迫振动的幅频特性。从图 3.2-4 和图 3.2-5 可见当 $\omega \gg \omega_0$ 或 $\omega \ll \omega_0$ 时，稳态响应振幅很小；只有当激励的频率与系统固有频率相近时，振动系统才会有较明显的振动响应。

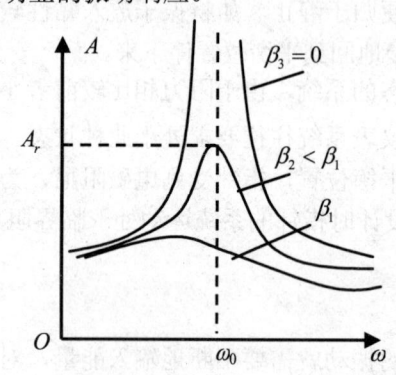

图 3.2-4 受迫振动的幅频特性 1 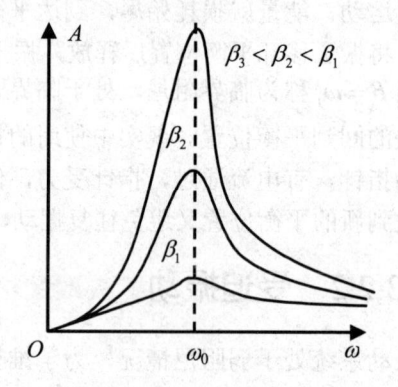　　图 3.2-5 受迫振动的幅频特性 2

3.2.3 共振

1. 共振现象与共振条件

由图 3.2-4 和图 3.2-5 可见，当激励角频率 ω_r 与振动系统的固有频率相等时，受迫振动的振幅将达到最大 A_r，这种状态称为共振。

对（3.2-10）式即 $A = A(\omega)$ 求极值。

令 $\dfrac{dA(\omega)}{d\omega} = 0$，可得

$$\omega_r = \sqrt{\omega_0^2 - 2\beta^2} \tag{3.2-12}$$

将式（3.2-12）代入式（3.2-10）得最大振幅

$$A_r = \frac{F_0/m}{2\beta\sqrt{\omega_0^2 - 2\beta^2}} \tag{3.2-13}$$

ω_r 称为共振频率，它由系统的特征量 ω_0 和阻尼因素 β 所决定，而与激励无关。当 β 很小时，共振频率近似于系统的固有频率 $\omega_r \approx \omega_0$。发生共振时的振幅，称为共振的振幅，其决定于激励和系统，由式（3.2-13）知当发生共振时，β 越小，其共振振幅 A_r 越大。

共振 A_r 与固有频率的关系：当 $\omega_0 = \omega$ 时，发生共振，其振幅为

$$A_r = \frac{F_m/m}{2\beta\omega} \tag{3.2-14}$$

将 $\omega_0 = \omega$ 代入式（3.2-11）得共振时响应与激励力的相位差为 $\delta = \pi/2$，亦即激励力比共振超前 $\pi/2$，也就是激励作用力与响应振动的速度同相，激励作用力总是对振动系统做正功，这样系统从激励获得能量大，即是说共振是系统对激励能量最有效的吸收，因此又称为能量的共振吸收。

2. 共振产生的两种情境

在机械振动中，系统的角频率 ω_0 是固定的，因此需通过调节激励力的角频率 ω 满足共振条件，产生共振现象，共振原理如图 3.2-4 所示。

在电磁振荡中，特别是无线接收的共振现象，激励是外来信号，其频率 ω 是固定的，如图 3.2-6 所示的 LC 调谐电路，其频率（即调谐频率）为

$$f_0 = \frac{1}{2\pi\sqrt{LC}} \tag{3.2-15}$$

通过调节电路中的可调电容，来改变接收振荡电路的固有频率 f_0 以满足共振条件，实现共振吸收，其共振吸收原理如图 3.2-5 所示。

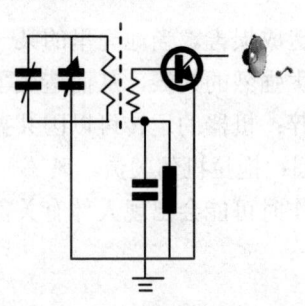

图 3.2-6　LC 调谐电路

共振在声学中称为共鸣，在电学中称为谐振。共振是常见的自然现象，在工程技术和科学实验中都有广泛应用。乐器的设计常利用共鸣。电磁信号的产生、接收，乃至分析处理，都与谐振有关。光谱分析技术，则是利用了原子分子的能量共振。

3. 共振的利用

乐器的共鸣箱　钢琴、提琴、二胡等乐器的木制琴身，就是利用了共振现象使其成为一共鸣箱（盒），将优美悦耳的音乐发送出去，以提高音响效果。

电磁共振　电磁共振在生活与生产中都有很多的应用，特别是在无线电技术中。收音机的调谐装置就是利用了电磁共振现象，以选择接收某一频率的电台广播。

核磁共振　20 世纪中叶发展起来的新技术，它是研究物质结构的重要手段。如图 3.2-7 所示，磁共振是物体在恒定磁场和特定频率的交变磁场共同作用下，当满足一定条

件时，对磁场的共振吸收现象，其中有磁性的原子核对射频场激励的共振吸收，称为核磁共振，它在工程测量、无损检测中有着重要的应用。核磁共振技术与电子计算机相结合形成的"核磁共振成像"是医疗诊断的有力工具。

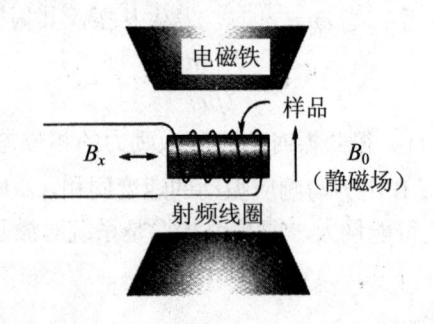

图 3.2-7 磁共振示意图

共振法打桩 在修建桥梁时需要把管柱插入江底作为基础，如果使打桩机打击管柱的频率跟管柱的固有频率一致，管柱就会发生共振而激烈振动，使周围的泥沙松动，管柱就较容易克服泥沙的阻力，下插到江底。

共振武器 以声波作"子弹"来杀伤敌人，就是次声武器。当次声武器发出的次声波频率同人体肌肉、内脏器官的固有振荡频率吻合时，引起肌肉及内脏器官的共振，人的五脏六腑破裂，导致死亡。

4．共振的危害

在某些情况中，共振又会造成损害。当地壳里的某一板块发生断裂时，产生的波动频率传到地面上，与建筑物产生强烈的共振，从而造成了楼房倒塌的惨剧，持续发出的某种频率的声音会使玻璃杯破碎；机器的运转可以因共振而损坏机座；高山上的一声大喊，可引起山顶积雪发生大雪崩；拖拉机驾驶员、风镐、风铲、电锯、镏钉机的操作工，他们与振动源十分接近，在工作时可能会出现人体有关部位的固有频率与振动源的频率产生共振。

5．共振的防止

从共振产生的条件知，改变外力的频率，或改变物体的固有频率，增大系统的阻尼等几方面防止有害共振的产生。

在需要防止共振危害的时候，要想办法使驱动力的频率和固有频率不相等，而且相差越多越好。例如播音室对隔音要求很高，常用加厚地板、墙壁的办法，使它的固有频率和声音的频率相差很多，从而使声音的振动不会引起墙壁和地板的共振。

又如，电动机要安装在水泥浇注的地基上，与大地牢牢相连，或要安装在很重的底盘上，为的是改变基础部分的固有频率，以增大与电机的振动频率（策动力频率）之差来防止基础的振动。

如果机器主轴的中心没有对准，当机器运转时将给机座以周期性的驱动力，机座可能发生强烈的共振，使机座损坏。因此，需要很好地调整机器转动部分的平衡以及采用增大阻尼等措施来削弱共振现象，在实际工程中，必须使设备、工程结构的固有频率，远离使用中可能发生共振的频率。汽车减振系统示意图，如图 3.2-8 所示。

在机床加工过程中为避免机床的共振，应尽量增大系统质量 m，减小 k，即减小 $\omega_0 = \sqrt{k/m}$，使其远离加工转动频率（一般较高）。如把机器安置在沉重的基座上，并在基座上垫以柔软的橡胶来减小机器运动过程中给机身受迫振动危害，就能有效地避免有害的受迫振动。

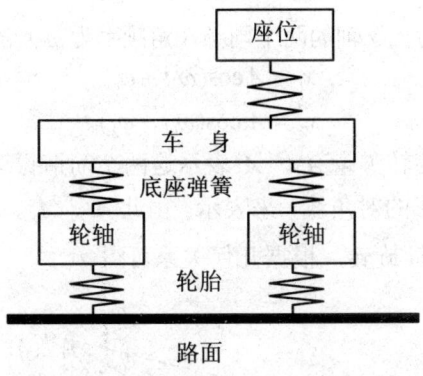

图 3.2-8 汽车的减振系统示意图

思考与练习

3.2-1 有一种电驱蚊器，它产生的电振动频率很接近于蚊子翅膀的振动频率，这利用了什么原理实现驱灭蚊子的？

3.2-2 某阻尼振动的振幅经过一周期后衰减为原来的 1/3，问振动频率比振动系统的固有频率少了几分之几？

3.2-3 判断下列说法正确的是（　　）。
A. 作阻尼振动的振子振幅随时间衰减，周期随时间变长
B. 振子在简谐激励作用下，响应频率逐渐与强迫力的频率相等，振幅不断衰减
C. 共振是一种振幅巨大的简谐振动
D. 若振动系统与驱动振动频率相同，则驱力对系统做正功，系统获最大振幅

3.2-4 若阻尼振动起始振幅为 $A_0 = 3.0 \times 10^{-2}$ m，经过 $t = 10$ s 后振幅变为 $A = 1.0 \times 10^{-2}$ m。求：阻尼振动的振动阻尼系数；经过多少时间振幅变为 $A_1 = 3.0 \times 10^{-3}$ m。

3.2-5 火车在铁轨上行驶时，每经过接轨处即受到一震动，使车厢在弹簧上振动，已知每段铁轨长 12.5 m，弹簧劲度系数 $k = 6.25 \times 10^4$ N/m，承受质量 $m = 3.5 \times 10^3$ kg，若取共振频率 $\omega_r = \sqrt{\omega_0^2 - 2\beta^2} \approx \omega_0$，求火车速度多大时振动最强烈？

3.3 机械振动的合成

物理研究总是从最简单最基本的问题入手，而振动的合成是一个较复杂的问题，因

此振动合成简化为简谐振动的合成,分为同方向、同频率振动合成,同方向、不同频率振动合成,不同方向、不同频率振动合成等几类情况进行研究。同方向、同频率简谐振动合成是最简单最基本的叠加。

3.3.1 同频率、同方向振动的叠加

设一质点同时参与同方向 x 轴的两个同频(角频率为 ω)的谐振,两振动方程分别为
$$x_1 = A_1\cos(\omega_0 t + \varphi_1)$$
$$x_2 = A_2\cos(\omega_0 t + \varphi_2)$$

如图 3.3-1 所示,用旋转矢量 $\boldsymbol{A_1}$、$\boldsymbol{A_2}$ 表示这两个简谐振动,合振动可以用相应的两旋转矢量和(即平行四边形的对角线)来表示。由此 $\boldsymbol{A_1}$、$\boldsymbol{A_2}$、$\boldsymbol{A}$ 构成刚性的平行四边形,$\boldsymbol{A}$ 以同样的角速度 ω 逆时针旋转。根据几何关系可得

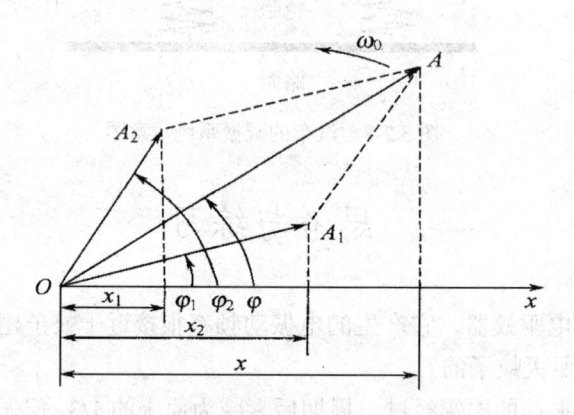

图 3.3-1 同频率、同方向的振动叠加

$$x = x_1 + x_2 = A\cos(\omega_0 t + \varphi)$$
$$A = \sqrt{A_1^2 + A_2^2 + 2A_1 A_2 \cos(\varphi_2 - \varphi_1)} \tag{3.3-1}$$
$$\tan\varphi = \frac{A_1 \sin\varphi_1 + A_2 \sin\varphi_2}{A_1 \cos\varphi_1 + A_2 \cos\varphi_2} \tag{3.3-2}$$

以上关系亦可由代数法来证明
$$\begin{aligned}x = x_1 + x_2 &= A_1\cos(\omega_0 t + \varphi_1) + A_2\cos(\omega_0 t + \varphi_2)\\ &= A_1\cos(\omega_0 t)\cos\varphi_1 - A_1\sin(\omega_0 t)\sin\varphi_1\\ &\quad + A_2\cos(\omega_0 t)\cos\varphi_2 - A_2\sin(\omega_0 t)\sin\varphi_2\\ &= \cos(\omega_0 t)(A_1\cos\varphi_1 + A_2\cos\varphi_2) - \sin(\omega_0 t)(A_1\sin\varphi_1 + A_2\sin\varphi_2)\end{aligned}$$

令
$$A\cos\varphi = A_1\cos\varphi_1 + A_2\cos\varphi_2 \tag{3.3-3}$$
$$A\sin\varphi = A_1\sin\varphi_1 + A_2\sin\varphi_2 \tag{3.3-4}$$

则得
$$x = A\cos(\omega_0 t)\cos\varphi - A\sin(\omega_0 t)\sin\varphi = A\cos(\omega_0 t + \varphi)$$

由式（3.3-1）和式（3.3-2）可知，两同方向、同频率的简谐振动的**合振动仍为同频率的简谐振动**，合振动的振幅与初相均由两个分振动的初相差与振幅决定。

相位差即两个简谐量或同一个简谐量不同时刻的相位之差。由于相位是描述振动状态的物理量，所以常用相位差来比较两个不同的简谐量或同一个简谐量不同时刻振动状态。同频率简谐量的相位差又分以下两种情况：

（1）同一振动不同时刻的相位差
$$\Delta\varphi = (\omega_0 t_2 + \varphi) - (\omega_0 t_1 + \varphi) = \omega_0(t_2 - t_1) = \omega_0 \Delta t \tag{3.3-5}$$

（2）两谐振量在相同时刻的相位差
$$\Delta\varphi = (\omega_0 t + \varphi_2) - (\omega_0 t + \varphi_1) = \varphi_2 - \varphi_1 \tag{3.3-6}$$

式（3.3-6）表明：两谐振量相位差为初相差。同频率的两振动因相位差的不同，两振动有不同程度的参差错落，两简谐振动的相位差反映两振动步调的不同。

当 $\Delta\varphi = \varphi_2 - \varphi_1 = 2k\pi$ 时，振动状态相同，称为同相。

当 $\Delta\varphi = \varphi_2 - \varphi_1 = (2k+1)\pi$ 时，振动状态相反，称为反相。

由式（3.3-1）知，当 $\Delta\varphi = \varphi_2 - \varphi_1 = 2k\pi$（$k = 0、\pm1、\pm2\cdots$），两分振动同相时，合成效果加强最强，其振幅与初相为
$$\varphi = \varphi_2 = \varphi_1 \qquad A = A_1 + A_2$$

当 $\Delta\varphi = \varphi_2 - \varphi_1 = (2k+1)\pi$，两分振动反相时，则合成效果减到最弱，其振幅与初相为
$$\varphi = \begin{cases} \varphi_2 & A_1 < A_2 \\ \varphi_1 & A_1 > A_2 \end{cases} \qquad A = |A_1 - A_2|$$

图 3.3-2 和 3.3-3 为分振动同相和反相两种情况，虚线和点画线分别表示两分振动，实线表示合振动（后同）。

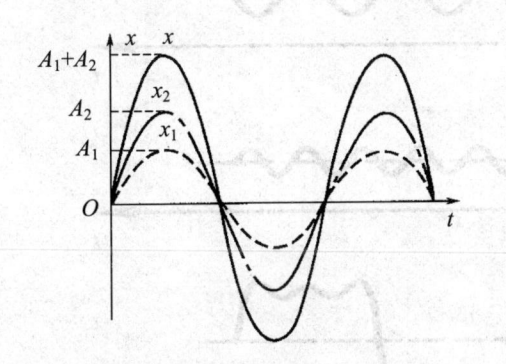

图 3.3-2　同相振动的合成　　　　图 3.3-3　反相振动的合成

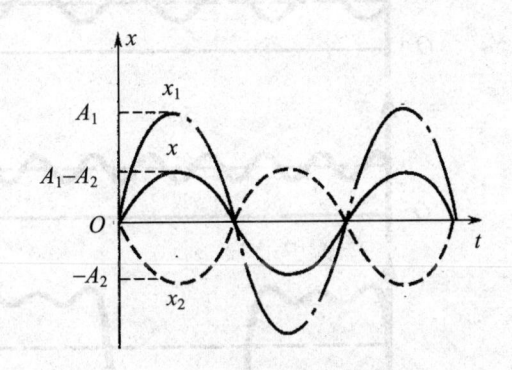

3.3.2 同方向、不同频率振动的合成

1. 两个倍频的简谐振动的合成

如图 3.3-4 是两个同方向、不同频率（分别为 ω 和 2ω）的简谐振动的合成。由图可见同方向、不同频率两简谐振动合成后不再是简谐振动，但仍然是周期性运动，其频率与分振动中最低频率（基频 ω 或 f）相等。

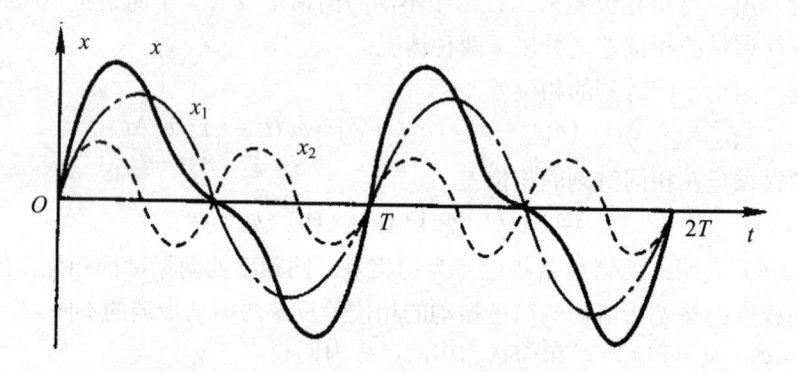

图 3.3-4　同方向、频率为倍频的两振动合成

如图 3.3-5 是频率比为 $1:3:5\cdots$ 的简谐振动，按下面的规律合成的振动曲线，若增加合成的项数无限，就可以得到如图 3.3-6 所示的"方波"形的振动。

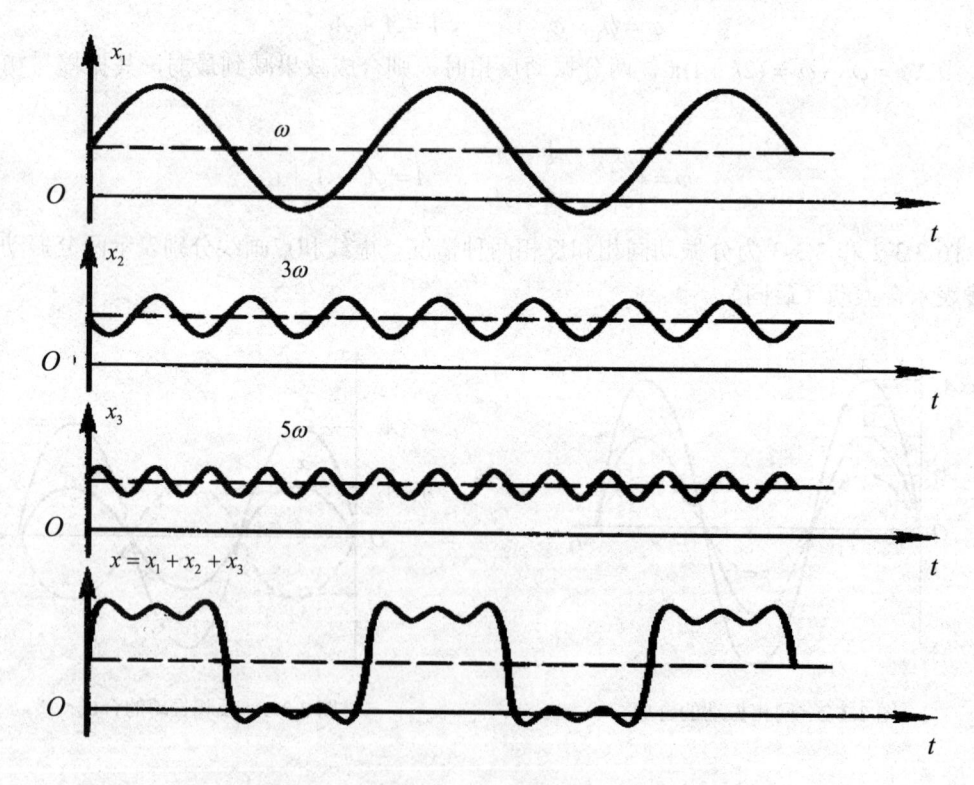

图 3.3-5　同方向、多倍频简谐振动的合成

图 3.3-6　方波波形图

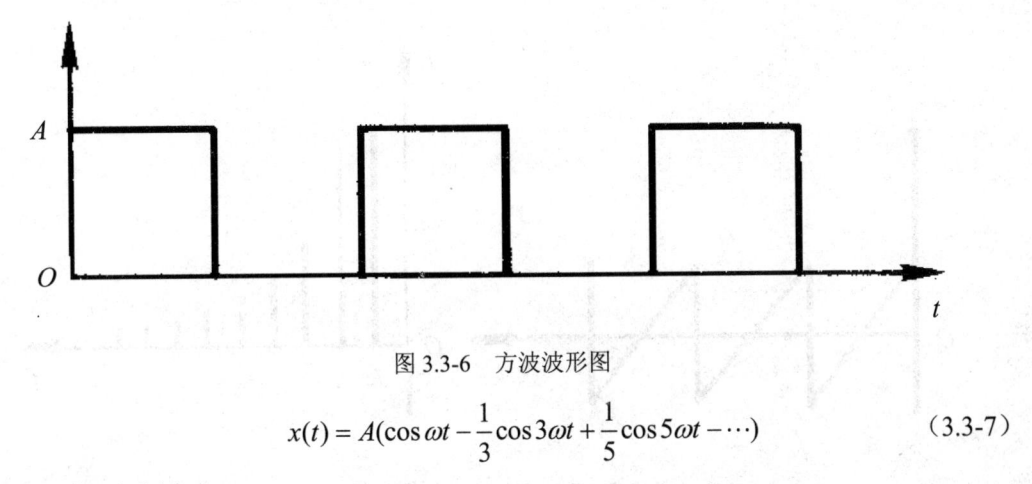

$$x(t) = A(\cos\omega t - \frac{1}{3}\cos 3\omega t + \frac{1}{5}\cos 5\omega t - \cdots) \tag{3.3-7}$$

2．振动分解

振动分解是振动合成的"逆运算"。上述两个倍频率关系的合成，可以反过来理解为非简谐振动可以分解为频率分别为 ω 和 2ω 的两个简谐振动。

理论与实践都证明，任何一个复杂的振动，都可视为一系列的简谐振动的合成，即可分解成一系列的简谐振动。

根据傅里叶定理，频率为 f_0 的周期性振动，可分解为频率为 $f = nf_0$ 的一系列谐振动，其中 $n = 1, 2, 3\cdots$ 。f_0 简称为基频，而 $2f_0、3f_0、4f_0\cdots$ 称为倍频（或谐频）。在声学里分别被称为基音和谐音（或泛音），谐音的构成成分决定了音品（声音的品质）。我们听到琴弦能发出悠扬悦耳的声波，实际上是琴弦上若干种频率振动的合成，若有两列波同时在空间传播，则在相遇区域内，各振元是两列波在该处引起的振动的合成。例如钢琴、提琴、萨克斯管等不同乐器奏出同一基音时，虽均能听出是同一音调，但给人的感觉并不相同，就是因为它们发出的谐音成分不同。

3．频谱分析

对振动进行测量与计算，以取得其组成的谐振动成分和能量的频率分布图的技术称为频谱分析。将各分振动振幅按其频率大小排列而成的图像，称为频谱。如图 3.3-7 表示了锯齿形振动的频谱。图 3.3-8 表示钢琴发出基音为 100Hz 的频谱。

根据分析对象的不同，频谱有声谱、电磁波谱、光谱以及相应的分析仪。现在已制造出各种能自动地测量、分析、显示、打印的动态频谱分析仪，它们在许多领域均有广泛的应用。在乐器（特别是电声乐器）的制作中，声谱分析是保证制作质量的重要方法。在医疗中通过对脏器的声谱分析，可帮助诊断疾病。环境监测和遥感技术，则需进行电磁波谱分析。光谱分析是人们探索宇宙和微观世界的主要手段。

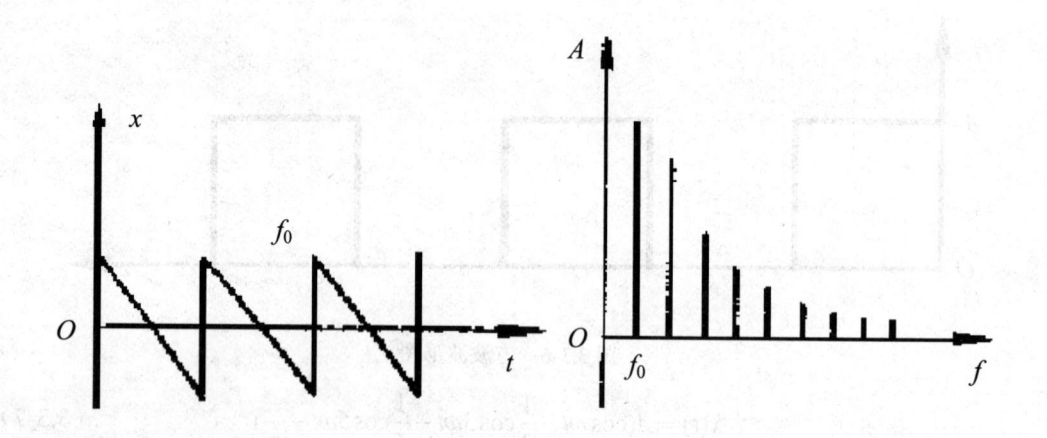

图 3.3-7　锯齿形振动的频谱

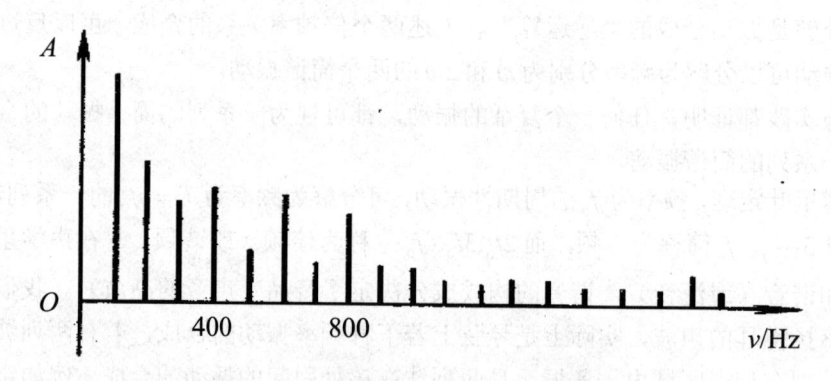

图 3.3-8　钢琴发出基音为 100Hz 的频谱

3.3.3　同频率、垂直方向两振动的合成

一质点若同时参与同频率的两垂直方向的简谐振动，其振动方程分别为

$$x = A_1 \cos(\omega t + \varphi_1) \tag{3.3-8}$$

$$y = A_2 \cos(\omega t + \varphi_2) \tag{3.3-9}$$

则该质点的运动轨迹为

$$\frac{x^2}{A_1^2} + \frac{y^2}{A_2^2} - \frac{2xy}{A_1 A_2}\cos(\varphi_2 - \varphi_1) = \sin^2(\varphi_2 - \varphi_1) \tag{3.3-10}$$

当 $\varphi_2 - \varphi_1 = 2k\pi$，$k = 0, \pm 1, \pm 2 \cdots$ 时，则式（3.3-10）变为

$$y = \frac{A_2}{A_1}x \tag{3.3-11}$$

其中 $x \in (-A_1, A_1)$，$y \in (-A_2, A_2)$，如图 3.3-9（a）所示。

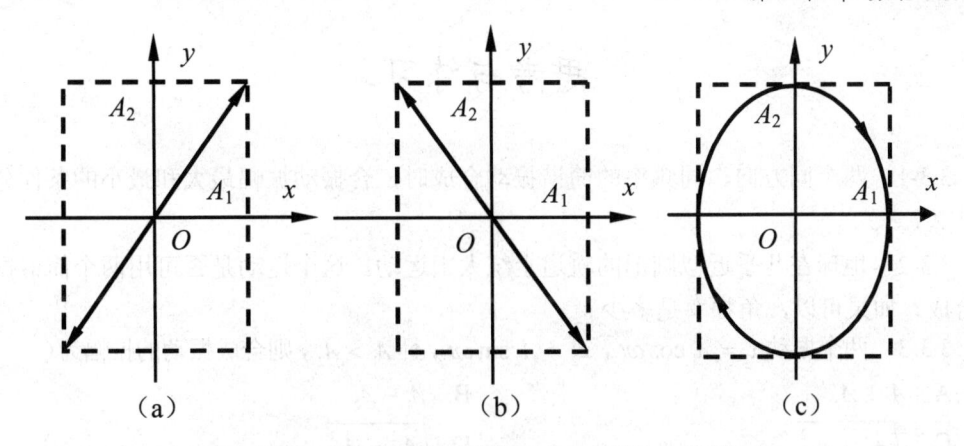

图 3.3-9 互相垂直的同频简谐振动合成的几种典型情况

当 $\varphi_2 - \varphi_1 = (2k+1)\pi$，$k = 0, \pm 1, \pm 2 \cdots$ 时，则式（3.3-10）变为

$$y = -\frac{A_2}{A_1}x \tag{3.3-12}$$

其中 $x \in (-A_1, A_1)$，$y \in (-A_2, A_2)$，如图 3.3-9（b）所示。

当 $\varphi_2 - \varphi_1 = \pi/2$ 时，则轨迹式（3.3-10）变为如图 3.3-9（c）所示的正椭圆方程

$$\frac{x^2}{A_1^2} + \frac{y^2}{A_2^2} - \frac{2xy}{A_1 A_2} = 1 \tag{3.3-13}$$

如图 3.3-10 所示分别是 $\varphi_2 - \varphi_1 = \pi/4$、$3\pi/4$、$5\pi/4$、$7\pi/4$ 时，合成后质点运动的轨迹图。

（a） $\varphi_2 - \varphi_1 = \pi/4$

（b） $\varphi_2 - \varphi_1 = 3\pi/4$

（c） $\varphi_2 - \varphi_1 = 5\pi/4$

（d） $\varphi_2 - \varphi_1 = 7\pi/4$

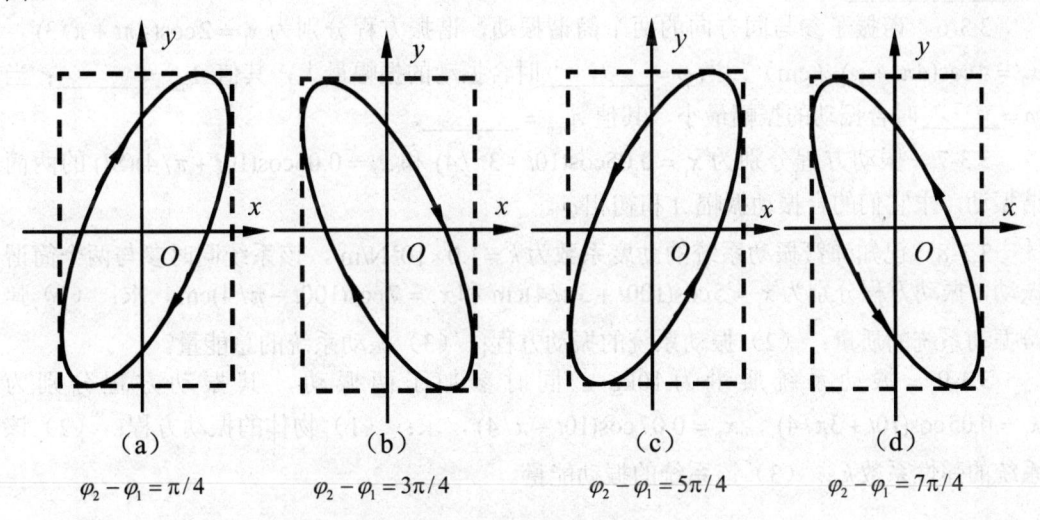

图 3.3-10 互相垂直的同频简谐振动合成的几种情况

思考与练习

3.3-1 两个同方向、同频率的简谐振动合成时，合振动振幅最大和最小的条件分别是什么？

3.3-2 地球在几乎近似圆形的轨道上绕太阳运动。这个运动是否可用两个简谐振动来合成？如果可以，角频率是多少？

3.3-3 两个振动 $x_1 = A_1\cos\omega t$，$x_2 = A_2\sin\omega t$，且 $A_1 > A_2$，则合成振动的振幅为（　　）。

A. $A_1 + A_2$　　　　　　　　　　　B. $A_1 - A_2$

C. $\sqrt{A_1^2 + A_2^2}$　　　　　　　　　D. $\sqrt{A_1^2 - A_2^2}$

3.3-4 两个振动方向、振幅 A、频率均相同的简谐振动相遇叠加，测得某一时刻两个振动的位移都等于零，而运动方向相反，则表明两个振动的（　　）。

A. 相位差 $\Delta\varphi = \pi$，合振动 $A' = 2A$

B. 相位差 $\Delta\varphi = \pi$，合振动 $A' = 0$

C. 相位差 $\Delta\varphi = 0$，合振动 $A' = 0$

D. 相位差 $\Delta\varphi = 0$，合振动 $A' = \sqrt{2}A$

3.3-5 质点同时参与同一直线上的两个简谐振动，其方程为 $x_1 = 2\cos(2t + \pi/6)(\text{cm})$ 和 $x_2 = 5\cos(2t - 5\pi/6)(\text{cm})$，则合振动的角频率为_____，振幅为_____，初相为_____。

3.3-6 谐振子参与同方向的两个简谐振动，谐振方程分别为 $x_1 = 2\cos(4\pi t + \pi/3)$，$x_2 = 4\cos(4\pi t + \varphi)$（cm），当 $\varphi =$_____时合振动的振幅最大，其值 $A_{\max} =$_____；当 $\varphi =$_____时合振动的振幅最小，其值 $A_{\min} =$_____。

3.3-7 振动方程分别为 $x_1 = 0.05\cos(10t + 3\pi/4)$ 和 $x_2 = 0.06\cos(10t + \pi/4)(\text{SI})$ 的两简谐振动，求它们的合振动振幅 A 和初相 φ。

3.3-8 已知弹簧振动系统的劲度系数为 $k = 1.0 \times 10^3 \text{N/m}$，该系统同时参与两个简谐振动，振动方程分别为 $x_1 = 5\cos(100t + 3\pi/4)\text{cm}$ 和 $x_2 = 7\cos(100t - \pi/4)\text{cm}$，求：（1）弹簧振动系统的质量；（2）振动系统的振动方程；（3）振动系统的总能量。

3.3-9 振动系统质量为 10kg，同时参加了两振动，其振动方程分别为 $x_1 = 0.05\cos(10t + 3\pi/4)$、$x_2 = 0.07\cos(10t - \pi/4)$，求：（1）物体的振动方程；（2）该系统的弹性系数 k；（3）该系统的振动能量。

3.4 机械波及其特征

500 多年前人类已认识波的基本特征，正如列奥纳多·达·芬奇所述：常常是（水）波离开了它产生的地方，而那里的水并不离开；就像风吹过庄稼地形成的麦浪，在那里我们看到波穿越田野而去，而庄稼仍在原地。

3.4.1 机械波的概念及特点

1. 波是振动的传播

波动是指振动状态在空间的传播，简称波。即波动是振动传播所涉及的空间的所有点做相位依次落后的同频的振动，各点只在各自的平衡位置附近振动，并不随波逐流，传播出去的是振动形式。

2. 波的分类

机械振动在介质中的传播过程称为机械波。扬声器的振动在空气中传播激起声波；投石入水引起的振动在水面传播形成的水面波，都是**机械波**。交变的电磁场在空间的传播过程；广播电台、电视台、手机基站发出的无线电波，光波和 X 光，以及物体的辐射等都是**电磁波**。近代物理学的研究还表明，微观粒子也具有波动性，称为**物质波**。各类波的本质不同，但它们都具有波的共同特征和规律。

按振动方向与波传播方向的关系，波动可分为横波与纵波。波传播方向与振动方向垂直的波动称为**横波**，如图 3.4-1 所示绳上传播的机械横波，又如电磁波（光波）也是横波。波传播方向与振动方向平行的波动称为**纵波**，如图 3.4-2 所示为空气中传播的机械纵波——声波的示意图。

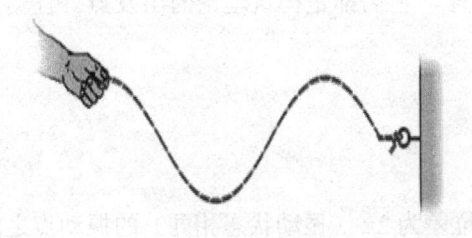

图 3.4-1　绳上传播横波　　　　图 3.4-2　纵波示意图

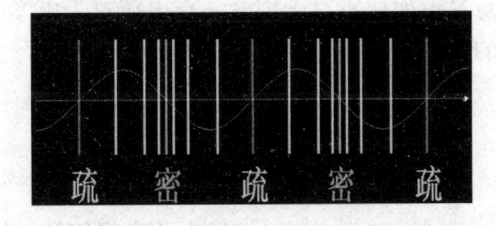

3.4.2 波的几何描述

1. 波线

波的传播总是从波源处，由近及远向周围传播出去。为清晰表述波传播的特征，沿波的传播方向画出的一些带箭头的线，以表示波传播，称为**波线**。光线就是光波传播方向的波线。

2. 波面

波在传播过程中，波的传播方向上各点的振动相位依次落后，即远处体元的相位比近处的落后。由不同波线上同相位的各点所组成的面（即同相面，面上所有点的相位相同），称为波阵面，简称**波面**。某一时刻，振源最初振动状态传到的各点所连成的曲面，亦即最前方的波面，称**波前**，即离波源最远的波面。在各向同性均匀的介质中，波线与波面恒垂直。

波按波面的形状不同分为**平面波、柱面波和球面波**。波面为平面的波称为平面波，平面波的波线是相互平行的射线；波面是柱面的波称为柱面波，波面为球面的波称为球面波。如图 3.4-3 给出了在各向同性均匀介质中传播的球面波和平面波的剖面图及柱面波的示意图。点波源在均匀的各向同性媒质中发出的波是球面波，球面波的波线是正交于点波源的射线；球面波的波面是以**点波源**为中心的同心球面，但在远离球面波中心的波面的局部区域，可近似看成为平面，例如可以把到达地面的太阳光视为平面波；管中的声波可看作是平面波。平面波和球面波都是真实波动的理想近似。

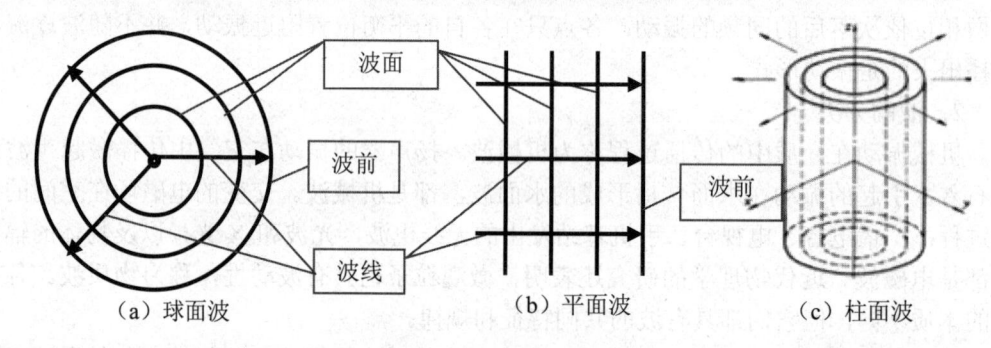

图 3.4-3 波面与波线

波源有各种形状与线度。在物理研究中，当观察者（或接收器）到波源的距离，比波源线度大 10 倍以上时，该波源即可视为点波源（理想模型），点波源模型对于波动学的意义正如质点对于力学、点电荷对于电学一样，它们都是构筑理论的出发点。任何形式的波源，都可看成点波源的集合。

3.4.3 波动的特征量

1. 波长 λ

在同一时刻，同一波线上两个相邻的、相位差为 2π（振动状态相同）的振动点之间的距离称为**波长 λ**，单位为米（m）。横波中两相邻波峰或相邻波谷之间的距离；纵波中两相邻疏部或相邻密部中心之间的距离，均是一个波长。波长描述了波动的空间周期性，在同一波线上，相距为 $n\lambda$ 的所有点振动状态始终相同。

2. 周期 T 与频率 f

波传播一个波长所需的时间，称为波的周期，用 T 表示。波在单位时间（SI）内向外传播的完整波形（一个波长对应的波形）的个数，称为波的频率，用 f 表示，单位为 Hz（赫兹），$f = 1/T$。理论与实验可证明，当波源作一次全振动时，波沿波线正好传播一个 λ，所以波的周期与频率等于**波源的周期与频率，与介质无关**。

如图 3.4-4 所示波长、周期、相位差的对应关系：波传播一个波长需用一个周期时间，相距一个波长的两点的振动相位差为 2π。

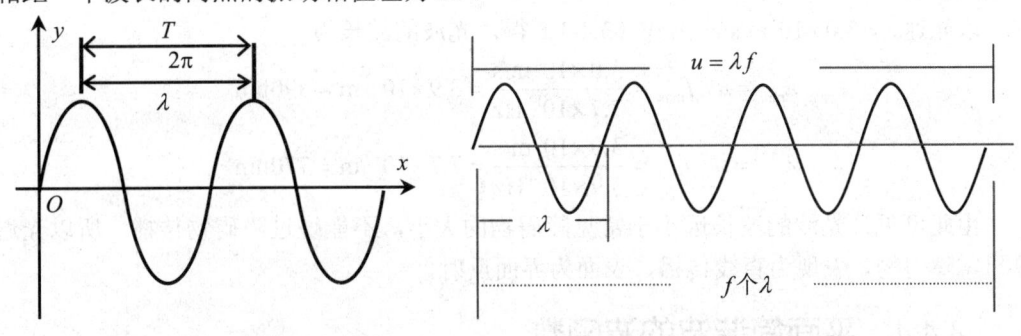

图 3.4-4　波长、周期与相位差　　　　图 3.4-5　波长、频率与波速关系

3. 波速 u

单位时间内，振动所传播的距离，称为**波速**。波速是振动的状态（即振动的相位）传播快慢的描述，因此又称为**相速**。

如图 3.4-5 所示，一个周期内，波前进的距离为一个波长，故有

$$u = \lambda/T = \lambda f \tag{3.4-1}$$

机械波是依靠连续介质各部分之间的弹性联系而传播的，因此机械波的波速大小取决于介质的弹性（弹性模量）和惯性（质量密度），与波源无关。

理论与实践表明，机械波波速表达式

$$u = \sqrt{N/\rho} \quad \text{（固体中横波）} \tag{3.4-2}$$

$$u = \sqrt{Y/\rho} \quad \text{（固体中纵波）} \tag{3.4-3}$$

$$u = \sqrt{B/\rho} \quad \text{（流体中纵波）} \tag{3.4-4}$$

式中的 N、Y、B 和 ρ 分别是介质的剪切模量、杨氏模量和体变模量及质量密度。

同种材料的剪切模量 N 总小于杨氏模量 Y，因此在同一个介质中，横波波速要比纵波波速小。而空气的体变模量 B 远小于流体的体变模量 B，所以纵波在空气中的速度小于流体中的速度。标准状态下（1atm, 0℃），声波在空气中的声速为 331m/s，在海水中约为 1500m/s，在固体中约为 3000~6000m/s。又因介质的弹性和密度均与温度有关，所以机械波的波速与温度有关。空气中声速可近似为

$$u = 331 + 0.61t \,(\text{m/s}) \tag{3.4-5}$$

在常温条件下（1atm, 15℃）时，声速约为 340m/s。

例 3.4-1（可闻声波和可见光波长）　可闻声波的频率范围为 20~20000 Hz，可见光波的频率范围是 $3.9 \times 10^{14} \sim 7.7 \times 10^{14}$ Hz。求可闻声波和可见光波的波长范围。

解：常温下空气中声速 $u = 340$m/s，由式（3.4-1）得，声波的波长为

$$\lambda_{\min} = \frac{u}{f_{\max}} = \frac{340}{20000} = 17 \times 10^{-3} \text{m} = 17 \text{mm}$$

$$\lambda_{\max} = \frac{u}{f_{\min}} = \frac{340}{20} = 17 \text{m}$$

由此可见，声波的波长与常见的障碍物的大小可比，所以声波容易绕过障碍物继续

传播（衍射）。

取光速 $c = 3.0 \times 10^8 \text{m/s}$，由式（3.4-1）得，光波的波长为

$$\lambda_{\min} = u/f_{\max} = \frac{3.0 \times 10^8 \text{m/s}}{7.7 \times 10^{14} \text{Hz}} = 3.9 \times 10^{-7} \text{m} = 390 \text{nm}$$

$$\lambda_{\max} = u/f_{\min} = \frac{3.0 \times 10^8 \text{m/s}}{3.9 \times 10^{14} \text{Hz}} = 7.7 \times 10^{-7} \text{m} = 770 \text{nm}$$

由此可见，光波的波长远小于常见障碍物的大小，不能绕过障碍物传播。所以光遇见日常障碍物，表现为直线传播，表面为界面反射。

3.4.4 平面简谐波的波函数

1. 平面简谐波

若波源作简谐振动，则由此波源在均匀介质中形成的波称为简谐波。简谐波的波源和波动所达到的各点均按余弦（或正弦）规律运动。

球面波可视为无限多平面波合成，所以平面简谐波是最简单、最基本的波动形式，其他的复杂的波动均是一系列的不同频率不同振幅的平面简谐波叠加的结果。

2. 平面简谐波的波函数

在有平面简谐波传播的介质中，各体元都按余弦（或正弦）规律运动，但同一时刻各体元的运动状态却不尽相同。波动量在空间、时间上的分布函数称为波函数。

平面谐波只沿一个方向传播，沿波传播方向（波速 u 方向）取其中一条波线为 x 轴，则 x 轴上的波动情况代表了所有波线上的振动情况。

y 表示质元振动方向，即振动质元距离平衡位置的位移，A 表示振幅，ω 为固有角频率。如图 3.4-6 所示，设平面简谐波以速度 u 沿 x 轴正向传播，取 x 轴上一点为原点 O，若设原点质元的谐振动方程为

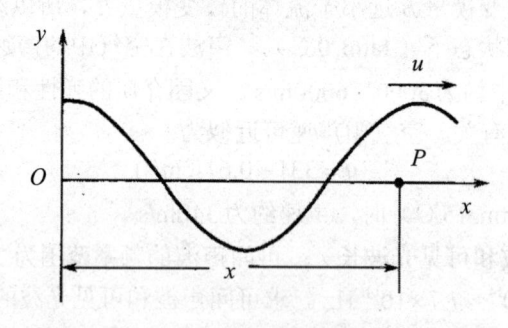

$$y(0, t) = A \cos \omega t$$

图 3.4-6 平面简谐波曲线

考察 x 轴正向平衡位置距原点为 x 的任一质元 P 点的振动，它在相位上比原点落后

$$\Delta \varphi = \frac{2\pi}{\lambda} x \qquad (3.4\text{-}6)$$

则 P 点的振动方程

$$y(x,t) = A\cos(\omega t - \Delta\varphi) = A\cos\left(\omega t - \frac{2\pi}{\lambda}x\right) \tag{3.4-7}$$

因 P 点是任意的，式（3.4-7）即为平面波的波函数，其中 x 为沿波传播方向任一质元与波源间的距离。利用关系 $\omega = 2\pi/T = 2\pi f$，$u = \lambda/T = \lambda f$，可得平面简谐波的几个等价表达式

$$y(x,t) = A\cos\omega\left(t - \frac{x}{u}\right) \tag{3.4-8}$$

$$y(x,t) = A\cos\left(\omega t - \frac{\omega x}{u}\right) \tag{3.4-9}$$

$$y(x,t) = A\cos 2\pi\left(\frac{t}{T} - \frac{x}{\lambda}\right) \tag{3.4-10}$$

3．波函数的物理意义

周期 T 是波时间周期性的描述。由式（3.4-10）可见任意点 x 有

$$y(x,t) = y(x,t+T)$$

即每经过一个周期的时间，波线上所有点的振动状态重复，说明 T 是波动时间周期性的描述。

波长是波空间周期性的描述。由式（3.4-10）可见，任意点 x 和 $x+\lambda$ 有

$$y(x,t) = y(x+\lambda,t)$$

即任意时刻 t，波线上相距为 λ 的两点振动状态相同，即每相隔一个 λ 的距离，振动状态相同，可见 λ 是波动空间周期性的描述。

对给定 $x = x_0$，波函数为

$$y(x_0,t) = A\cos\omega\left(t - \frac{x_0}{u}\right) \tag{3.4-11}$$

描述了位置 x_0 处的质点振动位移随时间的周期运动，也就是该处质元的振动方程，可看出该点的运动状态是随时间作周期性的简谐振动。式（3.4-11）表明波动到达各处质元的振动与波源的振动具有相同的特征，即具有相同的振动方向、振幅与频率。质元振动状态从 O 点传到 x_0 点所需时间 $\Delta t = x_0/u$，式（3.4-11）表示 x_0 点振动状态比 O 点滞后 $\Delta t = x_0/u$，相位落后 $\Delta\varphi = 2\pi x_0/\lambda$，即沿波线方向各点的振动相位依次落后。

给定 $t = t_0$ 时间，则波函数为

$$y(x) = A\cos\omega\left(t_0 - \frac{x}{u}\right) \tag{3.4-12}$$

它描述 t_0 时刻，在同一条波线上振动位移随位置 x 的变化规律，可看出各质元位移的分布具有空间周期性，是 t_0 时刻整个波的形态，由式（3.4-12）画出的图称为波形图，相当于某瞬间媒质中各质元相对于平衡位置位移的照片。

4．平面简谐波的波形图

某一时刻整个波线上各点状态的图线，即由式（3.4-12）画出的图线称为波形图，可见平面简谐波的波形图也是按余弦规律变化的。由波函数还可得 $t = t_0 + \Delta t$ 时刻的波形图，如图 3.4-7 所示，不同时刻波形图形状相同，但位置向波的传播方向移动。这类波动又

称为行波。

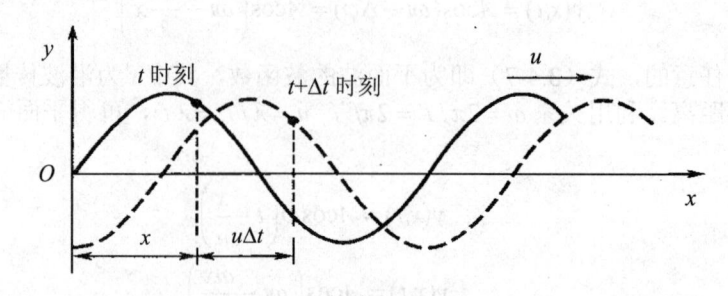

图 3.4-7 行波的波形图

由式（3.4-11）可得到任意质元的振动曲线，由式（3.4-12）得到的波形图，虽然都表示振动位移变化规律，且都是余弦函数关系，但其物理意义不同。振动曲线表示的是某点振动位移随时间变化的周期性，对象是一个质点，可理解成对一个质点的"录像"；而波形图表示的是波动中某时刻全部质点的振动位移，是对全部质点的某一个（或某多个）时刻的"照相"。

例 3.4-2（声呐发出的超声波） 声波是目前已知的唯一能在水中远程传播的波。声呐（又称声波雷达）是目前较有效的水下探测仪器。某潜艇的声呐发出的超声波表达式为 $y=1.2\times10^{-3}\cos(10^5\pi t-220x)(m)$。求：振幅、频率、波长和波速；在波传播方向上相位差为 $\pi/3$ 的两点间的距离。

解：将题给波函数与（3.4-7）比较得，看出

$$A=1.2\times10^{-3}(m) \qquad \omega=10^5\pi(rad/s) \qquad \frac{2\pi}{\lambda}=220$$

由此得 $f=\dfrac{\omega}{2\pi}=\dfrac{10^5\pi}{2\pi}=5\times10^4 Hz \qquad \lambda=\dfrac{2\pi}{220}=2.85\times10^{-2} m$

$$u=\lambda f=2.85\times10^{-2}\times5\times10^4=1.43\times10^3 m/s$$

因在波的传播方向上，相距一个波长的两质元振动相位差增加 2π，因此得

$$\Delta x=\frac{\lambda}{2\pi}\Delta\varphi=\frac{1}{220}\times\frac{\pi}{3}=4.75\times10^{-3} m$$

例 3.4-3（写波函数） 一横波在弦上以速度 $u=80m/s$ 沿 Ox 轴正方向传播，已知弦上某点 A（$x_A=10cm$）的振动方程为 $y_A=2\times10^{-2}\cos(400\pi t)(SI)$。试写出波函数，并在 $y-x$ 图中画出 $t=T$ 和 $t=T/4$ 的波形图。

解：由振动方程得，该波的频率为

$$f=\frac{\omega}{2\pi}=\frac{400\pi}{2\pi}=200 Hz$$

则该波的波长为

$$\lambda=\frac{u}{f}=\frac{80}{200}=0.4 m$$

则任一点 x 比 A 点振动的相位滞后

$$\Delta\varphi = \frac{2\pi}{\lambda}\Delta x = \frac{2\pi}{0.4}(x-0.1) = 5\pi x - \frac{\pi}{2}$$

由此得波函数

$$y = 2\times 10^{-2}\cos\left(400\pi t + \frac{\pi}{2} - 5\pi x\right)(\text{SI})$$

$t=T$ 和 $t=0$ 时波形相同,其函数为 $y = 2\times 10^{-2}\cos\left(\frac{\pi}{2} - 5\pi x\right)$ 画出其波形图;$t=T/4$ 时的波形由 $t=T$ 时的波形向 x 正向平移 $\Delta x = \lambda/4 = 0.1\text{m}$。

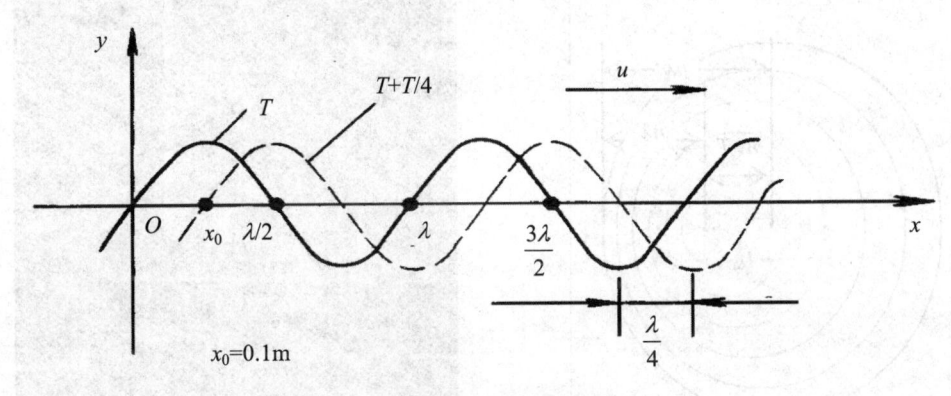

图 3.4-8 例 3.4-3 图

3.4.5 多普勒效应

1. 声波的多普勒效应

多普勒(J.C.Doppler)(1803—1853)

1842 年的一天,奥地利一位克里斯琴·约翰·多普勒(Christian Johann Doppler)正路过铁路交叉处,恰逢一列火车从他身旁驰过,他发现火车从远而近时汽笛声变强,音调变高;而火车由近及远时汽笛声变弱,音调变低。他对这个物理现象感到极大兴趣,并进行了研究。发现这是由于振源与观察者之间存在着相对运动,使观察者听到的声音频率不同于振源频率的现象,即发生了频率移动现象,后来发现光波亦有多普勒效应。

人们为纪念多普勒,将波的频率(波长)因为波源和观测者的相对运动而产生变化的现象,称为"多普勒效应"。

2. 观察者不动，声源相对于介质以速度 v_s 运动时的多普勒效应

波源与观察者相对静止时，波面间的距离为波长 $\lambda(\lambda=uT)$。

如图 3.4-9 所示，一个点波源 S，在同一介质中以速率 v_s 向观察者（接收器）作匀速运动所产生的波面示意图。图 3.4-9 中 1、2、3、4 波面时差一个周期，波面间的距离应为一个波长，若波源作靠近观察者运动时，分别是由波源 S 在 S_1、S_2、S_3、S_4 处产生的的波面，则各波源点位置间的距离为

$$S_{i+1}-S_i=v_sT \qquad (i=1,2,3) \qquad (3.4\text{-}13)$$

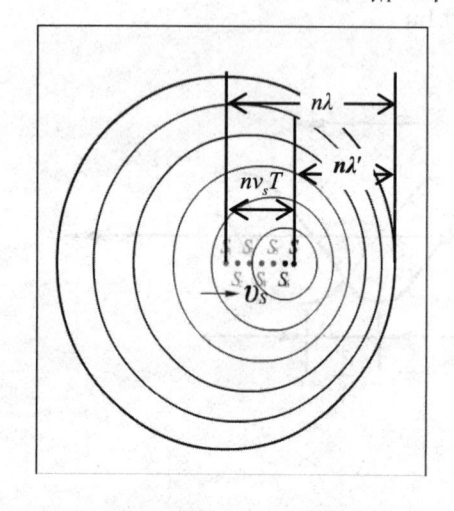

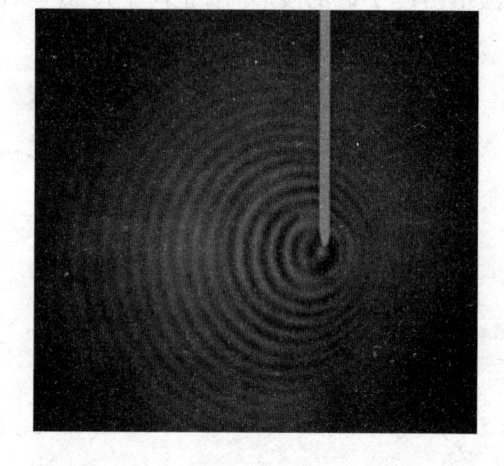

图 3.4-9　声源运动的多普勒效应　　　　图 3.4-10　水波的多普勒效应

结果使波面间的距离变为

$$\lambda'=\lambda-v_sT=uT-v_sT=(u-v_s)T \qquad (3.4\text{-}14)$$

因此，观察者接收到的频率变为

$$f'=\frac{u}{\lambda'}=\frac{u}{u-v_s}f \qquad (3.4\text{-}15)$$

即波源作接近观察者运动时，观察者接收到的声音频率大于波源的频率，声音音调变高。

若波源作离开观察者运动时，式（3.4-13）和（3.4-14）中的减号应变为加号，因此得到观察者接收到的频率变为

$$f'=\frac{u}{\lambda'}=\frac{u}{u+v_s}f \qquad (3.4\text{-}16)$$

即波源作远离观察者运动时，观察者接收到的声音频率减小，声音音调变低沉。

水波的多普勒效应如图 3.4-10 所示。

3. 声源不动，观察者相对于介质以速度 v_0 运动时的多普勒效应

如图 3.4-11 所示，观察者以**速度 v_0** 向静止波源运动，在单位时间内原来位于观察者处的波阵面向观察者传播了 u 的距离，同时观察者自己向声源运动了 v_0 的距离，这就相当于波通过观察者的总距离为 $u+v_0$，因而在单位时间内观察者所接收的全波数效应，即波的频率为

$$f' = \frac{u}{\lambda'} = \frac{u+v_0}{\lambda} = \frac{u+v_0}{u/f} = \frac{u+v_0}{u}f \qquad (3.4\text{-}17)$$

图 3.4-11　波源静止观察者运动的多普勒效应

由此可见，当观察者靠近波源运动时，声音频率比原波源频率高，声音声调变高。观察者以速度 v_0 远离波源运动，按类似的分析，得观察者接收到的频率为

$$f' = \frac{u-v_0}{u}f \qquad (3.4\text{-}18)$$

即当观察者远离波源运动时，声音频率比原波源频率低，声音声调变得低沉。

若波源与观察同时在做相对运动，则综合式（3.4-15）、式（3.4-16）、式（3.4-17）、式（3.4-18）得观察者接收到的频率 f' 与波源的频率 f 之间满足

$$f' = \frac{u \pm v_0}{u \mp v_s}f \qquad (3.4\text{-}19)$$

波源与观察者相向运动时分子取+，分母取−运算符；波源与观察者相背运动时，分子取−，分母取+。

4. 电磁波的多普勒效应

多普勒效应是波动过程的共同特征。电磁波（光波）也有多普勒效应。因为电磁波的传播不依赖弹性介质，所以波源和观测者之间的相对速度决定了接收到的频率。电磁波以光速传播，在涉及相对运动时必须考虑相对时空变换关系，理论证明，当波源和观测者在同一直线上运动时，观测者接收到的频率 f_R 为

$$f_R = \sqrt{\frac{c+v}{c-v}}f_s \qquad (3.4\text{-}20)$$

式中 v 表示波源与观察者（接收器）之间相对运动的速度，当波源与观测者相互接近时，v 取正值，$f_R > f_s$，接收到的频率比发射源发射的频率高，此现象被称为光波的**紫移**现象；当波源与观测者相互远离时，v 取负值，$f_R < f_s$，即接收到的频率比发射源发射的频率低，此现象被称为光的**红移**现象。

5. 多普勒效应的应用

在宇宙学研究中，多普勒效应的应用导致了十分新奇的结论。约从 1971 年开始，天文学家将来自星球的光谱与地球上相同的元素的光谱比较，发现河外星系的谱线几乎都有红移，而且越远的星系的红移越甚。1929 年，哈勃进而指出，星系的退行速度与其离观察者的距离成正比。于是，根据多普勒效应，科学家们确认为宇宙膨胀的图景。伽莫

夫等人推测，宇宙早期应源于一次原始火球的大爆炸，由于得到不少观测事实的支持，大爆炸宇宙模型如今已成了宇宙的标准模型。霍金认为："宇宙膨胀的发现是 20 世纪最伟大的智慧革命之一"。

多普勒效应在国防、工业、交通运输等许多领域均有广泛应用。由多普勒频移表达式可知，已知波源静止和运动时所发出波的两种频率，即可推知波源的运动速度。实用中往往是从一个不动的信号源发射波，让它被运动物体反射，则反射波就相当于是从运动的信号源发射波。由于频率的测量精确度很高，所推算的速度因而也有很高的精确度。交通警察所用的速度监测器、跟踪飞行物、卫星的雷达，工业上测定封闭管道中流体流速的流量计，都利用了多普勒频移测量原理。

例 3.4-4（由火车汽笛频率测车速） 铁轨旁的观测仪器测得火车驶来汽笛频率为 $f'_1 = 2010 \text{Hz}$，驶离频率为 $f'_2 = 1990 \text{Hz}$，已知空气中声速 $u = 330 \text{m/s}$，求汽笛实际频率 f 和火车的速度 v_s。

解：由式（3.4-15）和式（3.4-16）得

$$f'_1 = \frac{u}{\lambda'} = \frac{u}{u - v_s} f$$

$$f'_2 = \frac{u}{\lambda'} = \frac{u}{u + v_s} f$$

解上两式组成的方程组得：

$$v_s = \frac{f'_1 - f'_2}{f'_1 + f'_2} u = \frac{2010 - 1990}{2010 + 1990} \times 330 = 1.65 \text{m/s}$$

$$f = \frac{u - v_s}{u} f'_1 = \frac{330 - 1.65}{330} \times 2010 = 2000 \text{Hz}$$

思考与练习

3.4-1 说明波动和振动有什么区别和联系。

3.4-2 波源的振动能否是无阻尼自由振动？

3.4-3 根据波速、波长、频率的关系式 $u = \lambda f$，能否用提高频率的方法，来增大给定介质中的波速度？

3.4-4 波是振动状态的传播，在媒质中各质元都将重复波源的振动，所以只要掌握了波源的振动规律，就可以得到波动规律，对不对？为什么？

3.4-5 用手抖动拉紧的弹性绳子的一端，手抖得越快，波在绳子上传播得越快，对不对？为什么？

3.4-6 横波与纵波有何区别？在空气中能传播机械横波吗？波速与介质的哪些因素有关？在同一介质中，横波与纵波的波速是否相同？

3.4-7 波动方程 $y = A\cos\omega(t - x/u)$ 中，x/u 和 $\omega x/u$ 的物理意义是什么？在波动方程 $y = A\cos 2\pi(t/T - x/\lambda)$ 中，x/λ 和 $2\pi x/\lambda$ 的物理意义是什么？

3.4-8 由同一波源发出的机械波,在不同的均匀介质中传播,波的频率_____,波速_____,波长_____。(填"相等"或"不等")

3.4-9 一平面简谐波函数为 $y = 0.02\cos 2\pi(t/0.02 - x/0.05)$ SI,则该波的周期为____,波长为____,角频率 ω 为____,波速 u 为____。

3.4-10 一列平面简谐波沿 x 轴正方向传播,$t=0$(实线)和 $t=0.02$s(虚线)时的波形图线如图 3.4-12 所示,则该波的波长 $\lambda = $ _____、周期 $T = $ _____、波速 $u = $ _____。

3.4-11 一列平面简谐波沿 x 轴正向传播,波速 $u = 80$m/s,频率 $\nu = 20$Hz,$t=0$ 时刻的波形如图 3.4-13,则其波函数为_____。

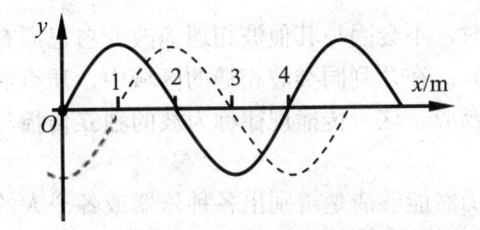

图 3.4-12 题 3.4-10 图

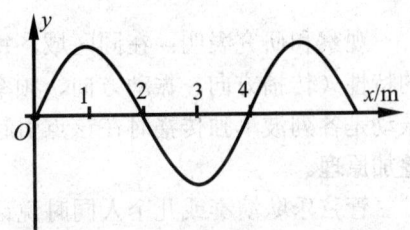

图 3.4-13 题 3.4-11 图

3.4-12 汽车与火车的速度均为 $10\text{m}\cdot\text{s}^{-1}$,火车汽笛的固有频率为 500Hz,空气中声速为 $340\text{m}\cdot\text{s}^{-1}$,当(1)两车同方向行驶;(2)两车相互接近;(3)两车相互远离时,汽车上的观察者测得火车汽笛声的频率分别为_____,_____,_____。

3.4-13 传播速度为 $100\text{m}\cdot\text{s}^{-1}$、频率为 50Hz 的平面简谐波,波长和在波线上相距为 0.50m 的两点之间的相位差分别是( )。

A. 2m,$\pi/2$ B. 2m,$\pi/3$
C. 0.5m,$\pi/2$ D. 0.5m,$\pi/6$

3.4-14 在下列说法中,正确的说法是( )。

A. 波源的振动速度与波速相同
B. 波传播的速度与波源的频率相关
C. 波线上任一质点的振动相位总是比波源的相位滞后
D. 波线上任一质点的振动相位总是比波源的相位超前

3.4-15 超声波清洗器发出超声波的波函数 $y = 1.0\times 10^{-3}\cos(3\times 10^5\pi t - 200x)$。试求:(1)波长,波速,波源的振幅,频率;(2)$x_1 = 0.2$m 和 $x_2 = 0.24$m 两点振动的相位差。

3.4-16 如图 3.4-14 所示,一平面简谐波以波速 $u = 0.2$m/s 沿 x 轴正向传播,已知波线上 C 点的振动表达式为 $y = 0.03\cos 4\pi t (m)$。试写出以 D 点为坐标原点的波函数。

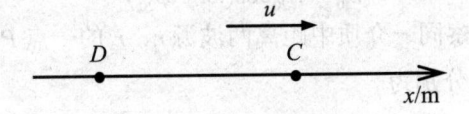

图 3.4-14 题 3.4-16 图

3.4-17 当特别快车急速驶离车站时,站上测量仪器测得其汽笛的频率由1200Hz变为1000Hz,设当时空气中声速为 $u = 340\text{m}\cdot\text{s}^{-1}$,求列车的速度 v_s。

3.4-18 火车以速度 v_s 驶过一个在车站上静止的观察者,火车发出的汽笛声频率为 f,求观察者听到的声音的频率的变化,设声速是 u。

3.5 波的干涉

3.5.1 波的独立传播与叠加原理

观察和研究表明:在同区域,每列波传播时,不会因与其他波相遇而改变自己原有的特性(传播方向、振动方向、频率、波长等);在几列同类波相遇的区域中,质点的振动是各列波单独传播时在该点引起的振动的合成。这一传播规律称为**波的独立传播与叠加原理**。

管弦乐队演奏或几个人同时说话时,人们仍然能够清楚辨别出各种乐器或各个人的声音,这就是机械波独立传播例证。在众多的广播台中,人们能够随意选择接收某一载波频率的信号,证明电磁波也满足波的独立传播原理。

波的独立传播原理进一步表明:机械波的传播只是运动的传播,而不是质元的传播,因为当几个运动物体相遇时,它们就会产生碰撞,每一物体的运动都会发生改变。波动的交会(叠加)和运动粒子的交会(碰撞)有着完全不同的物理图像。

人们通常遇到的波均满足叠加原理,但并不是所有的波都满足叠加原理,因此把满足叠加原理的波称为线性波,否则称为非线性波。如超音速飞机运动时所形成的冲击波、强烈的爆炸声、某些大振幅的电磁波(能量传输功率达 10^{10}W/m^2 以上),就是非线性波。

3.5.2 波的干涉

波的干涉是波叠加的特例,而且是最简单最重要的特例。实验发现,当两列同类波满足相干条件,即**两波的频率相同、振动方向相同、相位差恒定**时,它们相遇会形成某些地方振动始终加强(干涉相长),另一些地方振动始终减弱(干涉相消),形成稳定的振动加强、减弱的现象,称为**波的干涉**。如图3.5-1为两水波干涉的图像。满足相干条件,能产生干涉现象的两列波称为相干波。相应的波源称为相干波源。

设 S_1、S_2 为两相干波源,设振动方程分别为

$$y_{10} = A_{10}\cos(\omega t + \varphi_{10})$$
$$y_{20} = A_{20}\cos(\omega t + \varphi_{20})$$

如图3.5-2所示,考察同一介质中距离两波源 r_1、r_2 的一点 P 的振动情况,则两波单独在 P 点引起的振动方程分别为

$$y_1 = A_1\cos(\omega t + \varphi_{10} - \frac{2\pi}{\lambda}r_1) \qquad (3.5\text{-}1)$$

$$y_2 = A_2\cos(\omega t + \varphi_{20} - \frac{2\pi}{\lambda}r_2) \tag{3.5-2}$$

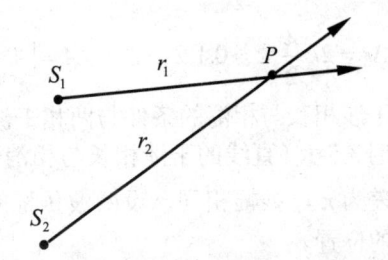

图 3.5-1 水波干涉图　　　　图 3.5-2 两相干波在 P 点相遇

根据波的叠加原理和振动合成公式，两列波在 P 点引起的合振动为

$$y = A\cos(\omega t + \varphi)$$

$$A^2 = A_1^2 + A_2^2 + 2A_1A_2\cos\Delta\varphi \tag{3.5-3}$$

其中

$$\Delta\varphi = (\varphi_{20} - \varphi_{10}) + \frac{2\pi}{\lambda}(r_2 - r_1) \tag{3.5-4}$$

可见振幅 A 的大小决定于两波传到 P 点时振动的相位差 $\Delta\varphi$，正如狄拉克所说：相位是极其重要的，因为它是所有干涉现象的根源。

而相位差决定于两波源的初相差与两振源分别到点 P 的路程差 $\Delta r = r_2 - r_1$，称为**波程差**，它随 P 点的位置不同而不同，也就是两波传播到不同的位置，其叠加后合振动的振幅是不同的。合振动的振幅在 $A_{\max} = A_1 + A_2$ 和 $A_{\min} = |A_1 - A_2|$ 之间，把合振动振幅最大的情况称为**干涉相长**；合振动振幅最小的情况称为**干涉相消**。

1. 两相干波源同相（初相相同）

两相干波同相即 $\varphi_{20} - \varphi_{10} = 0$，则两波传到 P 点振动的相位差仅由波程差决定

$$\Delta\varphi = \frac{2\pi}{\lambda}(r_2 - r_1) \tag{3.5-5}$$

由此可推得干涉相长与相消条件如下：

$\Delta r = r_2 - r_1 = 2k\dfrac{\lambda}{2}, k = 0,1,2\cdots$ 时，$A = A_1 + A_2$，干涉相长

$\Delta r = (2k+1)\dfrac{\lambda}{2}, k = 0,1,2\cdots$ 时，$A = |A_1 - A_2|$，干涉相消

即当某点与两波源的波程差 Δr 等于半波长的偶数倍时，两波传到此点振动的合振动

振幅最大，则称该点为干涉相长点；当某点与两波源的波程差 Δr 等于半波长的奇数倍时，两波传到此点振动的合振动振幅最小，称该点为干涉相消点。

2. 两相干波源反相（初相差为 π）

两相干波源反相，即 $\varphi_{20} - \varphi_{10} = \pi$，则两波传到 P 点振动的相位差为

$$\Delta\varphi = \pi + \frac{2\pi}{\lambda}(r_2 - r_1) \tag{3.5-6}$$

由此可推得干涉相长与相消条件如下：

$\Delta r = (2k+1)\frac{\lambda}{2}, k = 0,1,2\cdots$ 时，$A = A_1 + A_2$，干涉相长

$\Delta r = 2k\frac{\lambda}{2}, k = 0,1,2\cdots$ 时，$A = |A_1 - A_2|$，干涉相消

干涉相长与相消的条件与两相干波源同相情况时正好相反。

例 3.5-1（直线的干涉相长与相消干涉点） 相向传播的两相干波 S_1、S_2 相离为 5λ，初相差为 π，振幅相同，设两波传播的强度不随距离变化，求在连线上振幅最大点与静止点的位置。

解：如图 3.5-3 所示，以 S_1 为坐标原点 O，S_1S_2 连线建立坐标。在 S_1S_2 连线上任取一点 P，取坐标为 x，则两波传到 P 点的波程差为

$$\Delta r = r_2 - r_1 = 5\lambda - x - x = 5\lambda - 2x$$

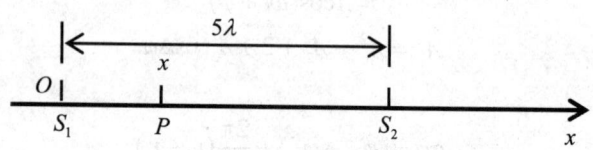

图 3.5-3 直线上的相长干涉

振幅最大点，即两波干涉相长点，根据两相干波源反相的相长条件得

$$\Delta r = 5\lambda - 2x = (2k+1)\frac{\lambda}{2} \Rightarrow x = (9-2k)\frac{\lambda}{4}$$

当 $k = 4、3、2、1、0、-1、-2、-3、-4、-5$ 时，x 值在连线上，所以振幅最大的位置为

$$x = \frac{1}{4}\lambda、\frac{3}{4}\lambda、\frac{5}{4}\lambda、\frac{7}{4}\lambda、\frac{9}{4}\lambda、\frac{11}{4}\lambda、\frac{13}{4}\lambda、\frac{15}{4}\lambda、\frac{17}{4}\lambda、\frac{19}{4}\lambda$$

连线上静止的点，即干涉相消点，根据两相干波源反相的相消条件得

$$\Delta r = 5\lambda - 2x = 2k\frac{\lambda}{2} \Rightarrow x = (10-2k)\frac{\lambda}{4}$$

当 $k = 5、4、3、2、1、0、-1、-2、-3、-4、-5$ 时，x 值在连线上，所以静止点的位置为

$$x = 0、\frac{2}{4}\lambda、\frac{4}{4}\lambda、\frac{6}{4}\lambda、\frac{8}{4}\lambda、\frac{10}{4}\lambda、\frac{12}{4}\lambda、\frac{14}{4}\lambda、\frac{16}{4}\lambda、\frac{18}{4}\lambda、\frac{20}{4}\lambda$$

3.5.3 驻波

1. 驻波

由例 3.5-1 可知，在同一介质中，两列振幅相同，传播方向相反的简谐相干波叠加得

到的振动，其波形不运动，称为驻波。驻波是一种特殊的干涉现象。由于机械波传到界面时会发生反射，因此，机械波在长度有限的物体中传播时可能会产生驻波。

2．驻波方程

如图 3.5-4 所示为一绳上形成驻波的实验装置图。

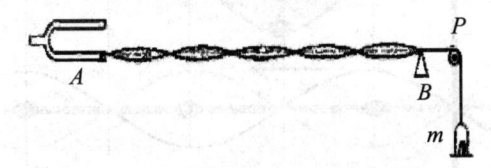

图 3.5-4　绳驻波实验装置

设一列波沿 x 正向传播，另一列波沿 x 负向传播，选取共同的坐标原点和计时起点，则两列波方程为

$$y_1 = A\cos(\omega t + kx) \qquad y_2 = A\cos(\omega t - kx)$$

其中 $k = 2\pi/\lambda$，称为波数。则在相遇的质元上合振动为

$$y = y_1 + y_2 = 2A\cos\frac{2\pi}{\lambda}x\cos\omega t \qquad (3.5\text{-}7)$$

此方程可视为各质元仍作频率为 ω 的简谐振动，各点的振幅随位置坐标作周期性的变化，规律为

$$A(x) = 2A\cos\frac{2\pi}{\lambda}x \qquad (3.5\text{-}8)$$

即驻波振幅随位置坐标按余弦函数规律作周期变化。如图 3.5-5 所示为四个特殊时刻的驻波示意图，由此可看出驻波的形成和波振过程。

3．驻波的特点

根据图 3.5-5 和式（3.5-8）可知驻波有以下特点：

当 $x = 2k\dfrac{\lambda}{4}$ 时，位置坐标为四分之一波长的偶数倍时，振幅最大为 $2A$，这些点称为波腹。

当 $x = (2k+1)\dfrac{\lambda}{4}$ 时，即四分之一波长的奇数倍时，振幅为 0，这些点为静止点，称为波节。

波节将驻波分为若干段，每段的长度为两个相邻波节之差，即

$$\Delta x = [2(k+1)+1]\frac{\lambda}{4} - (2k+1)\frac{\lambda}{4} = \lambda/2$$

驻波相邻两波腹间或相邻两波节间的距离均为半波长，而相邻波腹和波节间的距离则为 $\lambda/4$ 波长。

相邻两段中的各点的振动相位相反，同一段中各点相位相同，这意味着同一段中各点的振动同相，因此，驻波实际上是分段振动现象。

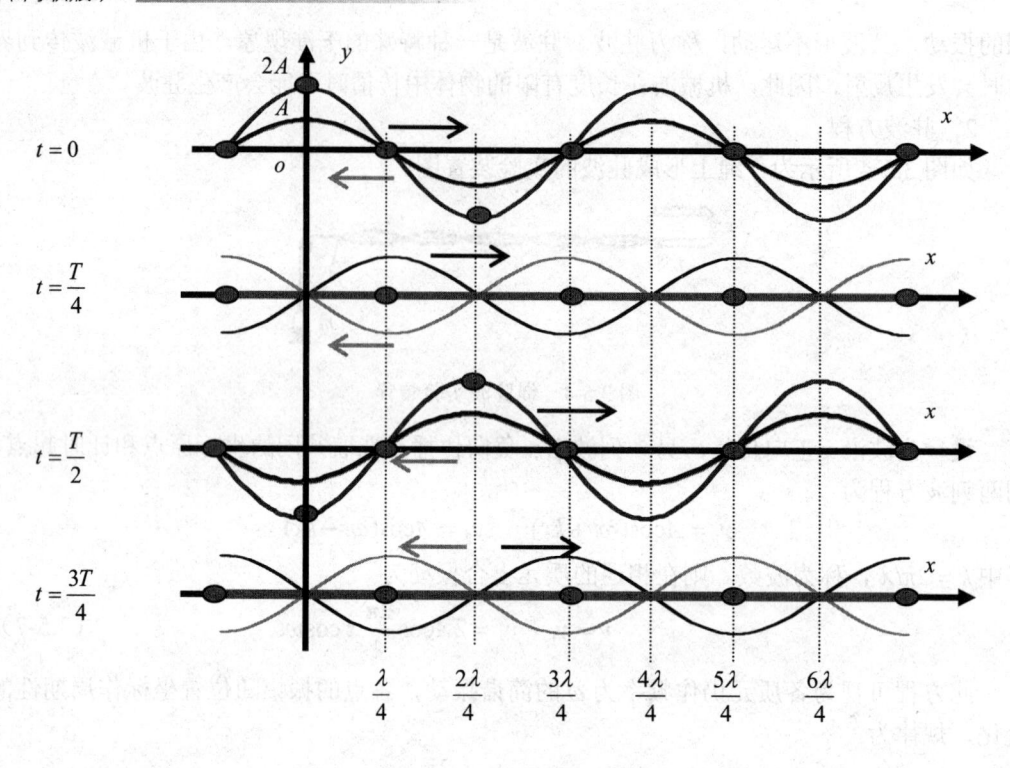

图 3.5-5 驻波过程示意图

4．常见的驻波

弦乐发声是一维驻波，鼓面是二维驻波，微波振荡器，激光器谐振腔都是驻波的典型示例。

拨动弦乐器的弦线，弦线中所产生的来回的波也会形成驻波，由于弦的两个端点固定不动，所以这两点必为波节；如图 3.5-6 所示，因驻波中每段的长度都是 $\lambda/2$，所以产生驻波的一般条件是：两上界面（或端点）之间的距离 L 应为半波长的整数倍 n，其对应的波长与频率分别为

$$\lambda_n = \frac{2L}{n} \qquad n = 1, 2, 3 \cdots \qquad （3.5\text{-}9）$$

$$\upsilon_n = n\frac{u}{2L} \qquad n = 1, 2, 3 \cdots \qquad （3.5\text{-}10）$$

$n=1$ 对应的频率 $\upsilon_1 = \frac{u}{2L}$，称为基频，$n>1$ 对应的频率称为谐频。

基频振幅往往比其他谐频大得多，所以人们听到的弦线声音，其实就是占优势的基频音调。可以证明，弦线中波的速度 $u = \sqrt{T/\eta}$（T 是弦线的张力，η 是弦线的质量线密度），可见通过换用 η 不同的弦线，或调节张力 T，或改变 L，都可改变弦线的基频，即改变弦线的音调。一端自由的弦上也可能形成驻波，其形成驻波的情况如图 3.5-7 所示。

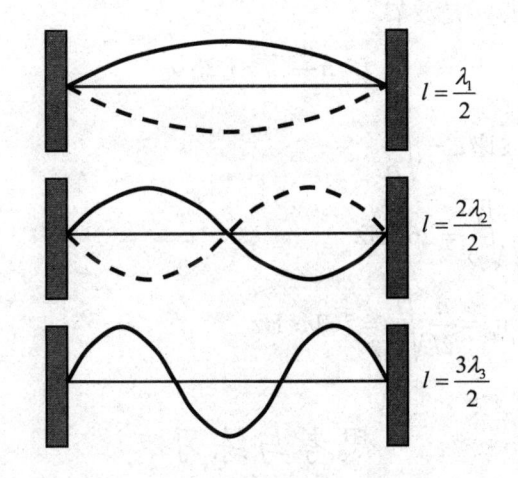

图 3.5-6　两端固定弦上的驻波

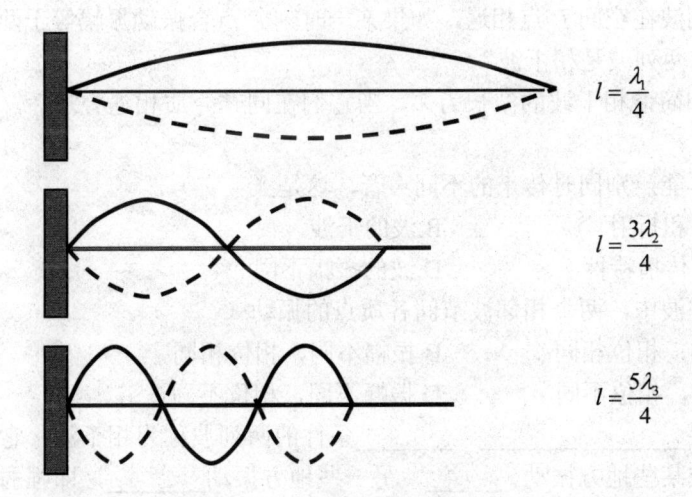

图 3.5-7　一端自由弦上的驻波

例 3.5-2　如图 3.5-8，二胡弦长 $l = 0.3$ m，张力 $T = 9.4$ N，密度 $\rho = 3.8 \times 10^{-4}$ kg/m³。求弦所发出的声音的基频和谐频。

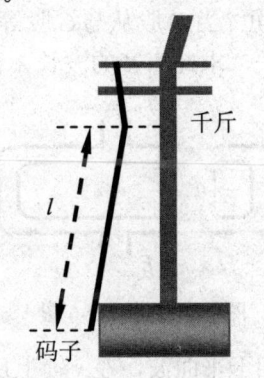

图 3.5-8　二胡原理示意图

解：弦两端为固定点，是波节

$$l = n\frac{\lambda}{2} \quad n = 1, 2, \cdots$$

频率 $\nu = \dfrac{u}{\lambda} = \dfrac{nu}{2l}$，波速 $u = \sqrt{\dfrac{T}{\rho}}$

基频：$n = 1 \quad \nu_1 = \dfrac{1}{2l}\sqrt{\dfrac{T}{\rho}} = 262\ \text{Hz}$

谐频：$n = 2, 3, 4 \cdots \quad \nu_n = \dfrac{n}{2l}\sqrt{\dfrac{T}{\rho}} = 262n\ \text{Hz}$

思考与练习

3.5-1 两列波在空间 P 点相遇，如果某一时刻 P 点合振动振幅等于两波振幅之和，那么能否肯定这两列波是相干波？

3.5-2 两列简谐相干波的波长为 λ，当它们在同一介质相遇叠加后，合成波的波长等于什么？

3.5-3 人耳能辨别同时传来的不同声音，这是（　　）。
A.波的反射和折射　　　　B.波的干涉
C.波的独立传播特性　　　D.波的振幅不同

3.5-4 在驻波中，两个相邻波节间各质点的振动（　　）。
A.振幅相同，相位相同　　B.振幅不同，相位相同
C.振幅相同，相位不同　　D.振幅不同，相位不同

3.5-5 满足_____、_____、_____条件的两列波称为相干波，它们在同一区域相遇时，会形成某些地方振动_____，另一些地方振动_____，即强弱相间的、稳定的强度分布效果。

3.5-6 如图 3.5-9 所示的声音干涉仪，可用以演示声波的干涉，也可以测量声波的波长，其管口 T 置于单一声调的声源之前，声波分 C、D 两股传播到出口 E，其中一股 D 的长度像乐器长号那样，可以伸长缩短。当 D 股从与 C 股等长逐渐拉开到伸长量 $d = 16.0\text{cm}$ 时，在管口 E 处的声音第一次消失，求此声音的波长 λ 和频率 ν。

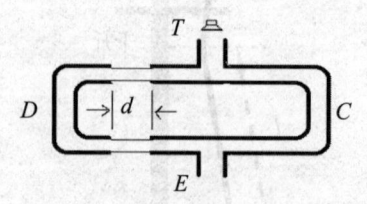

图 3.5-9 题 3.5-6 图

3.5-7 设有两个振幅相同的相干平面波，在 x 轴上反向传播，波函数分别为
$$y_1 = A\cos(\omega t - 2\pi x/\lambda), \quad y_2 = A\cos(\omega t + 2\pi x/\lambda)$$

试利用三角函数知识，证明波节间的距离为 $\lambda/2$，并证明上述两列波叠加后的波函数为

$$y = 2A\cos 2\pi \frac{x}{\lambda} \cos \omega t$$

3.5-8 C、D 是处于同一介质的振幅相同的两相干波源，C、D 相距为 20m，频率为 $f=100$Hz，$u=200$m/s，若波源 C 为波峰时，D 为波谷，求 CD 连线内因干涉而静止的各点的位置。

3.5-9 钢琴弦的密度为 7.9g$\cdot$cm^{-3}，半径为 0.5mm 的钢琴弦以张力 78.9N 拉紧。试求两固定端间的长度为 68.80cm 时的基频。

3.6 声波

3.6.1 超声波 次声波

声波是与人类关系最密切的机械纵波。频率在 20 Hz 到 20 000 Hz 的声波，能引起人的听觉，称可闻声波，简称声波；频率低于 20 Hz 的为次声波；高于 20 000 Hz 为超声波。

1. 超声波

超声波一般由具有磁致伸缩或压电效应的晶体振动产生。它的显著特点是频率高、波长短、衍射现象不明显，因而具有良好的定向传播特性，而且易于聚焦。也由于其频率高，因而超声波的声强比一般声波强，用聚焦的方法，可以获得场强高达 10^9W/m^2 的超声波。超声波能量大而集中，可用于超声雾化，机械切削、焊接、钻孔、清洗机件，还可用于理疗、美容、处理种子和促进化学反应等。医学上可应用超声波打碎身体中的结石。实验还表明：超声波在软组织和肌肉中衰减也较小，故而可用于探测体内病变。

超声波的方向性好，可实现定向传播，水中超声波的衰减系数比在空气中小得多，且超声波的波长短，波长越短，直线性越好，遇障碍物时易形成反射，可用于探测水中物体，如鱼群、潜艇等，也用来进行深海探测。海水对电磁波吸收严重，所以在海下电磁雷达无法使用，声波雷达——声呐成为海洋探测的有力手段。

超声波在杂质或介质分界面上有显著的反射，利用这一特征可以探测工件内部的缺陷。超声波探伤不损伤工件，而且穿透力强，可以探测大型工件。目前超声探伤向着显像方向发展，即用声电元件把声讯号变换成电讯号，再用显像管显示出物的像。在医学上探测人体内部密度的"B 超"，就是利用超声波显示人体内部结构的图像的。

2. 次声波

次声波一般指频率在 $10^{-4}\sim 20$ Hz 的机械波，人耳听不到。它与地球、海洋和大气等大规模运动有密切关系。例如火山爆发、地震、陨石落地、大气湍流、雷暴、磁暴等自然活动中，都有次声波产生，因此次声波已成为研究地球、海洋、大气等大规模运动的有力工具。

次声波频率低，波长长，一般障碍物无法阻挡它，它可一绕而过，甚至山峦也无法阻挡。被介质吸收少，能量衰减极小，具有远距离传播的突出优点。

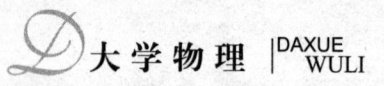

3. 地震波

地震是一种严重的自然灾害，它起源于地壳岩层的突然破裂。一年内大概发生约百万次地震，绝大多数不能被人感知而只能由地震仪记录到，只有少数（几十次）造成或大或小的灾难。发生岩层破裂的震源一般在地表下几千米到几百米的地方，震源正上方地表处叫震中。从震源和震中发出的地震波在地球内部有两种形式：纵波和横波，它们分别称 P 波（首波）和 S 波（次波）。P 波的传播速度从地壳内的 5 km/s 到地幔深处的 14 km/s。S 波的速度较小，约 3~8 km/s。P 波和 S 波传到地球表面时会发生反射，反射时会发生沿地表传播的表面波。表面波也有两种形式。一种是扭曲波，使地表发生扭曲；另一种使地表上下波动，就像大洋面上的水波那样。地震波的振幅可以大到数米（例如 1976 年唐山大地震地表起伏达 1 m 多），因而能造成巨大灾害。一次强地震所释放的能量可以达到 $10^{17} \sim 10^{18}$ J。例如，一次里氏 7 级地震释放的能量约为 10^{15} J，相当于百万吨氢弹爆炸所释放出的能量。

3.6.2 声强级

引起听觉的声波不仅有一定频率范围，还有一定声强范围。能够引起听觉的声强约在 $10^{-12} \sim 1$ W/m² 之间。声强太小，不能引起听觉；声强太大，震耳欲聋，只能引起痛觉。由于声强能引起听觉上下限数量比高达 10^{12}，又声学实验和心理学实验证实，人耳感觉到的响度近似与声强 I 的对数成正比，如图 3.6-1 所示，所以为了评价声辐射的听觉效应，引入声强级概念。取 $I_0 = 10^{-12}$ W/m² 为基准声强，它相当于人刚能听到 1000 Hz 的声音，则 I 的声强级为 I 与基准声强 I_0 之比值的常用对数乘以 10。即

$$L_I = 10 \lg \frac{I}{I_0} \tag{3.6-1}$$

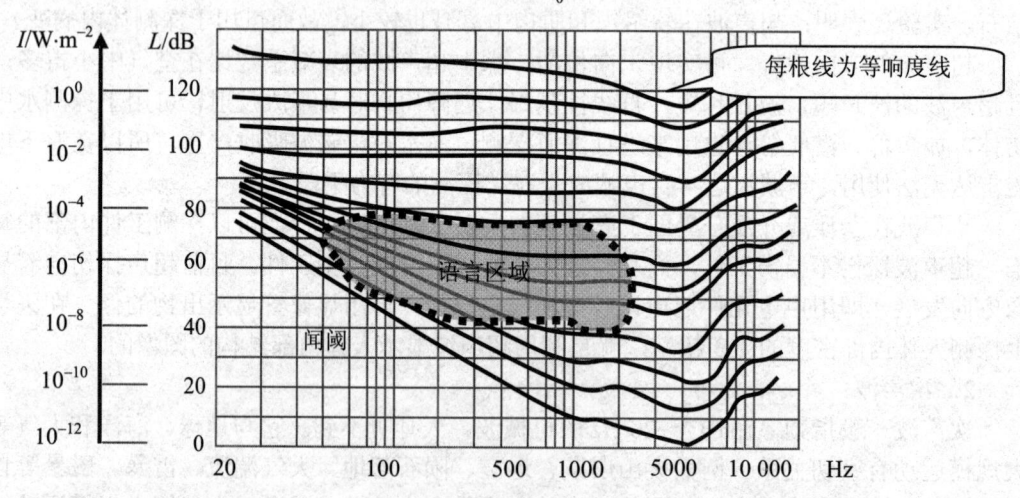

图 3.6-1 人的听觉范围图

声强是声波能量密度强弱的客观描述，声强级是声波引起人耳听觉响度级别（具有主观性特征）的量度，其单位为分贝（dB）。表 3.6-1 例了一些常见声音的声强级。

表 3.6-1　一些常见声音的声强级

声源	声强级	感觉	声源	声强级	感觉
听觉起点	0		礼堂讲演	~70	
正常呼吸	~10	很静	交通要道	~80	吵闹
小溪流水	~20		高音喇叭	~90	
耳边细语	~30		地铁列车	~100	震耳
办公场所	~50		柴油机车	120	
日常交谈	~60	正常	喷气飞机	140	痛苦

例 3.6-1（背景噪声下机械噪声的总声强） 有一机器开动时产生的噪声是 85dB，求该机器在背景噪声为 80dB 的车间内开动时，总噪声的声强级 L_I 和总声强 I。

解： 设背景噪声声强为 I_1，机器噪声声强为 I_2，由（3.6-1）得

$$I_1 = I_0 \times 10^{80/10} = 10^{-12} \times 10^8 = 10^{-4} \text{W/m}^2$$

$$I_2 = I_0 \times 10^{85/10} = 10^{-12} \times 10^{8.5} = 10^{-3.5} \text{W/m}^2$$

$$I = I_1 + I_2 = 10^{-4} + 10^{-3.5} = 4.2 \times 10^{-4} \text{W/m}^2$$

$$L_I = 10\lg\frac{I}{I_0} = 10\lg\frac{4.2 \times 10^{-4}}{10^{-12}} = 86\text{dB}$$

小数点后的分贝数只在精密测量中才计及，应用中对人的听觉影响比较小，按四舍五入法取到整数位。

由此例说明，声强作为能量密度，具有可加性，而声强级作为响度的级别，不可直接相加；两个声源，小声强级声源对声强级的贡献很少，即两个或多个声源，人们感受到的总声强主要接近大的声源的声强级。

思考与练习

3.6-1　为什么用超声波而不是普通声波进行水中探测和医学诊断？

3.6-2　在声波中，人耳能感觉到的声波频率范围是_____Hz，频率高于_____Hz 的是超声波，频率低于_____Hz 的便为次声波。

3.6-3　声强为 10^{-4}W/m^2，对应的声强级为_____；声强级为 40dB 时，对应的声强为_____。

3.6-4　一阻隔层可使噪声降低 20dB，其透射系数 $\tau=$_____，若已知其反射系数为 0.2，则吸收系数 $\alpha=$_____。

3.6-5　一平面声波在距离声源 20m 处，声强为 $I=3.2\times10^{-6}\text{W/m}^2$。已知介质的吸收率为 $\alpha=4.5\times10^{-2}\text{m}^{-1}$，求距声源 $x=100\text{m}$ 处的声强。

3.6-6　距一点声源 10 m 的地方，声音的声强级为 20dB，求：（1）距声源 5 m 处的声强级；（2）距离声源多远，就听不到 1000 Hz 声音了？

3.7 光度学

光度学是研究可见光能量计量的学科,其目的在于评价可见光辐射所产生的视觉效应。照明设备和许多光学仪器的设计,都必须考虑这种视觉效应。

3.7.1 光通量

1. 辐射通量 P

单位时间内发射、传播或接收的辐射能,称为辐射通量 P。即为波的能流在光度学中的表示形式。

大多数实际光源的辐射,总是由许多不同波长(不同频率)的电磁辐射所组成。不同波长的光所占的能量比例一般不同。对于离散光谱,波长为 λ 的辐射通量记为 $P(\lambda)$,则光源的辐射通量为

$$P = \sum P(\lambda) \tag{3.7-1}$$

2. 视见函数 $V(\lambda)$

因人眼对光的辐射能的视觉感觉与光波的频率(波长)有关,即人眼对不同波长光的视觉灵敏度不同。为研究客观的辐射通量与它们使人眼产生的主观感觉强度之间的关系,引入视见函数。

在引起强度相同的视觉,若所需的单色光的辐射通量愈小,则说明人眼对该单色光的视觉灵敏度愈高。对大量具有正常视力的观察者所做的实验和统计分析表明,在明亮的环境下(白昼)人视觉最敏感的光是黄绿光(555 nm),即产生相同的明亮的感觉,在波长为 555 nm 时光的辐射通量最小 P_{min},而其他的波长 λ 时光的辐射能量为 P_λ($>P_{min}$),由它们的比值形成的函数称为明视觉条件下的**视见函数** $V(\lambda)$,即

$$V(\lambda) = P_{min} / P_\lambda \tag{3.7-2}$$

辐射通量是单位时间内转移辐射能的客观量度,但它不能反映这些能量引起的视觉强度。视见函数 $V(\lambda)$ 反映人眼在明亮环境中对不同波长光辐射的视觉灵敏度。如图 3.7-1 所示,其中实线即为明亮环境条件下的视见函数,而虚线则表示了比较昏暗的环境中的视见函数,即视见函数在较昏暗的环境条件下其曲线向短波(紫光)方向偏移。

除眼睛外,通常的感光器件(光敏元件、感光乳胶等)也都有与人眼视见函数对应的"光谱响应曲线",其中的锑铯光电管的光谱响应特性,很接近于人眼的视觉特性。

3. 光通量 Φ

可见光对视觉有效的辐射通量强弱的量度,称为光通量。人眼对波长为 λ 的光的视觉强弱程度,既与辐射能量 $P(\lambda)$ 成正比,又与视见函数 $V(\lambda)$ 成正比。对离散光谱,光能量为

$$\Phi = K \sum V(\lambda) P_\lambda \tag{3.7-3}$$

光通量 Φ 的国际制单位为**流明**,简称"**流**",记为 lm。式中 K 为单位换算系数,其

值为 $K = 683$ lm/W。

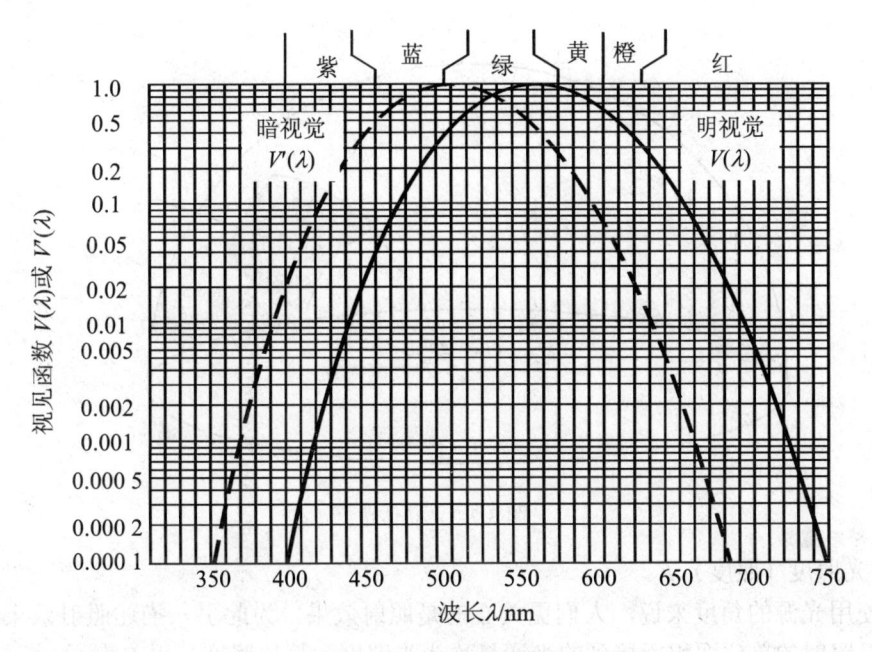

图 3.7-1 视见函数曲线

4. 发光效率

若电光源消耗的电功率为 P，发出的光通量为 Φ，则称光通量与功率的比值为光源的发光效率 η，即

$$\eta = \Phi / P \tag{3.7-4}$$

其单位为 lm/W。常见的白炽灯的发光效率约为 9～19lm/W，日光灯为 46～66lm/W，高压水银灯为 30～50lm/W，纳灯为 100～150lm/W。

5. 发光强度

如图 3.7-2 所示，球面上取一面积，由它的边缘各点引直线到球心 O，所构成的锥体的"顶角"称为立体角 Ω。立体角用球面度来量度，即立体角锥体底面积与半径平方的比值称为立体角 Ω 的**球面度**(sr)，即

$$\Omega = S / r^2 \text{ (sr)} \tag{3.7-5}$$

球面度 Ω 大小与 S 和 r 无关，是立体角大小的量度。其单位为**球面度**(sr)。

若光源的线度远小于它与受照物体的距离，光源本身的形状和大小可以忽略，这样的光源称为点光源。点光源向各个方向辐射光，如果在某一方向立体角 Ω 内发出的光通量为 Φ，则单位立体角的平均光通量称为该范围内的平均**发光强度**。即

$$\bar{I} = \Phi / \Omega \tag{3.7-6}$$

若在某一方向上，立体角微元 $\mathrm{d}\Omega$ 内，发出的光通量为 $\mathrm{d}\Phi$，则得该点光源在给定方向上的发光强度 I 为

$$I = \mathrm{d}\Phi / \mathrm{d}\Omega \tag{3.7-7}$$

发光强度表征光源在一定方向范围内发出的对视觉有效的辐射强度的强弱，国际制

单位：**坎德拉（坎）**，符号为 cd，显然 1 lm = 1 cd·sr，它是国际制单位中七个基本单位之一。

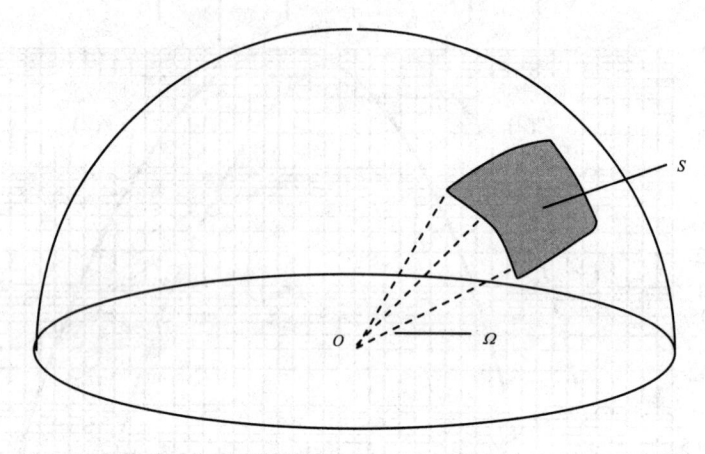

图 3.7-2　立体角

6. 光照度（照度） E

从使用光源的角度来说，人们更关心的是照射效果。为此引入描述照射效果的物理量，即受照射的单位面积所接到的光通量称为光照度，简称照度，用 E 表示。

$$E = d\Phi / dS \tag{3.7-8}$$

若光通量均匀分布在被照面积上，则照度可表示为

$$E = \Phi / S \tag{3.7-9}$$

其单位为勒克斯，简称勒，符号 lx，且 1 lx = 1 lm/m²。表 3.7-1 列出了常见的实际情况的照度数据。

表 3.7-1　常见光照情况下的照度数据

光照情况	照度/lx
无月夜天的地面	3×10^{-4}
正对满月的地面	0.2
一般读书、写字	50~75
办公室工作时必须的照度	20~100
晴朗夏天采光良好的室内	100~500
夏日太阳不直接射到的露天地面	1000~10 000
拍摄电影	10^4 以上

7. 照度平方反比律

实验与理论均可证明，如图 3.7-3 所示，若光线方向与被照面间法线夹角为 θ，被照面的照度与光源在入射方向的发光强度 I 及入射角 θ 的余弦成正比，与被照面距光源的距离 r 平方成反比。这一规律被称为照度平方反比律。即

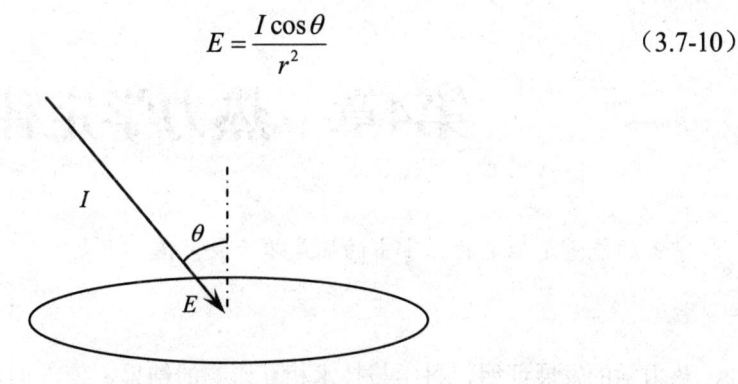

$$E = \frac{I\cos\theta}{r^2} \qquad (3.7\text{-}10)$$

图 3.7-3 照度平方反比律示意图

例 3.7-1（灯光下桌面不同位置的照度） 有60W灯，其发光效率 $\eta = 15\text{lm/W}$，假定灯是各方向均匀发光的点光源，求该灯的发光强度，距灯2m处的垂直照明的屏上的光照度 E_1，及距此处1m的照度 E_2。

解：由发光效率定义得灯的光通量为
$$\Phi = \eta P = 15 \times 60 = 900 \text{ lm}$$

因各方向均匀发光，发光强度为
$$I = \Phi/\Omega = 900/4\pi = 71.7\text{cd}$$

由式（3.7-10）得
$$E_1 = \frac{I\cos\theta_1}{r^2} = \frac{71.7 \times \cos 0°}{2^2} = 17.9\text{lx}$$

$$E_2 = \frac{I\cos\theta_2}{r_2^2} = \frac{71.7 \times \frac{2}{\sqrt{2^2+1^2}}}{2^2+1^2} = 12.8 \text{ lx}$$

思考与练习

3.7-1 *直径为 $D = 1.0\text{m}$ 的圆桌，其中心上方1.4m处吊一发光强度 $I = 100\text{cd}$ 的灯泡，求圆桌中心光照度及边缘的光照度；若灯泡可以垂直上下移动，它应距桌面边缘的光照度最大？

3.7-2 *设有一60W的灯泡，其发光效率为 $\eta = 151 \text{ lm/W}$，假定把灯泡作为在各方向均匀发光的点光源，求该灯泡的发光强度 I 以及在距灯泡2m处的垂直照明的屏上的光照度 E。

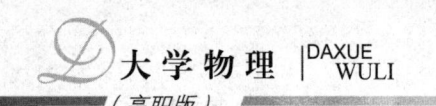

第4章 热力学定律

宇宙的能量是恒定的。宇宙的熵是趋于最大值。

——鲁道夫·克劳修斯

热力学的发展证明,科学与技术相互影响的结果,使人们发明了能以较高的效率把能量转变为有用功的各种机器,也使科学理论得到发展与完善。

原始人就已能靠两根木棒的摩擦或火石与铁的碰击得到火。说明人类一定从远古时代起就已经察觉到运动和热之间有联系。

伦福德(1753—1840)通过大炮镗孔实验证明,丝毫不用火,单靠机械摩擦就能够产生大量的热,足以使许多水沸腾。由此他断定,功必定同热等价。焦耳(1818—1889)通过实验测得热功当量,并由此断定热是能量的一种形式,证明了热和功的等价性。

研究热和功之间的关系,以及它们之间相互转换规律的科学,称为热力学。热力学理论最基本的内容是热力学第一定律和热力学第二定律。热力学第一定律其实是包括热现象在内的能量转换与守恒定律。热力学第二定律指明过程进行的方向与条件。

许多现代生产过程,如金属冶炼过程、化工过程、半导体工艺过程都伴随着热现象;现代社会也愈来愈注意能量的转换方案与能源的利用效率,这些问题涉及的理论,均与热力学规律及研究方法相关。

本章主要讨论热力学两条基本定律和理想气体热变化过程及热机的理论。

4.1 热力学第一定律

4.1.1 基本概念

1. 热力学系统

在开展科学研究时必须先确定研究对象,把一部分物质与其他部分分开,这种分离可以是实际的,也可以是想象的。讨论热力学问题时,选取的一部分物质作为研究对象,称之为热力学系统,简称系统。典型的热力学系统是容器内的气体分子集合或溶液中的分子集合等。热力学系统的基本特点是无论选择的物质少与多,均含有大量的分子、原子,例如,若选2 g氢气为系统,则该系统含有6.22×10^{23}个氢分子。可见热力学系统是指由大量微观粒子(原子、分子或其他粒子)组成的宏观物质系统,它是热力学研究的对象。

在系统之外与系统密切相关、有相互作用或影响所能及的部分称为环境或外界。热力学的世界只有系统与外界两部分。热力学系统与外界的联系,主要通过做功与传热两种形式进行能量交换。

热运动是热力学系统的基本运动形式,所谓热运动是指大量微观粒子处于永恒的无规则运动。热运动也称为无序运动,热运动越剧烈,其无序程度越高。相应地宏观机械运动称为有序运动。**热或热量**是指热运动在系统间转移热运动能量的量度。

2. 热力学系统状态参量

要研究系统的性质及其变化规律,首先要对系统的状态加以描述。热力学对热力学系统的描述分为宏观参量与微观参量两种。

用来表征系统宏观整体属性的物理量称为**宏观参量**,通常称为**状态参量**。如化学组成、体积、压强、温度、内能等对气体整体属性加以描述的物理量,都是系统的宏观状态参量。宏观量一般能为人们观察到,也可以用仪器进行测量。用来表征各微观粒子微观个体性质的物理量称为**微观参量**,例如原子分子的质量、速度、动能、势能等等。

3. 热力学系统平衡态

在不受外界影响(不做功、不传热)的条件下,系统所有可观测的宏观性质都不随时间变化的状态称为**平衡态**,也简称状态。处于平衡态时,系统的状态可用一组状态参量来描述。例如,对一定质量的气体系统,其状态可以用确定的压强、体积和温度等一组状态参量描述。

理解"系统其宏观性质不随时间变化"这一状态特征时,注意并不意味着系统所有宏观状态参量一定要处处相同。例如,由于重力影响,大容器中处于平衡态的气体在不同高度的压强与密度并不相同。

理解系统平衡态时,注意平衡条件必须满足"不受外界影响(不做功、不传热)"这一必要前提条件。并不是宏观性质不随时间变化的状态就是平衡态,例如,一根金属杆两端与有一定温差的两个恒温热源(温度保持恒定的热源)接触,到达稳定时,金属杆从高温到低温端的温度逐渐降低而不随时间变化。但这一平衡,是靠热源的作用来维持的,不符合平衡态的条件。

热力学系统的平衡是指宏观性质的平衡与稳定,而组成系统的大量微观粒子在不停息做热运动并相互碰撞,只是大量微观粒子热运动的统计平均值未发生变化,即宏观性质不变,而个体微观粒子不断运动变化。因此热力学系统的平衡是**热动平衡**。

系统平衡态只是一种理想状态,是一定条件下实际情况的简化。自然界中的事物总是互相关联的,一个完全不受外界影响的系统实际上是不存在的。例如保温瓶中的水,经历的时间长了,外界影响就会明显地表现出来,但在短时间内,这种影响可以忽略,可视为平衡态。

4. 热力学系统准静态过程

一个热力学系统在外界(做功、传热)作用下,其状态将随时间不断变化。热力学系统状态变化过程称为热力学过程。

处于平衡态的系统与外界发生能量交换(做功或传热)后,平衡态被破坏,成为非平衡态,处于非平衡态的系统停止与外界交换能量后,将逐渐过渡到一个新的平衡态。如取汽缸内被封闭的气体为系统,当活塞压缩汽缸气体时,靠近活塞的气层密度会增大,汽缸内密度出现不均匀,偏离了原来的平衡态。当压缩停止后,亦即外界不再向系统施

加影响时,由于分子热运动和碰撞的结果,汽缸内气体密度差异逐渐减少,直至各处均匀一致,此后气体的宏观状态保持不变,系统处于新的平衡态。

系统在无外界影响的情况下,由非平衡态过渡到平衡态所需要的时间,称为**弛豫时间**。也就是说热力学实际过程中,当系统从一个平衡态开始变化时,就必然要破坏原来的平衡态,而需要经过一段弛豫时间才能达到新的平衡态。然而,实际的过程往往进行得较快,在系统还未能达到新的平衡态,早已继续进行下一步的变化了。系统从某一平衡态开始,经历一系列的非平衡态,达到新的平衡态的过程叫作**非平衡过程**。

实际过程都是非平衡过程,非平衡过程的中间状态由于没有确定的状态参量,难以描述。为此,在热力学过程研究中,人们抽象出这样一个**理想过程——准静态过程**。即在过程进行的每一瞬间,系统均接近于平衡状态,以致在任意选取的短时间 dt 内,状态参量在整个系统的各部分都有确定的值,整个过程可以看成是由一系列平衡态所构成。

假想过程进行得相当缓慢,以致可将过程分解成许多步,每一步经历的时间都比系统的弛豫时间长得多,那么系统内的不平衡性就能很快消除,即认为过程的每一步都会迅速达到平衡态,这样在过程中的每个中间状态都无限接近平衡状态,此过程称为**准静态过程**。在准静态过程中,系统每一时刻可看成处在平衡态,即它在每一时刻的状态都可用确定的状态参量(p、V、T)来描述。在 p-V 图中任意一点即为系统的一个平衡态,而连续曲线表示一准静态过程。如图 4.1-1 所示中的曲线是一系统从初态 Ⅰ(p_1、V_1、T_1)经历无数平衡态过程变化到末状态 Ⅱ(p_2、V_2、T_2)。

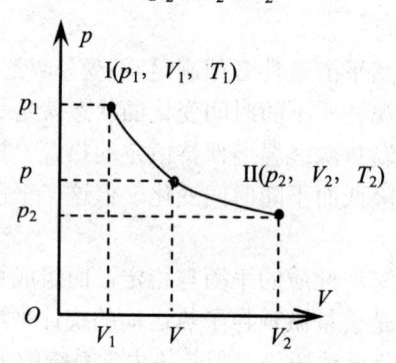

图 4.1-1 准静态过程 p-V 图

准静态过程是一种理想过程。引入准静态过程才能将热力学过程数学化处理,以便用数学研究热力学过程中功能转化。

无限缓慢地压缩和无限缓慢地膨胀过程均可近似看作为准静态过程。线度不太大的实际系统弛豫时间都不太长,在一般情况下,只要变化不太激烈的实际过程可近似为准静态过程。

4.1.2 内能与做功、传热

热力学系统状态变化,总是通过外界对系统做功,或向系统传递热量,或两者兼施并用而完成的。

1. 内能

系统内能是指系统内部能量的总和，即组成系统的全部分子动能与分子间相互作用的势能，以及分子内部粒子（包括原子、原子内部的原子核与电子、原子核内的核子等）所具有能量的总和。在讨论热现象时，如果不涉及化学变化和原子内部的变化，分子结构不发生改变，那么分子内部各种粒子的能量也不变，它作为一个常量，可不予考虑。这样，**热力学系统的内能**是指系统全部分子的动能和分子间相互作用的势能的总和。内能是系统热力学状态的函数。系统温度表示热运动的剧烈，而分子间的势能与分子间的距离有关，即势能与系统的体积有关，所以**系统内能是温度和体积的函数** $E(T,V)$。

热力学系统在一定状态下，具有一定的能量，叫作热力学系统的"内能"。实验证明内能的改变量只决定于初、末两个状态，而与所经历的过程无关，即内能是系统状态的函数。

2. 做功改变内能

能量的变化可通过做功来实现，外界对系统做功，引起内能变化。摩擦生热就是做功转化为内能，即外界（有规则的机械运动）转化为系统内能（微粒无规则热运动）；搅拌液体，使其温度升高，也是外界对系统做正功引起内能升高；汽缸中的气体膨胀对外界做正功，气体温度下降（内能降低），是系统内能（大量微粒无规则热运动）转化为机械能（有规则的机械运动）。

做功是系统与外界相互作用的一种方式，也是两者能量相互转化的一种方式，它通过宏观的有规则（如机械运动、电流等）与系统微粒的无规则热运动的相互转化来完成。所以说做功与内能交换实质上是能量形式（运动形式）的转化。

3. 传递热量改变内能

一壶冷水放在火炉上，其温度会逐渐升高，这是因为火炉向水传递了热量；人发高烧，可用冷毛巾敷在额头上，让其降温，这是因为冷毛巾从人体身上吸收了热。可见系统从外界吸热，其内能升高，系统向外界放热，内能降低。**传递热量是内能转移的另一途径**。

传递热量和做功不同，这种交换能量的方式是通过分子的无规则运动来完成的。当外界物体（热源）与系统相接触时，不需借助于机械运动的方式，也不显示任何宏观运动的迹象，直接在两者的分子无规则热运动之间进行着能量交换，这就是**热传递**。其本质是外界的分子热运动与系统内分子的热运动互相转移实现能量交换。

要实现系统与外界**传递热量的条件是系统与外界存在温度差**。从热运动的微观理论看，系统与外界温度不同，它们分子热运动的平均平动动能不同，当它们相互接触通过分子相互作用，如碰撞，使平均平动动能大的分子把热运动能量传给平均平动动能小的分子，这种通过热运动转移实现能量传递的方式，即是热传递。

4.1.3 热力学第一定律

1. 热力学第一定律

无数事实表明，系统状态发生变化时，只要初、末状态给定，则不论所经历的过程有何不同，外界对系统所做的功和向系统传递热的总和，总是恒定不变的，它等于系统内能的增量。

一般情况下，做功与传递热量同时存在于一个热力学系统中。若有一系统，从外界吸收的热量为 Q，系统从内能为 E_1 的初始平衡状态改变到内能为 E_2 的终末平衡状态（即内能增量 $\Delta E = E_2 - E_1$），同时系统对外做功为 W，那么，无论过程如何总有

$$Q = \Delta E + W \tag{4.1-1}$$

式（4.1-1）所表示的规律称为热力学第一定律。可表述为<u>在任一过程中，系统从外界吸收的热量等于系统内能的增加与系统对外做功的总和</u>。即外界对系统传递的热量，一部分使系统内能增加，另一部分用于系统对外做功，其能量总量不变。

式（4.1-1）中系统吸收热量表示为 Q，若 $Q>0$，表示系统从外界吸收了热量；若 $Q<0$，系统吸收的热量为负值，即表示系统向外界放出了热量。系统向外界做功表示为 W，若 $W>0$，表示系统向外界做正功，若 $W<0$，表示系统向外界做负功，亦即外界向系统做正功。图 4.1-3 给出了系统吸热 Q 和对外界做功 W 的符号规则图示。$\Delta E = E_2 - E_1$ 表示内能增量，若 $\Delta E = E_2 - E_1 < 0$，则 $E_2 < E_1$ 表示末态内能小于初态，即内能减少；若 $\Delta E = E_2 - E_1 > 0$，则 $E_2 > E_1$ 表示末态内能大于初态内能，即内能增加。

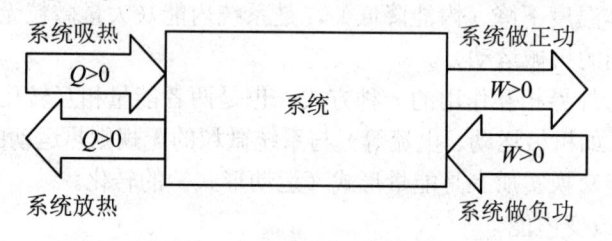

图 4.1-3 W 与 Q 的符号规则

热力学第一定律是能量守恒与转化定律在热现象领域内所具有的具体形式，说明热力学内能、热和功之间可以相互转化，但能量总量不变。它还表明外界对系统做功或传递热都能使系统内能发生变化，所以从引起内能变化的角度来说，做功和热传递是等效的。

热力学第一定律其实与能量守恒定律是一样的，是自然界的一条普遍规律，是普遍适用的。即适用于自然界中的一切热力学过程；也适用于一切系统，不论是气体、液体或固体都适用。

2. 第一类永动机不可实现

发明一种不吸收能量而不断对外做功的机器曾是许多人努力追求的目标。这种既不靠外界提供能量，本身也不减少能量，却可以不断对外做功的机器，史称第一类永动机。尽管人们曾提出过一些这种机器的方案，但从来没有人实现过。俗话说，"要想取之，必先与之"。历史证明发明永动机的努力完全是白费心机。

热力学第一定律也可以表述为能量是不可能创生的。第一类永动机即是违背了这一公理，所以不可实现。也就是说热力学第一定律否定了第一类永动机的可实现性。

思考与练习

4.1-1　热力学中平衡态指（　　）。
A. 系统宏观性质不随时间改变的状态
B. 没有外界影响时系统宏观性质不随时间改变的状态
C. 外界作用不变时，系统宏观性质不随时间改变的状态
D. 没有外界作用时的状态

4.1-2　热力学第一定律的范围为（　　）。
A. 一切物体、一切过程　　　　B. 理想气体
C. 准静态过程　　　　　　　　D. 理想气体准静态

4.1-3　一物质系统从外界吸收一定的热量，则（　　）。
A. 系统的内能一定增加
B. 系统的内能一定减少
C. 系统的内能一定保持不变
D. 系统的内能可能增加，也可能减少或保持不变

4.1-4　热力学第一定律表明（　　）。
A. 系统对外做的功不可能大于系统从外界吸收的热量
B. 系统内能的增量等于系统从外界吸收的热量
C. 系统内能的增量等于外界对系统做的功与系统从外界吸收的热量之和
D. 系统内能改变只能通过与外界做功来实现

4.1-5　关于热量，下列说法正确的是（　　）。
A. 热量是物体中一种热质
B. 热量是物体的内能从一处向另一处转移的量度
C. 热量是物体含热能的量度
D. 热量可以自发地从低温区域向高温区域传递

4.1-6　在 $p-V$ 图上可用一个点表示的状态是_____；用一条曲线表示_____。

4.1-7　在给出热力学第一定律公式 $Q = \Delta E + W$ 时，规定 Q 为对外界系统传递的热量，W 为系统对外做功，ΔE 为内能的增量。若某过程，系统向外放出80J的热量，则 $Q=$_____，外界对系统做50J的功，则 $W=$_____，整个过程中系统内能的增量 $\Delta E=$ _____，内能是_____（填"增加"或"减少"）。

4.1-8　某系统吸热800J，对外做功500J，由状态 A 沿着路径1变到 B，气体内能改变了多少？若气体沿着路径2又由状态 B 回到状态 A，外界对系统做了300J的功，则气体热量为多少？是吸热还是放热？

4.2 理想气体

4.2.1 理想气体模型

为简化问题研究，把实际气体抽象为理想气体，理想气体是一种理想模型，其特征为：

（1）气体分子的大小与气体分子间平均距离相比可忽略不计，故可把分子看成质点，它们的运动遵守牛顿运动定律。

（2）气体分子可以看作是完全弹性的小球，分子之间或分子与器壁相撞时，遵守能量守恒定律与动量守恒定律。

（3）除弹性碰撞外，分子间及分子与容器间没有相互作用。

从以上特征可知，当实际气体压强较小，温度较高时，其密度足够低，实际气体可视为理想气体。

4.2.2 理想气体状态方程

理想气体完全满足玻意耳定律、盖·吕萨克定律和查理定律三条实验定律。

一定质量 m（摩尔质量为 M）的理想气体可以用压强 p、体积 V、温度 T 这三个状态量来描述其平衡态，满足以上三个经验定律的理想气体，三个状态量的关系为

$$\frac{pV}{T} = C \text{（常量）} \tag{4.2-1}$$

气体在压强 $p_0 = 1\,\text{atm} = 1.013 \times 10^5\,\text{Pa}$、温度 $T_0 = 273\,\text{K}$ 时的状态，称为标准状态。实验测得在标准状态下，1 mol 理想气体的体积为 $V_0 = 22.4 \times 10^{-3}\,\text{m}^3$，则

$$R = \frac{p_0 V_0}{T_0} = \frac{1.013 \times 10^5 \times 22.4 \times 10^{-3}}{273} = 8.31\,\text{J} \cdot \text{mol}^{-1} \cdot \text{K}^{-1} \tag{4.2-2}$$

R 称为普适气体常数，即对一切气体的任意平衡态都适用的一个常数。

则式（4.2-2）可改写为

$$pV = \frac{m}{M} RT = \mu RT \tag{4.2-3}$$

式（4.2-3）表示理想气体状态参量间相互关系的方程，称为**理想气体状态方程**。还可写为

$$p = \frac{\mu RT}{V} = \frac{\mu N_0}{V} \frac{R}{N_0} T = nkT \tag{4.2-4}$$

其中，$n = \frac{\mu N_0}{V}$，为单位体积气体分子数。而 $k = \frac{R}{N_0}$ 称为玻耳兹曼常数。

例 4.2-1 一柴油机的汽缸容积为 $V_1 = 0.827\,\text{L}$，压缩前汽缸内气体温度和压强分别为 $T_1 = 320\,\text{K}$、$p_1 = 8.4 \times 10^4\,\text{Pa}$，当活塞急速推进将汽缸内的气体压缩到原体积的 1/7，同

时使压强增大到 $p_2 = 9.5 \times 10^5 \text{Pa}$。求：压缩后汽缸内气体的温度 T_2。

解：若将汽缸内的气体近似为理想气体，则由理想气体状态方程得

$$\frac{p_1 V_1}{T_1} = \frac{p_2 V_2}{T_2}$$

由此得

$$T_2 = \frac{p_2 V_2}{p_1 V_1} T_1 = \frac{9.5 \times 10^5}{8.4 \times 10^4} \times \frac{1}{7} \times 320 = 517 \text{K} > 柴油的燃点$$

由于 $T_2 = 517$ K 已大于柴油的燃点，若这时汽缸中气体为柴油，柴油将立即燃烧，发生爆炸，推动活塞做功，这就是柴油机点火的原理。

4.2.3 气体状态参量的统计意义

1. 气体压强

压强是气体系统的一个宏观状态量，而微观上是由于大量气体分子对容器壁碰撞的结果。如图 4.2-1 所示，假设在边长为 l 的一个正方形容器中，内有 N 个同类气体分子（分子质量为 m），某一时刻速度为 v 的分子，在 x 方向的分量为 v_x，该分子以 v_x 向 S_1 面碰撞，并以 $-v_x$ 弹回，分子受到 S_1 面的冲量

$$I_x = P_x - P_{x0} = -2mv_x \tag{4.2-5}$$

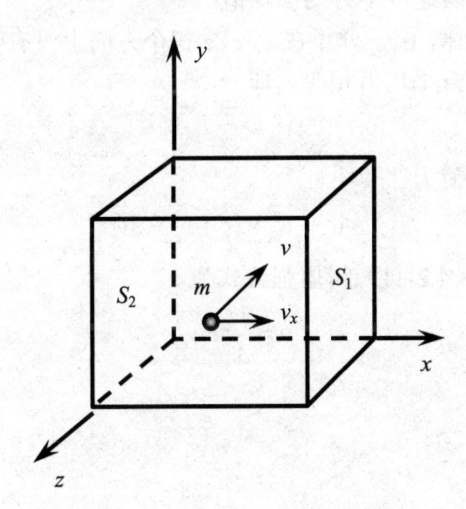

图 4.2-1 气体压强产生示意图

由牛顿第三定律，S_1 面受到分子的冲量为

$$I_x = 2mv_x \tag{4.2-6}$$

该分子被 S_1 面弹回，必然与 S_2 面发生碰撞，被弹回后再以 v_x 与 S_1 面发生碰撞，相继两次与 S_1 面碰撞所用的时间

$$\Delta t = 2l/v_x \tag{4.2-7}$$

该分子单位时间内对 S_1 面的碰撞次数为

$$\frac{1}{\Delta t} = \frac{v_x}{2l} \tag{4.2-8}$$

单位时间一个分子对 S_1 面的冲量（即平均冲力）为

$$F_x = \frac{I_x}{\Delta t} = 2mv_x \frac{v_x}{2l} = \frac{mv_x^2}{l} \tag{4.2-9}$$

容器内 N 个分子对器壁的平均冲力为

$$\overline{F_x} = \sum_{i=1}^{N} \frac{mv_{ix}^2}{l} \tag{4.2-10}$$

S_1 面受到的压强为

$$p = \frac{\overline{F_x}}{l^2} = \sum_{i=1}^{N} \frac{mv_{ix}^2}{l^3} = \frac{Nm}{V} \frac{1}{N} \sum_{i=1}^{N} v_{ix}^2 = nm\overline{v_x^2} \tag{4.2-11}$$

其中

$$n = \frac{N}{V} \tag{4.2-12}$$

为单位体积的分子数。

$$\overline{v_x^2} = \frac{1}{N} \sum_{i=1}^{N} v_{ix}^2 \tag{4.2-13}$$

为容器中所有分子在 x 方向速度平方的平均值。

由大量分子的统计规律，由于分子在 x、y、z 三个方向上没有哪个方向的运动占优势，所以，分子的三个速度平方平均值相等。即

$$\overline{v_x^2} = \overline{v_y^2} = \overline{v_z^2} \tag{4.2-14}$$

分子速度的平方平均值为

$$\overline{v^2} = \overline{v_x^2} + \overline{v_y^2} + \overline{v_z^2} = 3\overline{v_x^2} \tag{4.2-15}$$

式（4.2-15）代入式（4.2-11）得压强公式为

$$p = \frac{1}{3} nm\overline{v^2} \tag{4.2-16}$$

而分子平均平动动能

$$\overline{\varepsilon_k} = \frac{1}{2} m\overline{v^2}$$

压强公式亦可写为

$$p = \frac{2}{3} n\overline{\varepsilon_k} \tag{4.2-17}$$

由式（4.2-17）可见，分子数密度越大，压强越大；分子运动越激烈，压强越大。即压强公式体现了宏观量压强与微观气体分子运动之间的关系。

由以上推导过程可见压强是由于大量气体分子碰撞器壁产生的，它是对大量分子碰撞冲力统计平均的结果。对单个分子无压强的概念。

2. 气体温度的统计意义

由理想气体状态方程——式（4.2-4）与压强公式——式（4.2-17）比较，得气体平均

平动动能

$$\overline{\varepsilon_k} = \frac{3}{2}kT \tag{4.2-18}$$

由式（4.2-18）可见不同气体系统温度相同，平均平动动能相同。系统分子运动得越激烈，温度越高。系统宏观物理量温度是对系统大量分子热运动的平动动能统计平均的结果，对个别分子温度无意义。所以温度是系统热运动剧烈程度的描述。

4.2.4 理想气体内能

因理想气体分子之间除了碰撞外，不存在相互作用。所以理想气体分子间无势能，因此**理想气体内能为气体所有分子动能的总和**。

分子的平均总动能决定于分子运动形式，分子运动可以有平动、转动和振动等形式，分子的运动形式又决定于分子的结构。如单原子分子可视为质点，只有三维的平动；而双原子（或多原子）分子可视为两质点的刚性结合（相对距离不变）和非刚性结合两种情况。除了平动，还有转动，若是非刚性的，原子的相对位置还可能发生变化即有振动运动形式。

分子可能具有多少运动形式可以用自由度概念来描述。所谓**自由度**，是指决定一个运动物体位置所需的独立坐标数，常用 i 表示。不同结构原子的自由度如表 4.2-1 所示。单原子分子，因可视为质点，在空间自由运动，描述其位置需要三个独立坐标，所以自由度为 3。对于刚性双原子分子，两个质点的位置需要 6 个坐标，它们间的距离固定，由一个方程联系着 6 个坐标，因而独立坐标数只有 5 个。非刚性双原子可视为两个独立质点组成，因而独立坐标数是 6。刚性多原子，可视为一个刚体，只要写出其上任意不在一条直线上的三个点的位置，便可完全确定整个刚体在空间的位置。三个点需要 9 个坐标，但每两点间距离由一个方程来描述，所以刚性多原子也只有 6 个独立坐标数。

表 4.2-1 各种结构分子的自由度表

分子结构＼自由度	平动自由度 t	转动自由度 r	振动自由度 v	总自由度 i
单原子分子	3	0	0	3
刚性双原子	3	2	0	5
非刚性双原子	3	2	2	6
刚性多原子	3	3	0	6

由于分子间不断地碰撞，在达到平衡状态后，任何一种运动都不会比另一种运动占优势，即在各个自由度上机会均等。分子动理论证明，<u>在平衡态下，分子的每个自由度上都具有相同的平均动能，其大小等于 $kT/2$</u>。这一规律称为**能量均分定理**。

由能量均分定理得自由度为 i 的气体分子的总平均动能为

$$\overline{\varepsilon_k} = i\frac{1}{2}kT \tag{4.2-19}$$

其中 $k=1.38\times10^{-23}$ J/K，称为玻尔兹曼常数；T 称为热力学温度，单位为开尔文，记为 K；其与摄氏温度 t 的关系为

$$T = t + 273.15(\text{K}) \tag{4.2-20}$$

若质量为 m、原子量为 M、自由度为 i 的理想气体，其所含分子数为

$$N = \frac{m}{M}N_0 = \mu N_0 \tag{4.2-21}$$

其中，阿伏伽德罗常数 $N_0 = 6.022\times10^{23}\text{mol}^{-1}$，气体摩尔数 $\mu = m/M$，其中 m 为该系统气体的质量，M 为该气体的摩尔质量。则该气体内能为

$$E = \frac{m}{M}\frac{i}{2}N_0 kT = \mu\frac{i}{2}RT \tag{4.2-22}$$

其中，$R = N_0 k = 8.31\text{J}\cdot\text{mol}^{-1}\cdot\text{K}^{-1}$，称为普适气体常数。可见一定量理想气体的内能与其**热力学温度 T 成正比**。

4.2.5 理想气体做功

如图 4.2-2 所示，在一个密闭摩擦可以忽略的汽缸内，气体作准静态膨胀，作用于活塞上的压力 $F = pS$，由于是无摩擦的准静态膨胀，为了维持气体在平衡态，外界的压强必须等于气体的压强，即必有一个外力 $F' = -F$ 作用于活塞上，气体通过活塞对产生这个力的外界物体做功。若气体变化过程中压强 p 是不变的，则活塞运动过程中，气体压力对活塞做功是一个恒力功问题，气体做功为 $W = pS\Delta l = p\Delta V$，即图 4.2-3 中所示矩形的面积。如果气体的压强在系统变化的过程中发生变化，则气体对活塞的压力亦是变化的，因此这是一个变力功问题，用微元位移求功，当活塞移动一微小距离 Δl，Δl 足够小，小到这一过程中 p 不变，气体对活塞做功为

$$\Delta W = F\Delta l = pS\Delta V = p\Delta V \tag{4.2-23}$$

记为微分式

$$dW = pdV \tag{4.2-24}$$

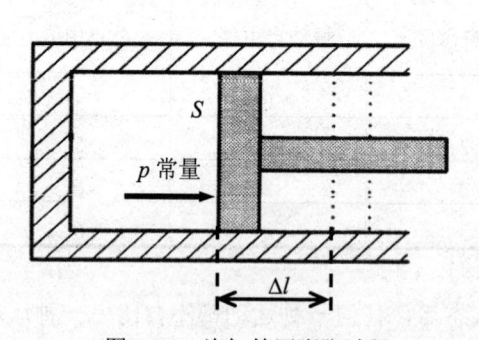

图 4.2-2　汽缸等压膨胀过程

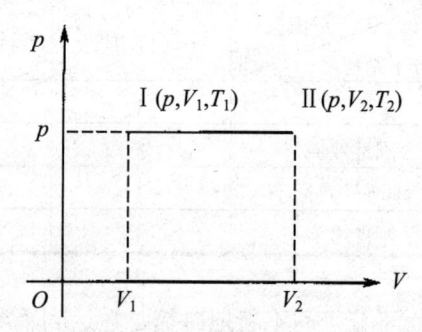

图 4.2-3　等压膨胀过程 p-V 图

式（4.2-24）给出了当系统在准静态过程中体积发生无穷小的变化时，外界对系统所做的功，如果系统通过准静态过程实现气体系统体积由 V_1 变到 V_2 的过程，则外界对系统所做的功等于各小段的微小距离过程中功 ΔW 求和，或 dW 作定积分，得过程中系统对外界的总功为

第 4 章 | 热力学定律

$$W = \int_{V_1}^{V_2} p \mathrm{d}V \tag{4.2-25}$$

亦可用示功图法，如图 4.2-4 所示，气体准静态过程的功为图中曲边梯形的面积。

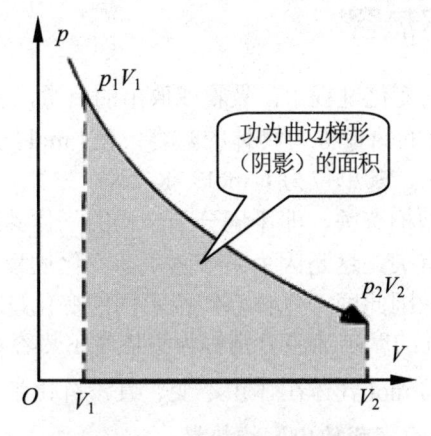

图 4.2-4 任意准静态过程的功

可见气体状态变化对外做功的基本条件是体积发生变化，若 $\Delta V > 0$，气体膨胀，系统对外做正功；若 $\Delta V < 0$，气体压缩，系统对外做负功，外界对系统做正功。

例 4.2-2（理想气体准静态过程的热功转换） 如图 4.2-5 所示，1 mol 刚性双原子理想气体从状态 A 经一准静态过程到达状态 B，求该过程中功、热量和内能的变化。

解： 由理想气体状态方程 $pV = \mu RT$ 和 p-V 图中给出的状态参量得

$$T_A = \frac{p_A V_A}{R} = \frac{1.0 \times 10^5 \times 25 \times 10^{-3}}{8.31} = 301 \text{ K}$$

$$T_B = \frac{p_B V_B}{R} = \frac{1.5 \times 10^5 \times 30 \times 10^{-3}}{8.31} = 542 \text{ K}$$

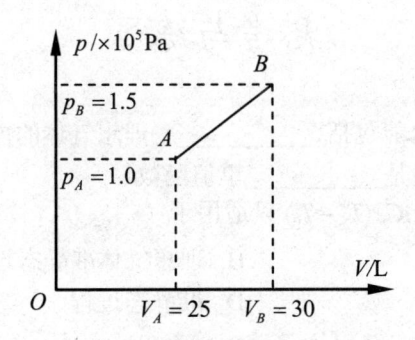

图 4.2-5 例 4.2-2 图

功在数值上等于 p-V 图中 ABV_AV_B 所围的面积

$$W = S_{ABV_AV_B} = \frac{1}{2}(1.0 + 1.5) \times 10^5 \times 5.0 \times 10^{-3} = 6.25 \times 10^2 \text{J}$$

由理想气体内能公式得

$$\Delta E = E_B - E_A = \frac{i}{2}R(T_B - T_A) = \frac{5}{2} \times 8.31 \times (542 - 301) = 5.01 \times 10^3 \text{J}$$

· 105 ·

由热力学第一定律得过程中系统吸热为

$$Q = \Delta E + W = 5.01 \times 10^3 + 6.25 \times 10^2 = 5.64 \times 10^3 \text{J}$$

4.2.6 气体摩尔热容

为了计算气体系统温度变化过程中，吸收或放出的热量，引入气体摩尔热容的概念。气体系统温度升高1 K 所需的热量称为物体的热容；使1 mol 气体温度升高1 K 所需的热量称为**摩尔热容**，用 C 表示，其单位为 $\text{J} \cdot \text{mol}^{-1} \cdot \text{K}^{-1}$。

摩尔热容与系统分子结构有关，即不同分子结构的气体其摩尔热容不同。**摩尔热容还与气体系统变化的过程有关**。这是因为系统随状态变化过程不同，系统升高同样的温度所吸收的热量是不同的，因此同一气体系统经不同的变化过程，有不同的热容值。常用的有等体过程和等压过程的摩尔热容分别称为等体摩尔热容 C_V 和等压摩尔热容 C_p。

等体摩尔热容 C_V 是指1 mol 气体在体积不变、且没有化学反应与相变的过程中，温度升高（或降低）1 K 所吸收（或放出）的热量。

等压摩尔热容 C_p 是指1 mol 气体在压强不变、且没有化学反应与相变的过程中，温度升高（或降低）1 K 所吸收（或放出）的热量。

质量为 m、摩尔质量为 M 的气体，若经等体过程其温度由 T_1 升高到 T_2，则由摩尔热容定义得该过程中系统吸热 Q 为

$$Q_V = \frac{m}{M} C_V (T_2 - T_1) = \mu C_V (T_2 - T_1) \qquad (4.2\text{-}26)$$

若上述变化是经等压过程实现的，则（4.2-26）式中 C_V 由 C_p 代替，变为

$$Q_p = \mu C_p (T_2 - T_1) \qquad (4.2\text{-}27)$$

思考与练习

4.2-1 热力学系统的内能包括_____，理想气体的内能是_____；一种定质量的某理想气体其内能是_____单值函数。

4.2-2 内能增量 $\Delta E = \mu C_V (T_2 - T_1)$ 只适用于（　　）。

A. 理想气体等体过程 B. 理想气体准静态过程
C. 理想气体 D. 准静态过程

4.2-3 功 $W = \sum p \Delta V$ 或 $W = \int_{V_1}^{V_2} p dV$ 的适用范围是（　　）。

A. 理想气体 B. 准静态过程
C. 静态过程 D. 气体膨胀过程

4.2-4 有两瓶不同种类的理想气体，一瓶是氮，一瓶是氦，它们的压强、温度都相同，体积不同，问下列各项中（　　）是正确的。

A. 单位体积内分子数相同 B. 单位体积内原子数相同
C. 单位体积的质量相同 D. 单位体积的内能相同

4.2-5 一氧气瓶容积为32L，瓶内氧气压强为130atm，规定当压强降至10atm时就得充气。今有一玻璃室每天需用1.0atm的氧气400L，问一瓶氧气能用几天？

4.3 理想气体等值、绝热过程

4.3.1 等体过程

气体状态变化过程中，体积不变的过程，称为等体过程。其过程 p-V 图如图 4.3-1 所示，为一平行于 p 轴的线段。

等体过程的基本特征是：$V =$ 常量 或 $\Delta V = 0$。由于体积不变，因此系统对外不做功，即

$$W = 0 \tag{4.3-1}$$

由热力学第一定律得 $Q = \Delta E$，即表明：在等体过程中由于没有对外做功，气体吸收的热量 Q，全部用来增加气体的内能。

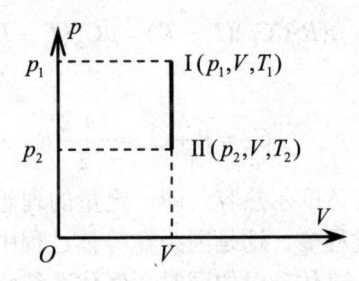

图 4.3-1 等体过程 p-V 图

由理想气体内能公式得系统内能增量为

$$\Delta E = E_2 - E_1 = \mu \frac{i}{2} RT_2 - \mu \frac{i}{2} RT_1 = \mu \frac{i}{2} R(T_2 - T_1) \tag{4.3-2}$$

将式（4.2-26）、式（4.3-1）、式（4.3-2）代入热力学第一定律 $Q = \Delta E + W$ 得

$$\mu \frac{i}{2} R(T_2 - T_1) = \mu C_V (T_2 - T_1) \tag{4.3-3}$$

由上式得

$$C_V = \frac{i}{2} R \tag{4.3-4}$$

由式（4.3-4）可见理想气体的等体摩尔热容与气体分子自由度成正比。**在等体过程中，系统吸收的热量全部用于提高系统内能**，所以经等体过程升温，所需的热量最少。

4.3.2 等压过程

在气体状态变化的过程中，其压强保持不变的过程，叫作等压过程。等压过程的基本特征是：$p =$ 常量。其变化过程的 p-V 如图4.3-2所示，为一平行于 V 轴的线段。

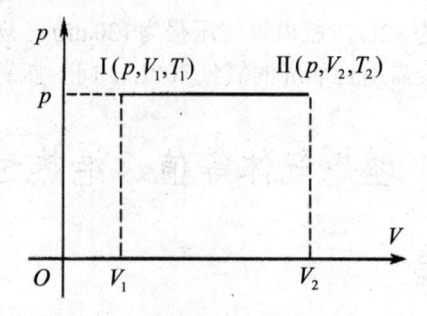

图 4.3-2　等压过程 p-V 图

等压过程中气体所做的功在数值上等于等压过程 p-V 图等压线下的矩形面积，即为

$$W = p(V_2 - V_1) \tag{4.3-5}$$

理想气体内能是温度的单值函数，其增量与过程无关，因此该过程的内能增量为式（4.3-2），该过程中系统吸热为式（4.2-27）。

根据热力学第一定律 $Q = W + \Delta E$，由式（4.3-2）、式（4.2-27）、式（4.3-5）得，系统在此等压过程中

$$\mu(R + C_V)(T_2 - T_1) = \mu C_p(T_2 - T_1) \tag{4.3-6}$$

由此得

$$C_p = R + C_V = \frac{i+2}{2}R \tag{4.3-7}$$

可见等压摩尔热容大于等体摩尔热容，即一定量的理想气体，升高同样的温度时，等压过程吸收的热量比等体过程多。这是因为在等体过程中，气体吸收的热量全部用于增加内能；而在等压过程中，气体升温的同时，气体系统膨胀，所以气体吸收的热量不仅要用于增加同样多的内能，还要用于对外界做正功。

例 4.3-1（等体过程与等压过程比较）　1 mol 氧气从 $p_1 = 1.01 \times 10^5$ Pa 压强开始，从 $t_1 = 20℃$ 加热到 $t_2 = 100℃$。若在加热过程中，保持体积不变，试问需供给多少热量？若压强保持不变，升高同样的温度需供的热量？在等压变化过程中系统对外做的功为多少？

解：（1）等体过程中 $W = 0$，氧气是刚性双原子分子，所以自由度 $i = 5$

$$Q_V = \Delta E = \mu \frac{i}{2} R(T_2 - T_1) = \frac{5}{2} \times 8.31 \times (373 - 293) = 1.66 \times 10^3 \text{ J}$$

（2）等压过程中

$$W = p(V_2 - V_1) = \mu R(T_2 - T_1) = 8.31 \times (373 - 293) = 667 \text{ J}$$

$$\Delta E = \mu \frac{i}{2} R(T_2 - T_1) = \frac{5}{2} \times 8.31 \times (373 - 293) = 1.66 \times 10^3 \text{ J}$$

$$Q_p = \Delta E + W = (1.66 + 0.667) \times 10^3 \text{ J} = 2.33 \times 10^3 \text{ J}$$

$$Q_p > Q_V$$

4.3.3 等温过程

在气体状态变化时,气体的温度保持不变的过程叫作等温过程。

等温过程的特征是:$T=$ 常量或 $\Delta T=0$,由理想气体状态方程得 $pV=\mu RT=$ 常量,因此等温过程在 p-V 图上表示的曲线是一条双曲线,如图 4.3-3 所示。

系统从状态 到状态 ,气体对外做功等于等温线下的面积,即

$$W=\int_{V_1}^{V_2}pdV=\mu RT\int_{V_1}^{V_2}\frac{dV}{V}=\mu RT\ln\frac{V_2}{V_1} \tag{4.3-8}$$

或

$$W=\mu RT\ln\frac{p_2}{p_1} \tag{4.3-9}$$

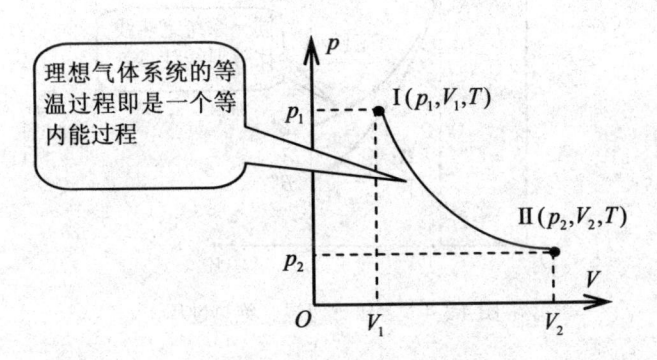

理想气体系统的等温过程即是一个等内能过程

图 4.3-3 等温过程 P-V 图

气体内能增量为零,即为

$$\Delta E=0 \tag{4.3-10}$$

因此,由热力学第一定律得,等温过程的吸热与对外做功的关系为

$$Q=W \tag{4.3-11}$$

可见,在等温膨胀过程中,气体所吸收的热量全部用于对外做功,而在等温压缩过程中,外界对气体所做的功全部转化为系统对外界放出的热量。

4.3.4 绝热过程

在系统状态变化时,系统与外界没有热量交换的过程叫作绝热过程。例如,气体系统在具有绝热套的气缸中膨胀或压缩,就可以视作绝热过程。

绝热过程的基本特征是

$$Q=0 \tag{4.3-12}$$

由热力学第一定律得绝热过程中做功与内能增量之间满足

$$W=-\Delta E \tag{4.3-13}$$

可见在绝热过程中,气体对外做功是以等量的内能减少为代价来完成的,外界对系统做功也会全部转化为内能。

如图 4.3-4 所示为一系统从同一状态 A 出发，分别经过等压膨胀、等温膨胀和绝热膨胀，到达 B、B' 和 B'' 状态。因为等温膨胀过程通过吸收外界热量来对外做功，并不消耗内能，温度不降低，而气体绝热膨胀时，体积增大，系统对外做功，必然导致系统温度降低。所以绝热过程的终态温度 $T_{B''}$ 必低于等温膨胀的终态温度 $T_{B'}$，即在 p-V 图上 B'' 必在 B' 之下，过同一点的绝热线比等温线陡。

由上分析可见，在绝热过程中，气体 p、V、T 三个状态量同时在改变，理论上可证明任意二个状态量之间满足如下绝热方程

$$p^\gamma V = \mu RT \tag{4.3-14}$$

式中，$\gamma = C_p / C_V$，称为绝热系数。

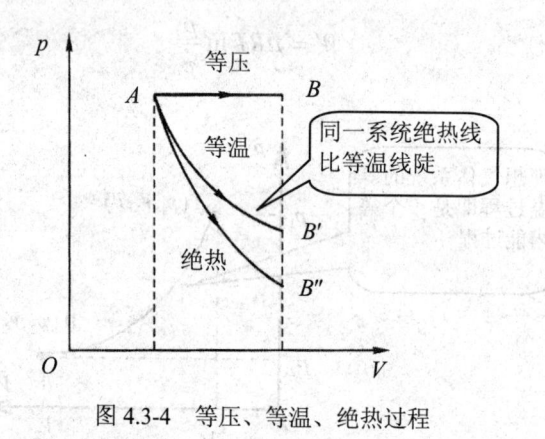

图 4.3-4 等压、等温、绝热过程

思考与练习

4.3-1 公式 $\Delta E = \mu C_V (T_2 - T_1)$ 中 C_V 为等体摩尔热容，为什么等压过程中理想气体内能的变化仍可用这个公式？只要是理想气体不论何种过程，只要初、末温度为恒定值，均可以上述公式来计算，这种说法对吗？为什么？

4.3-2 $\dfrac{5}{2}R$ 是（　　）。

A. 理想气体等体摩尔热容　　　　B. 双原子分子等体摩尔热容

C. 气体的等体摩尔热容　　　　　D. 刚性双原子分子理想气体等体摩尔热容

4.3-3 下列结论（　　）是对的。

A. 等温过程系统与外界不交换热量

B. 绝热过程系统温度保持不变

C. 热力学第一定律适用范围是理想气体准静态过程

D. 理想气体某过程初末两状态在同一等温线上，则此过程的内能变化为零

4.3-4 1 mol 单原子理想气体，从 300 K 等体加热到 500 K，则吸收热量为_____，内能增加量为_____，对外做功为_____ J。

4.3-5 等体过程要使系统温度升高，外界必须对其_____。等压过程系统吸

收热量后，温度必然_____，体积必然_____。等温过程系统内能必然_____。绝热过程系统对外做功，_____必然降低。

4.3-6 如图 4.3-5 所示，一定质量的理想气体从体积 V_1 膨胀到 V_2，分别经历等压过程 $A \to B$、等温过程 $A \to C$、绝热过程 $A \to D$，问：

（1）从 $p-V$ 图上看，哪一过程做功最大？哪一过程做功最小？

（2）经历哪一过程内能增加？哪一过程内能减少？

（3）经历哪一过程吸热较多？

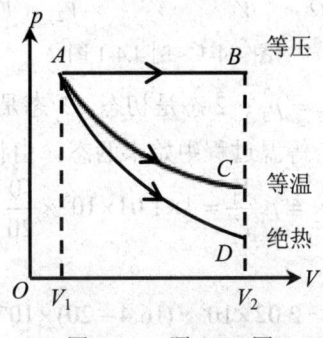

图 4.3-5 题 4.3-6 图

4.3-7 1 mol 的氧，温度从 10℃升到 60℃，若温度升高是在下列过程中发生的：（1）体积不变；（2）压强不变。两种过程中内能各改变多少？

4.3-8 压强为 $1.013 \times 10^5 \text{Pa}$，容积为 $8.2 \times 10^{-3} \text{m}^3$ 的氮气从 300 K 加热到 400 K，如果加热时（1）容积不变；（2）压强不变。问各需多少热量？

4.3-9 质量为 0.072g 的氧气，从 283K 升高到 333K，如果变化的过程是在（1）容积不变；（2）压强不变；（3）绝热变化情况下进行的，求其内能的变化及做功。

4.4 循环过程

4.4.1 循环

例 4.4-1（终态与初态重合的过程） 如图 4.4-1 所示，质量为 $m = 2.00 \times 10^{-3} \text{kg}$ 的氢气（可视作理想气体）系统，由状态 1（$V_1 = 10.0\text{L}$，压强 $p_1 = 4\text{atm}$），经等温膨胀到状态 2（$V_2 = 20.0\text{L}$），再经等压压缩至状态 3（$V_3 = 16.4\text{L}$），最后经绝热压缩回到初始状态 1。求全过程中系统所做的功、吸收的热量及内能变化。

解：1 态到 2 态为等温过程，系统对外做功和吸热分别为

$$W_{12} = \frac{m}{\mu} RT \ln \frac{V_2}{V_1} = \frac{2.00}{2} \times 8.31 \times \ln \frac{20}{10}$$

$$= 2.81 \times 10^3 \text{J}$$

$$Q_{12} = W_{12} = 2.8 \times 10^3 \text{J}$$

图 4.4-1 例 4.4-1 图

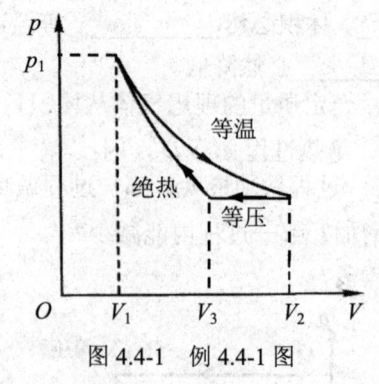

2 态到 3 态为等压过程，$p_2 = p_3$：2 态是初态，3 态是末态；

又由于 2 态与 1 态是同一个等温过程中始末两态，由状态方程得

$$p_2V_2 = p_1V_1 \Rightarrow p_2 = p_1\frac{V_1}{V_2} = 4 \times 1.01 \times 10^5 \times \frac{10}{20} = 2.02 \times 10^5 \text{Pa}$$

等压过程系统对外做功为

$$W_{23} = p_2(V_3 - V_2) = 2.02 \times 10^5 \times (16.4 - 20) \times 10^{-3} = -7.27 \times 10^2 \text{J}$$

氢气是刚性双原子，$i = 5$，系统的内能增量为

$$\Delta E_{23} = \mu\frac{i}{2}R(T_3 - T_2) = \frac{i}{2}(p_3V_3 - p_3V_2)$$

$$= \frac{5}{2} \times 2.02 \times 10^5 \times (16.4 - 20) \times 10^{-3}$$

$$= -1.82 \times 10^3 \text{J}$$

系统吸热为

$$Q_{23} = \Delta E_{23} + W_{23} = -(1.82 + 0.727) \times 10^3 = -2.55 \times 10^3 \text{J}$$

3 态到 1 态为绝热过程：3 态是初态，1 态是末态

$$Q_{31} = 0$$

$$\Delta E_{31} = \mu\frac{i}{2}R(T_1 - T_3) = \frac{i}{2}(p_1V_1 - p_3V_3)$$

$$= \frac{5}{2} \times (4 \times 1.01 \times 10^5 \times 10 \times 10^{-3} - 2 \times 1.01 \times 10^5 \times 16.4 \times 10^{-3})$$

$$= 1.82 \times 10^3 \text{J}$$

$$W_{31} = -\Delta E_{31} = -1.82 \times 10^3 \text{J}$$

全过程系统对外界做的总功和吸热分别为

$$W = W_1 + W_2 + W_3 = (2.81 - 0.727 - 1.82) \times 10^3 = 2.6 \times 10^2 \text{J}$$

$$Q = Q_1 + Q_2 + Q_3 = (2.81 - 2.55 + 0) \times 10^3 = 2.6 \times 10^2 \text{J}$$

由此可见初态与终态相同的系统，其总吸热等于系统所做净功。

如例 4.4-1，系统经历一系列变化过程后又回到原来状态，这种周而复始的过程称为**循环过程**，简称循环。所谓循环就是起始状态，也是最终状态，系统往复变化。

循环过程的特征是

（1）因为过程的初末两态为同一状态，所以内能的变化为零。
（2）循环过程的 p-V 图是一闭合曲线。
（3）循环过程的净功，为循环的闭合曲线所围的面积。

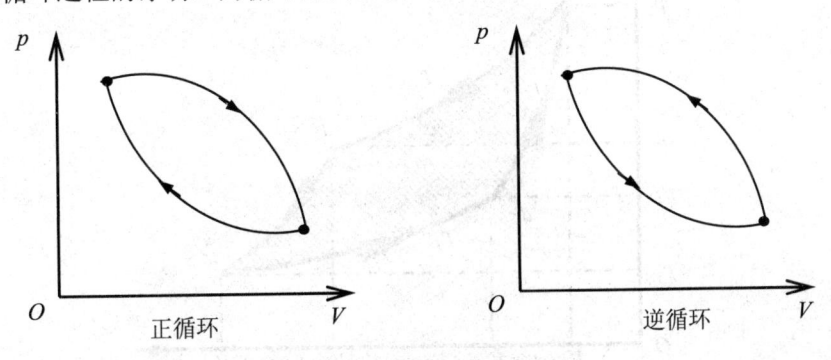

图 4.4-2 正逆循环过程示意图

如图 4.4-2 所示，循环是有方向的，可以是顺时针绕，也可以是逆时针绕。按照过程进行的绕向不同，可以把循环过程分成二类：在 p-V 图按顺时针方向进行的循环称为**正循环**或**热机循环**；在 p-V 图按逆时针方向进行的循环称为**逆循环**或**制冷循环**。

4.4.2 热机及其效率

利用工作物质持续不断地把热转换为功的装置叫作热机。表面看，理想气体的等温膨胀过程是最有利的，工质吸取的热量可完全转化为功。但是，只靠单调的气体膨胀过程来做功的机器是不切实际的，因为气缸的长度总是有限的，气体的膨胀过程就不可能无限制地进行下去，即使不切实际地把气缸做得很长，最终当气体的压强减到与外界的压强相同时，也是不能继续做功的。十分明显，要连续不断地把热转化为功，只有利用循环过程，使工质从膨胀做功以后的状态，再回到初始状态，一次又一次地重复进行下去，并且必须使工质在返回初始状态的过程中，外界压缩工质所做的功少于工质在膨胀时对外所做的功，这样才能得到工质对外界做的净功，即正循环过程。

1. 卡诺循环及热机效率

卡诺循环是 1824 年法国青年工程师卡诺对热机的最大可能效率问题进行理论研究时提出的。

卡诺循环是在两个温度恒定的热源（一个高温热源，一个低温热源）之间工作的循环过程。卡诺将整个循环理想化为由两个准静态的等温过程和两个准静态的绝热过程组成的。如图 4.4-3 所示卡诺循环的 p-V 图，其中曲线 ab 和 cd 分别表示温度为 T_1 和 T_2 的两条等温线；曲线 bc 和 da 分别表示两条绝热线。

卡诺循环中各过程热交换情况：气体在等温膨胀过程 ab 中，从高温热源吸取热量

$$Q_1 = W_{ab} = \mu R T_1 \ln \frac{V_2}{V_1} \tag{4.4-1}$$

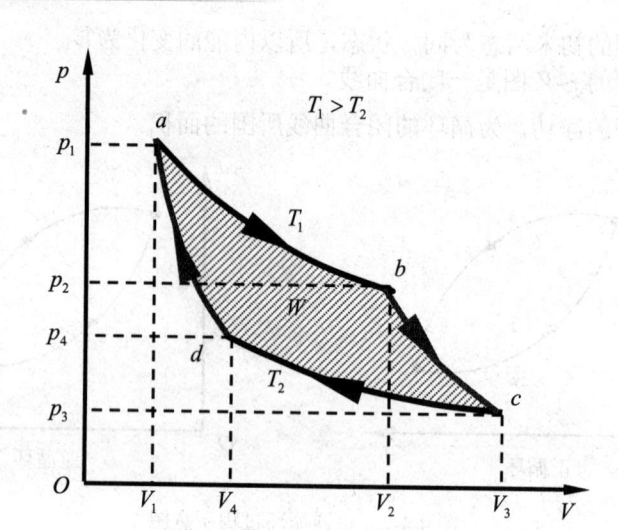

图 4.4-3 卡诺循环 p-V 图

气体在等温压缩过程 cd 中，向低温热源放出热量

$$Q_2 = W_{cd} = \mu R T_2 \ln \frac{V_4}{V_3} = -\mu R T_2 \ln \frac{V_3}{V_4} \tag{4.4-2}$$

又应用绝热过程方程得

$$T_1 V_2^{\gamma-1} = T_2 V_3^{\gamma-1}, \quad T_1 V_1^{\gamma-1} = T_2 V_4^{\gamma-1} \tag{4.4-3}$$

由式（4.4-3）得

$$\frac{V_2}{V_1} = \frac{V_3}{V_4} \tag{4.4-4}$$

由式（4.4-1）和式（4.4-2）可得卡诺循环过程的净功为

$$W = Q_1 - |Q_2| = \mu R T \ln \frac{V_2}{V_1}(T_1 - T_2) \tag{4.4-5}$$

如图 4.4-4 所示为卡诺热机循环原理示意图。在每一次循环中，工质总是将从高温热源 T_1 吸收的热量 Q_1，一部分热量 Q_2 由气体传给低温热源 T_2，同时气体对外做净功 W，由热力学第一定律可知，$W = Q_1 - Q_2$。可见利用正循环可以把热不断地转变为功。这个热机循环把热转换为功的效率定义为

$$\eta = \frac{W}{Q_1} = \frac{Q_1 - Q_2}{Q_1} = 1 - \frac{Q_2}{Q_1} \tag{4.4-6}$$

将式（4.4-1）和式（4.4-2）代入式（4.4-6），则得卡诺循环热机的效率为

$$\eta_c = \frac{W}{Q_1} = \frac{T_1 - T_2}{T_1} = 1 - \frac{T_2}{T_1} \tag{4.4-7}$$

从以上的讨论可看出：要完成一次卡诺循环必须有高温和低温两个热源（分别叫高温热源和低温冷源）；卡诺循环的效率只与两个热源的温度有关，两热源温差愈大，从高温热源所吸取热量的利用价值愈大。

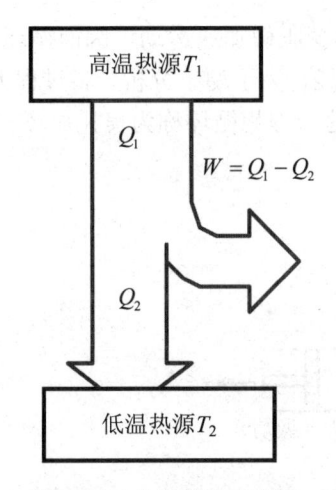

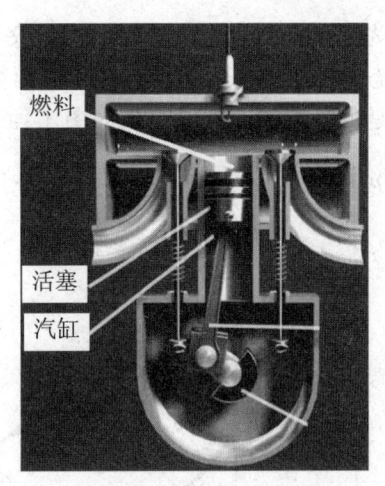

图 4.4-4　卡诺热机原理图　　图 4.4-5　汽油机结构图

2．内燃机及其理想模型

内燃机是应该广泛的热机，它利用液体或气体燃料，直接在汽缸中燃烧，产生巨大的压强推动活塞运动而做功。热机中实现热功转换的物质系统，称为工作物质，简称工质。内燃机工质为油气混合物。

汽油或柴油发动机是最常见的内燃机。单缸四冲程汽油机构造如图 4.4-5 所示。内燃机活塞从汽缸的一端运动到另一端过程，称为一个冲程。其工作循环由吸气冲程、压缩冲程、做功冲程、排气冲程四个冲程组成。

内燃机的工作过程可理想化为奥托循环模型，其 p-V 如图 4.4-6 所示。

（1）吸气冲程：排气门关闭、进气门打开，活塞向下运动，汽油蒸气及助燃空气被吸入汽缸，此时压强约等于 1 atm，这一过程可简化为一等压过程，即如图 4.4-6 中的 OA 等压进气冲程。

（2）压缩冲程：排气门、进气门关闭，活塞向上运动，将已吸入的空气压缩，使之体积减小，压强增大，温度升高。由于压缩较快，汽缸散热较小，可将其简化为一绝热过程，如图 4.4-6 的 AB 绝热压缩冲程。

（3）做功冲程：排气门、进气门关闭，点燃压缩后的高温高压气体，燃气燃烧爆炸，气体压强随排气门、进气门关闭而骤增，由于爆炸时间短促，活塞在这一瞬间移动的距离极小，要近似为一个等体过程如图 4.4-6 的 BC，在此过程中气体吸取燃料所产生的热量 Q_1。巨大的压强把活塞向下推动而做功，同时压强随着气体的膨胀而降低，这一过程简化为一绝热膨胀过程。即如图 4.4-6 中 CD 绝热膨胀做功冲程，亦称为动力冲程。

（4）排气冲程：进气门关闭，排气门打开，由飞轮的惯性带动活塞，使活塞由下向上运动，排出废气，使气体的温度与压强突然下降，并向环境放出热量 Q_2，这一过程可简化为一等体降压降温过程，即如图 4.4-6 中 DA 等压排气冲程。

严格地说，内燃机进行的过程不能看作是循环过程，因为过程进行中，最初的工质为燃料和助燃空气，后经燃烧，工质变为二氧化碳、水汽等废气，从汽缸向外排出不再回复到初始状态，但因内燃机做功主要是在图上的循环过程中，为了分析与计算方便，换用空气作为工质,而点燃汽油时,空气突然受热膨胀做加速运动,因而循环过程中大多数中间状态并非平衡态,无法在图上画出循环曲线,为了便于分析,将过程大大简化,把过程看作是准静态的,从而得到如图4.4-6所示这一理想循环称为奥托循环。

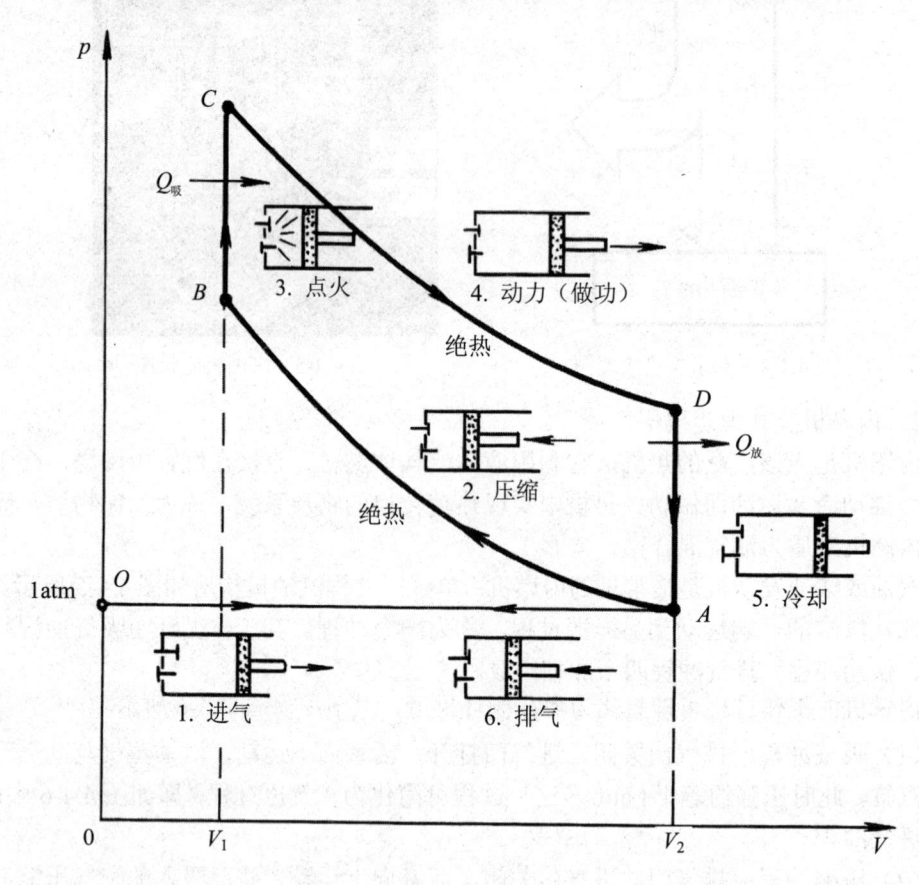

图 4.4-6 奥托循环

奥托循环中,气体在等体膨胀过程中吸热 Q_1,而在等体排气冲程中放热 Q_2,若把空气视为理想气体,则

工质在循环过程中吸收的热量为

$$Q_1 = \mu C_V (T_C - T_B) \quad (4.4\text{-}8)$$

工质在循环过程中放出的热量为

$$Q_2 = \mu C_V (T_D - T_A) \quad (4.4\text{-}9)$$

又因 CD 和 AB 是绝热过程,由绝热方程得

$$T_A V_2^{\gamma-1} = T_B V_1^{\gamma-1} \qquad T_D V_2^{\gamma-1} = T_C V_1^{\gamma-1} \quad (4.4\text{-}10)$$

$$\eta = 1 - \frac{Q_2}{Q_1} = 1 - \frac{T_D - T_A}{T_C - T_B} = 1 - \left(\frac{V_1}{V_2}\right)^{\gamma-1} \quad (4.4\text{-}11)$$

式中 $\dfrac{V_1}{V_2}$ 称为发动机的压缩比，若 $\dfrac{V_1}{V_2} = \dfrac{1}{7}$，对空气 $i = 5$，$\gamma = \dfrac{C_p}{C_V} = 1.4$，则

$$\eta = 1 - \left(\dfrac{1}{7}\right)^{1.4-1} = 55\% \tag{4.4-12}$$

根据式（4.4-11）可见，从热量利用的角度看，压缩比的提高有利于效率的提高，然而压缩比过高，在绝热压缩过程中，空气温度上升很大，从而使汽油提前点火（爆震），这种现象当然可以通过燃料中混入含铅的添加剂来加以避免，但这会引起污染。因而实用汽油机的压缩比常限制为不大于 7。

式（4.4-12）是奥托循环理论上限，实际的汽油发动机的效率大约只有其一半或更少些，原因是多方面的，并非所有燃料都完全燃烧；汽缸必须冷却而带走一部分热量；此外还存在摩擦和湍流。

在热机运动中，燃料所提供的能量有相当一部分以热量形式向低温热源释放，这部分能量被浪费了，同时加热周围环境（邻近的水源或空气），造成热污染。

4.4.3 制冷循环与制冷机

1. 制冷循环

当循环过程逆时针方向变化时，其运行方向与热机中工质循环过程相反，即逆循环过程。逆循环的工作示意图如图 4.4-7 所示，在这一逆循环过程中，工质接受外界对其所做的功 W，从低温热源吸取热量 Q_2，向高温热源传递热量 $Q_1 = W + Q_2$。由于循环从低温热源吸热，可导致低温热源（一个要使之降温的物体）的温度降得更低，这就是制冷机可以制冷的原理。由此可见要完成制冷机的循环，必须以外界对工质气体做功为代价。制冷机的功效可用制冷系数表示。即从低温热源吸收的热量 Q_2 和所消耗的外界的功 W 的比值

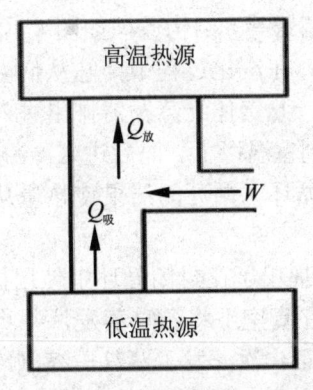

图 4.4-7 逆循环热功转换

$$\kappa = \dfrac{Q_2}{W} = \dfrac{Q_2}{Q_1 - Q_2} \tag{4.4-13}$$

对于卡诺制冷机来说，其制冷系数为

$$\kappa_c = \frac{Q_2}{W} = \frac{T_2}{T_1 - T_2} \quad (4.4\text{-}14)$$

制冷系数表示了制冷机的制冷能力。由此定义可得外界对制冷机做功为

$$W = \frac{Q_2}{\kappa} \quad (4.4\text{-}15)$$

可见，从低温热源吸取同样的热量，制冷系数越大所需的功就越小，也就是说制冷系数越大，制冷效果越好。

2. 制冷机

制冷机（refrigerating machine）获得并且能够维持低温的装置。热量不会自发地从低温热源移向高温热源。为了实现这种逆向传热，需要外界做功。制冷机就是以消耗外界能量为代价，使热量从低温物体传到高温物体实现制冷的。制冷机的工作物质称为制冷剂。它在室温和常压下是气体，而在室温和高压下就变成液体。制冷剂在蒸发器内吸收被冷却介质（水或空气等）的热量而汽化，在冷凝器中将热量传递给周围空气或水而冷凝。其在制冷系统中不断循环不断将热量排出，从而实现制冷。

例 4.4-2 有一卡诺制冷机，从温度为 $t_2 = -8°C$ 的冷藏室吸取热量，而向温度为 $t_1 = 18°C$ 的室内放出热量。设该制冷机所耗的功率为15kW，问每分钟从冷藏室吸取的热量为多少？

解：卡诺机的制冷系数为

$$\kappa_c = \frac{T_2}{T_1 - T_2} = \frac{273 - 8}{18 - (-8)} = 8.7$$

制冷机每分钟做功为

$$W = Pt = 15 \times 60 = 9 \times 10^5 \text{ J}$$

每分钟从冷藏室中吸取的热量为

$$Q_2 = \kappa_c W = 8.7 \times 9 \times 10^5 = 7.8 \times 10^6 \text{ J}$$

家用制冷机（如冰箱、空调器等）结构原理如图 4.4-8 所示。当液态制冷剂进入处于低压的螺旋管蒸发器时被汽化。在汽化过程中，它从低温室吸取汽化所需的汽化热，从而降低了低温室的温度。然后，此气体经蒸发器排出进入压缩机，借助外界的功被压缩成高压气体，同时其温度升高到室温以上。而后进入冷凝器内放出热量而被冷却至室温。接着回到贮液罐，完成了一个循环。循环的结果使热量从低温处（蒸发器及低温室）向高温处（冷凝器）传递。

1805 年埃文斯（O.Evans）提出了在封闭循环中使用挥发性流体的思路，用以将水冷冻成冰。他描述了这种系统，在真空下将乙醚蒸发，并将蒸汽泵用做水冷式换热器，冷凝后再次使用。1834 年帕金斯第一次开发了蒸汽压缩制冷循环，并且获得了专利。在他所设计的蒸汽压缩制冷设备中使用二乙醚（乙基醚）作为制冷剂。1930 年梅杰雷和他的助手在亚特兰大的美国化学会年会上终于选出氯氟烃 12（CFC12,R12,CF2CI2）作为制冷剂（亦称雪种），并于 1931 年商业化，1932 年氯氟烃 11（CFC11,R11,CFCI3）也被商业化，随后一系列 CFCs 和 HCFCs 陆续得到了开发，最终在美国杜邦公司得到了大量生产成为 20 世纪主要的雪种。

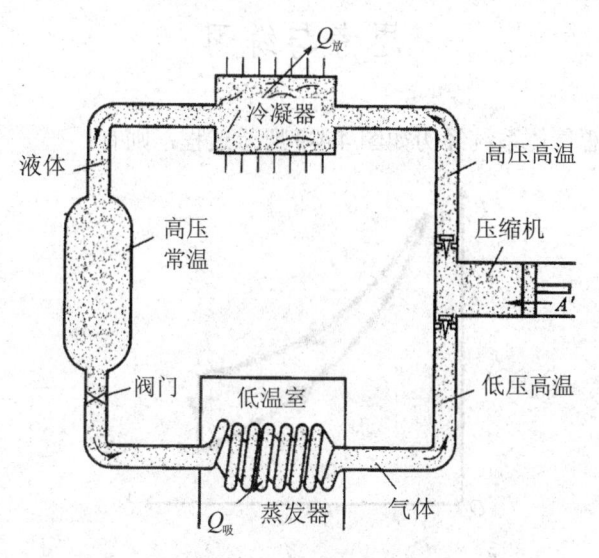

图 4.4-8　家用制冷机示意图

1985年2月英国南极考察队队长发曼（J.Farman）首次报道，从1977年起就发现南极洲上空的臭氧总量在每年9月下旬开始迅速减少一半左右，形成"臭氧洞"持续到11月逐渐恢复，引起世界性的震惊。消耗臭氧的化合物，除了用于雪种，还被用于气溶胶推进剂、发泡剂、电子器件生产过程中的清洗剂。长寿命的含溴化合物，如哈龙（Haion）灭火剂，也对臭氧的消耗起很大作用。为保护环境，现已逐步禁用对臭氧层有破坏作用的氟利昂，而用不含氯的氟代烷共沸混合制冷剂。

3. 热泵

获得并维持高温的装置或设备，称为热泵。其原理与制冷机相同，以消耗一部分高品位能源（机械能、电能或高温热能）为补偿，利用逆循环使热能从低温热源向高温热源传递。与制冷机不同的是此时低温热源是周围的介质，高温热源是维持高温的环境。简单地说就是将制冷机的冷凝器部分放置到室内（高温热源），而蒸发器放到室外（低温热源），便可利用逆循环吸收室外热量给房间供暖，即是热泵了。

生活中用到的冷热空调，既是制冷机，又是热泵。在夏季空调降温时，按制冷工作运行，由压缩机排出的高压蒸汽，经换向阀（又称四通阀）进入冷凝器；在冬季取暖时，先将换向阀转向热泵工作位置，于是由压缩机排出的高压制冷剂蒸汽，经换向阀后流入室内蒸发器（作冷凝器用），制冷剂蒸汽冷凝时放出的热量，将室内空气加热，达到室内取暖目的，冷凝后的液态制冷剂，从反向流过节流装置进入冷凝器（作蒸发器用），吸收外界热量而蒸发，蒸发后的蒸汽经过换向阀后被压缩机吸入，完成制热循环。这样，将外界空气（或循环水）中的热量"泵"入温度较高的室内，故称为"热泵"。

热泵的供热能力用供热系数描述，记为

$$e = \frac{|Q_{吸}|}{W} = \frac{|Q_{放}|+W}{W} = \kappa + 1 \tag{4.4-16}$$

κ 为同一台装置的制冷系数。可见同一台装置作热泵时供热系数比作为制冷机时的制冷系数大1。

思考与练习

4.4-1 某种理想气体系统经历如图 4.4-9 所示过程，则有：

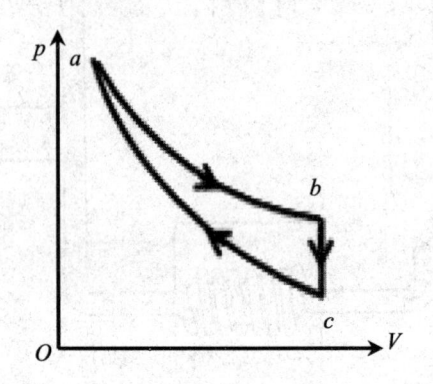

图 4.4-9　题 4.4-1 图

过程	Q/J	W/J	ΔE/J
ab 等温过程		125	
bc 等体过程			-80
ca 绝热过程			

4.4-2 循环过程的 p-V 图是＿＿＿，循环过程内能增量为＿＿＿，对外做功为＿＿＿；正循环对外做功＿＿＿，逆循环的功为＿＿＿（填"正"或"负"）。

4.4-3 热机是系统做＿＿＿＿＿＿循环，制冷机系统做＿＿＿＿＿＿循环。

4.4-4 热机循环的效率为 25%，经过一循环过程总共吸收 800J 的热量，它所做的净功为＿＿＿＿J，放出的热量为＿＿＿＿J。

4.4-5 制冷系数为 6 的一台电冰箱，若从储藏食物中吸取 10 000J 的热量，电冰箱电动机必须做＿＿＿＿＿＿的功。

4.4-6 有 1 mol 的单原子理想气体，如果变化的过程如图 4.4-10 所示，求：（1）循环过程的净功；（2）循环效率。

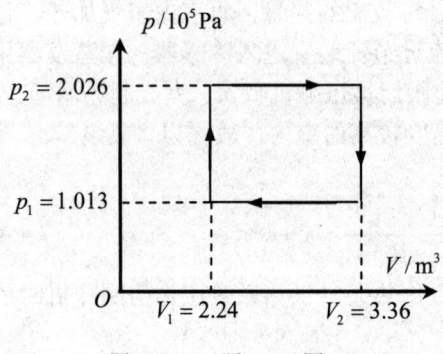

图 4.4-10　题 4.4-6 图

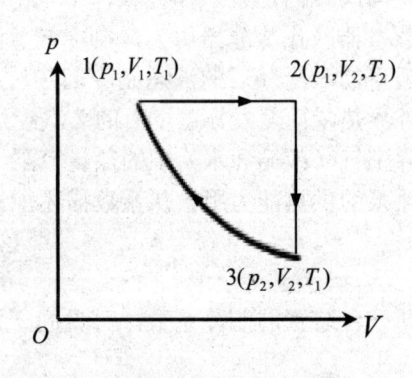

图 4.4-11　题 4.4-7 图

4.4-7 已知一理想气体系统有 2.5 mol 某种单原子分子，经如图 4.4-11 所示的循环过程，且已知 $p_1 = 3.0 \times 10^5 \text{pa}$，$V_1 = 2.0 \times 10^{-2} \text{m}^3$，$V_2 = 3.0 \times 10^{-2} \text{m}^3$，12、23、31 过程分别是等压、等体和等温过程。求：（1）各过程中的 Q、A 和 ΔE；（2）循环效率 η。

4.5 热力学第二定律

4.5.1 热力学第二定律表述

1. 热力学第二定律的开尔文表述

由热力学第一定律知道，效率高于100%的永动机，是不可能制造成功的。而 $\eta = 100\%$ 的热机并不违背热力学第一定律，有可能吗？

由式（4.4-6）可知，减小 Q_2，既可提高热机的效率，又可减少或避免热污染，那么可不可以使 $Q_2 = 0$，使热机的效率为 $\eta = 100\%$ 呢？也就是说是否能制成一种热机，它从一个高温热源吸收的热量，将全部变为功，而不必放出热量到低温热源中去呢？然而，所有尝试都失败了。这就意味着，这里存在着一个新的客观规律。

热力学第二定律就是以上事实的总结，开尔文将热力学第二定律表述为：**不可能制造这样的循环热机，它从单一热源吸收热量并把它全部用来做功，而不引起其他变化。**

表述中的"其他变化"，是指除单一热源放热和对外界做功以外的任何变化。也就是说，并非热不能完全转变为功，而是在不引起其他变化的条件下热不能完全变为功。即功转化为热是不可逆的过程。例如，理想气体从单一热源吸热做等温膨胀时，气体只从一个热源吸热，把它全部变为功而不放热，但是这一过程中却引起了气体体积膨胀，不能自动地缩回去。

人们把这种从单一热源吸收热量，并使之完全变为有用功而不产生其他变化的热机，称为第二类永动机。如果能制成第二类永动机将是人类的福音。该热机从海水中吸热而做功，海水温度只要稍微降低一点，对人类而言都将是巨大的能源。但是遗憾的是自然界的规律使我们永远无法制成这种热机。热力学第二定律发现后，人们知道，第二类永动机只是一种幻想而已。**所以热力学第二定律亦可表述为：效率 $\eta = 100\%$ 的循环热机（第二类永动机）不可制造。**

2. 热力学第二定律的克劳修斯表述

克劳修斯在观察自然现象时发现，热量在传递时也有一种特殊规律，他把这一规律表述为：**热量不可能从低温物体传向高温物体而不引起其他变化。** 这里的"其他变化"是指除高温物体吸热和低温物体放热的任何变化。如果允许引起其他变化，热量从低温物体传入高温物体也是可能的。或表述为：**热量只能自发地从高温物体传到低温物体，而不可能自发地从低温物体传到高温物体。** 所谓自发是指在没有外界影响下进行的过程。例如，通过制冷机，热量可以从低温物体传到高温物体，但这不是热量自动传递的，需要外界对系统做功。即**热量自发传递不是可逆的，而是有方向的。**

从理论上可以证明，克劳修斯表述与开尔文表述是可以互相证明的，即其本质是相通的，且是等价的，如果克劳修斯表述不成立，则开尔文表述也将不能成立。克劳修斯表述与开尔文表述都是热力学第二定律的两个不同的表述方式。

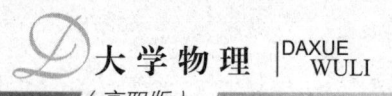

4.5.2 热力学第二定律的本质

热力学第一定律说明任何过程中能量必须守恒，对过程进行的方向并没有给出任何限制，热力学第二定律却说明并非所有能量守恒的过程均能实现。

热力学第二定律指出：自然界中自发过程是有方向性的，某些方向的过程可以实现，而另一些方向的过程则不可能实现。

1. 自发过程的方向性

热力学第二定律的开尔文表述阐述了热功转换方向的自然规律。机械能可全部转化为内能，如摩擦生热，机械能全部转化为热，而不引起其他变化。相反的过程却不可能出现。因为第二定律的开尔文表述告诉我们，在不产生其他影响的条件下，热（内能）不能全部转化为功。又比如转动着的机轮撤除了动力后，由于轴与轮的摩擦而逐渐停下来，在这一过程中机轮的机械能全部转化为轴和轮及环境的内能。相反的过程，即轴与轮自动冷却（其内能降低）转化为机轮的机械能，而使机轮自动地转起来，则是不可想象。这说明自然界的热功转化具有方向性。

热力学第二定律的克劳修斯表述说明了，热传递的自发方向是从高温物体向低温物体，而不可能自发地从低温物体传递到高温物体。正如把冰放在温水里，则水温逐渐降低，冰块逐渐融化，不会出现冰块自发地越长越大，而水温越来越高的情况。可见热自发传递也是有方向的，即热运动的转移也是有方向的。

热力学第二定律说明功可全部转化为热，热不可能自发全部转化为功；热量自发的从高温物体传递到低温物体。除此之外气体能自发膨胀，而不可自发压缩；扩散是自发的，聚集不是自发的等等，无数自然界的实际过程说明，一切与热现象有关的实际宏观过程只能自发地向着一个方向进行，都是不可逆的。

2. 热力学第二定律的本质解释

热力学第二定律指出，一切与热现象有关的实际宏观过程都是不可逆的。由于热现象是大量分子无规则热运动的宏观表现，而大量分子无规则热运动遵循着统计规律。因此可以从统计意义理解不可逆过程，从而认识热力学第二定律的本质。

让两个盛有不同气体的容器开口接合，它们将自发地混合起来。开始时，两种气体各处一方显得井然有序（小概率事件），最终两者搅和在一起，其无序程度（大概率事件）增加。可见，**自发过程总是向无序程度高（概率大）的方向进行**。为便于理解，用一个简单的事例来说明，无序性与概率大小间的关系。假设有 N 粒小豆，黄绿各半，分开放在一个盘子的两半边（有序程度高）。如果把盘子摇几下，黄绿两种小豆必然要混合（无序程度高）。再多摇几下，黄绿仍然是混合的，会不会分开来呢？不能说不可能，但是机会极少（概率小）。摇几千次或上万次，不一定会碰上一次。数目愈大，分开的机会就愈小。

气体可自由膨胀，但不能自动的收缩。从宏观上说，气体自由膨胀是一个不可逆的过程。从微观上来看，不可逆过程是这样的过程，与此过程相反的过程，其发生的概率极小。这相反的过程从原则上说并非不可能发生，但因概率太小，实际上观察不到的。从上分析表明，在一个与外界隔绝的封闭系统内，所发生的过程总是由**概率小的宏观状态**向**概率大的宏观状态进行**。

对于热传递来说，由于高温物体分子的平均动能大，因此，在它们的相互作用中，能量从高温物体传到低温物体的概率也就大，对于热功转换来说，功转变为热的过程是表示在外力作用下宏观物体有规则的定向运动（有序程度高）转变为分子的无规则热运动（无序程度），这种转变的概率大；而热转变为功则是分子的无规则热运动（无序）转变为宏观物体的有规则运动（有序程度高），这种自发转变的概率极小。

3. 熵概念

为描述热力学系统状态分子运动的无序程度，引入状态参量**熵**。系统某一状态熵越大，分子运动无序程度越大（出现的概率越高）。有了熵的概念，热力学第二定律可简洁表述为：<u>一个孤立系统的自发过程总是向熵增加的方向进行</u>。

由此可见，热力学第二定律是关于自然过程进行的方向的规律，它决定了热力学过程是否发生，或沿什么方向自动发生。它指出一切与热现象有关的实际宏观过程都是不可逆的，自然界的一切过程是有方向性的。由此定律知道，每经历一个实际过程，总有一部分能量无可挽回地失去其可用性。

与自然自发过程相反，人类社会却是由无序向越来越有序方向发展，即熵减少（可用能量增大）方向发展，因为人或社会都是一个开放系统，其不断吸收能量，从而促进物质财富的增长及人类社会文明的发展。

4. 熵增与能量退化

能量的使用价值在于它能转化，并在转化过程中，以做功、供热等方式可为人类所用。能量的可用性与其可转化性是一致的，不能转化的能量没有使用价值。热力学第二定律指出，机械能可以全部转化为内能，而内能却不能全部转化为机械能，那不能转化的能量不再具有可用价值，它变成了无用的能量。内能的转化性不如机械能，因而其可用程度低于机械能。机械能转化为内能后，能量的可用度就降低了，可用程度的降低标志着**能量的品质变坏或说能量退化**。因此从热力学第一定律来看，自然界能量不会减少，从热力学第二定律来看，随着实际过程的进行，能量总在退化，其可用程度（做功能力、供热能力）总在不断降低。

熵与能都是状态函数，两者关系密切，而意义完全不同。"能"这一概念是从量度运动的转化能力。能愈大，运动转化的能力愈大；熵却相反，即量度运动不能转化的能力，熵愈大，系统的能量将有越来越多的部分不再可供利用。所以熵表示系统内部能量的"退化"或贬值，或者说**熵是能量不可用程度的量度**。

热力学第二定律说明，**能量不仅有形式上的不同，而且还有质的差别**。机械能和电磁能是可以被全部利用的有序能量，而内能则是不能全部转化的无序能量。无序能量的可利用部分要视系统与环境的温差而定，其百分比的上限是 $(T_1-T_2)/T_1$。由此可见，无序能量总有一部分被转移到环境中去，而无法全部用来做功。当一个高温物体与一个低温物体相接触，期间发生热量的传递，这时系统的总能量没有变化，但熵增加了。这部分热量传给低温物体后，成为低温物体的内能。要利用低温物体的内能做功，必须使用热机和另一个温度比它更低的冷源。但因低温物体和冷源的温差要比高温物体和同一冷源的温差小,所以内能转变为功的可能性,由于热量的传递而降低了。熵增加意味着系统能量中成为不能用能量的部分在增大,所以叫作能量的退化。

5. 熵与热寂

伴随着热力学第二定律的确立,"热寂"说几乎一直在困扰着19世纪的一些物理学家,他们把热力学第二定律推广到整个宇宙,认为宇宙的熵将趋于极大,因此一切宏观的变化都将停止,全宇宙将进入"一个死寂的永恒状态";宇宙的能量总值虽然没有变化,但都成为不可用能量,使人无法利用。而最令人不可理解的是宇宙并没有达到热寂状态。有人认为热寂说把热力学第二定律推广到整个宇宙是不对的,因为宇宙是无限的,不是封闭的。1922年苏联物理学者弗里德曼在爱因斯坦引力场方程的理论研究中,找到一个临界密度,如果现在宇宙的平均密度小于这个临界密度,则宇宙是开放的,无限的,会一直膨胀下去,否则,膨胀到一定时刻将转为收缩。1929年,美国天文学家哈勃的天文研究表明,星系愈远,光谱线的红移愈大。该现象可用星系的退行运动引起的多普勒效应来解释。据此,人们会很自然地得出宇宙在膨胀的推论。对于一个膨胀着的系统,每一瞬时熵可能达到的极大值是与时俱增的。当膨胀得足够快时,系统不能每时每刻跟上进程以达到新的平衡,实际上熵值的增长将落后于能的增长,二者的差距愈拉愈远,正如现实中的宇宙充满了由无序向有序的发展与变化,呈现在我们面前的是一个丰富多彩、千差万别、生气勃勃的世界。

6. 熵概念的扩展

目前熵概念已超出了物理学范畴,在信息论、控制论、生物学、哲学、经济学等学科都得到了普遍的应用。

例如,信息作用在于消除事物的不确定性,一个信息所包含量的大小可用其消除不确定性的多少来衡量。例如某人在一副扑克牌中取出一张,要我们去猜他手中拿的是什么牌,这时有52种可能的结果,具有很大的不确定性。如果获得信息,这张牌的花色是黑桃,那这张牌只有13种可能性,其不确定性便减少了;如果获得信息,这张牌是"10",那便只有4种可能,其不确定性更小。这两种信息使事物的不确定性减少程度不同。

获得信息的目的在于减少不确定性,信息的质量越高,其消除的不确定性越大。获取信息的过程是一种从无序向有序转化的过程,因而人们把熵的概念延伸过来,用信息熵来描述事物的不确定程度。信息熵越小,事物的不确定性越小。事物完全确定,信息熵量最小,定义为零。由于信息的获得意味着事物不确定性的减小,于是可以用接收某一信息后事件的信息熵的减小值来描述这个信息量的多少。

又例如,在生物学中,生物的进化方向是由简单到复杂,从低级到高级,即朝有序程度增加的方向发展。这与自发过程朝无序程度增加的方向发展,岂非矛盾?其实,并非矛盾,因为生物是一个与外界不断交换物质的开放系统。20世纪70年代发展起来的耗散结构理论指出,一个远离平衡态的开放系统,在外界条件变化达到某一特定阈值时,系统通过不断与外界交换物质与能量,就可能从原来的无序状态转变为一种有序状态。这种非平衡态下的新的稳定的有序结构就称耗散结构。有生命的物质形态,如生物大分子、细胞、组织、器官、个体、群体以至整个生物界,都是远离平衡态的耗散结构,它们通过与周围环境进行物质和能量交换，通过新陈代谢，使系统的熵减小，从无序转向有序。

如果将生物与环境一起考察，整个熵还是按照热力学第二定律不断增大的。生物不断从外界吸收营养、排出废物，就是吸收有序的低熵大分子物质如蛋白质、淀粉等，而排出无序的低熵小分子物质，从而使生物体的熵减小。人们把这种情况说成系统从外界获得负熵。这样，生物便能处于协调的有序状态，从而维持生命。

思考与练习

4.5-1 热力学第二定律的开尔文表述为_____；热力学第二定律的克劳修斯表述为_____。

4.5-2 热机的循环效率必定_____，这是因为_____。

4.5-3 熵的微观意义是分子运动的_____和能量_____的量度。熵越大，则系统的_____高，而_____低。因此热力学第二定律的微观实质还可以表述为：在孤立系统内自发的过程总是沿着熵_____的方向进行的。

4.5-4 下列论述正确的是（ ）。
A. 实际过程不可能实现使热量从低温处向高温处传递
B. 任何过程不可能实现系统从外界吸收热量全部变为对外做功
C. 系统的熵越大，其能量的可用程度越低
D. 热机循环效率超过 100%，违背热力学第一定律，因而是不可能的；但效率等于100%，则不违背热力学第一定律，从理论上说是可能的

4.5-5 一条等温线与一条绝热线能否相交两次，为什么？

4.5-6 二条绝热线与一条等温线能否构成一个循环，为什么？

4.6 热传递

物体间或系统间热转移的现象无处不在。如果两个温度不同的物体相互接触，就会发生热量从一个物体转移到另一个物体，冷暖气体间会出现气流，从而产生热量从一处转移到另一处；物体间的辐射与吸收，也实现了热量的转移。这些热的转移，称为热传递。

在工程技术中，与传热相关的技术应用比比皆是。锅炉、汽轮机、高低温加热器的运动，冷凝器、加工工件的冷却，建筑物的采暖通风，航天器重返大气层时壁面的热防护，甚至服装材料的选用，都会遇到传热问题。

热传递的途径与方式是多样的，但从传递热方式的本质看，只有三种基本的形式：传导、对流和辐射。

4.6.1 热传导

手持金属棒的一端，把另一端放在火焰上，手持的一端并未直接与火焰接触，能感觉越来越热。这种物体内部或直接接触的物体之间，通过分子、原子、电子等粒子之间的相互作用来实现的热传递过程称为热传导。气体、液体和固体均可进行热传导。

热传导的多少与快慢，决定于物体间或物体内两部分间的温度差、接触的面积、材质及时间等因素。

1. 温度梯度

温度不均匀是产生热传递的原因。温度的不均匀可用温度梯度来描述，它表示在温度变化量显著的方向上，温度随空间位置变化的快慢。设温度沿 x 方向变化最快，若靠得很近的两点 x_1、x_2 处的温度分别为 T_1、T_2，则该处温度梯度为

$$\frac{\Delta T}{\Delta x} = \frac{T_2 - T_1}{x_2 - x_1} \tag{4.6-1}$$

2. 傅里叶导热定律

实验指出，在稳态（系统各处的温度不随时间变化）情况下，在时间 t 内，通过垂直于热量传递方向（x 轴）的小面积 S 上传递的热量 Q，与温度梯度 $\Delta T/\Delta x$、截面面积 S 和时间 t 成正比。这一结论是热传导的基本规律，称为傅里叶导热定律。其数学表达式为

$$Q = -\lambda \frac{\Delta T}{\Delta x} St \tag{4.6-2}$$

负号表示热量向温度降低的方向传递。λ 为传热系数，称为热导率，它是表示材质导热能力的物理量，它与物体的性质、形态有关，单位为 $W \cdot m^{-1} \cdot K^{-1}$。

表 4.6-1 给出一些物质的热导率，由表中数据可见，一般而言，非金属材料的热导率小于金属材料的热导率，液体的热导率小于固体的热导率，气体的热导率更小。

表 4.6-1 一些物质的热导率

物质	温度/℃	热导率/ $W \cdot m^{-1} \cdot K^{-1}$
空气	27	0.02624
	127	0.03365
	327	0.04659
发动机油（未用过的）	0	0.147
	100	0.137
水（饱和的）	0	0.552
	100	0.680
石棉	300	0.54
	0	0.151
	200	0.208
干砖	20	0.38～0.52

（续表）

物质	温度/℃	热导率/$W \cdot m^{-1} \cdot K^{-1}$
碳钢（C 约占 0.5%）	0	55
	100	52
	300	45
纯铝	0	202
	100	206
	300	228
银（99.9%）	0	410

热导率 $< 0.6 W \cdot m^{-1} \cdot K^{-1}$ 的材料通常称为绝热材料。由表中数据可知，空气的热导率为 $0.024 W \cdot m^{-1} \cdot K^{-1}$，但空气易对流，而且空气对流传热效率明显优于液体，因此空气并不是绝热材料。玻璃的热导率为 $0.8 W \cdot m^{-1} \cdot K^{-1}$，但做成玻璃纤维后其传导率降为 $0.04 W \cdot m^{-1} \cdot K^{-1}$，成为绝热材料。原因是玻璃纤维有很多小空隙，把空气限制在一个个小空隙内，空气将很难发生对流，其绝热效果提高，泡沫聚苯乙烯就是这样的一种多空绝热材料。

由于热传导主要在于物体内微观粒子的热运动直接传递，而热运动的剧烈程度跟温度有关，因而物体的热导率与温度有关，只在热导率随温度变化不显著时，才把它当作常量。

3．热流

人们习惯把内能的转移说成热量的传递，为了讨论方便，可以形象地把它描述为"热量的流动"，把单位时间通过某截面的热量，称为热流 Φ，即

$$\Phi = \frac{Q}{t} \tag{4.6-3}$$

若定义热阻 R 为

$$R = \frac{1}{\lambda} \frac{\Delta x}{S} \tag{4.6-4}$$

则傅里叶热导定律可表示为

$$\Phi = \frac{\Delta T}{R} \tag{4.6-5}$$

ΔT 为温差，即温度的降低。式（4.6-5）与电学中的欧姆定律 $I = \Delta V / R$ 比较，热流 Φ 与电流强度 I 相当，温差 ΔT 与电势差 ΔV 相对，热阻与电阻相对，其规律相同。

4．热流密度

通过与热量传递方向垂直的单位面积上的热流称为热流密度 q，它描述了热传递的强度，其值为

$$q = \frac{\Phi}{S} = -\lambda \frac{\Delta T}{\Delta x} \tag{4.6-6}$$

在工程技术中，为减小热交换设备的尺寸，一般要求热流密度大；但在要求防止热

量散失或保持低温的场合,则要求热流密度小。比起热流量,热流密度更便于测量,实用性也更强。

例 4.6-1(通过加热室壁的热流和热流密度) 小型加热壁,高 0.6m,长 1.0m,厚 0.05m,已知内壁温度 $t_1 = 260\ ℃$,外壁温度 $t_2 = 40\ ℃$,室壁材料的热导率为 $\lambda = 0.18\mathrm{W/(m \cdot K)}$,试计算达到稳态时,通过室壁的热流 Φ 和热流密度 q。

解:由傅里叶定律得热流为

$$\Phi = \frac{Q}{t} = -\lambda \frac{\Delta T}{\Delta x} S = -0.18 \times \frac{40-260}{0.05} \times 0.6 \times 1 = 4.8 \times 10^2\ \mathrm{W}$$

热流密度为

$$q = \frac{\Phi}{S} = \frac{4.8 \times 10^2}{0.6 \times 1} = 8.0 \times 10^2\ \mathrm{W \cdot m^{-2}}$$

4.6.2 对流

1. 对流

温度不同的各部分流体之间发生宏观相对运动而引起的热量传递过程,称为**热对流**,简称**对流**。由于微观粒子的热运动总是存在的,所以一般热对流的同时必定伴随着热传递。

由于流体的密度差而引起的对流称为**自然对流**。由外界作用迫使流体运动而引起的对流称为**强制对流**。如冷空气自动流向热的地方形成风,即是自然对流;人为的用风扇吹动空气形成风,即为强制对流。

工程上常用流动着的流体与固体壁面接触,达到热量交换的目的,这种热传递过程称为**对流换热**。如热水散热器室内供暖,室内与散热器接触的低温空气受热膨胀,密度减小而上升,附近的冷空气补充过来而被加热,结果使室内空气温度上升(自然对流换热);在机床设备中采用循环泵强制切削油与温度较高的切削件表面接触,以达到降温的目的(强制对流换热)。这两种均是没有物态变化的对流换热。

对流换热还有一类是物态变化的对流换热,如夏天人体汗液蒸发时,温度较高的水汽被风吹走,令人感到凉爽。

2. 影响对流传热的因素

影响对流传热的因素主要有以下几方面。

(1)流体有无相变:流体在传热过程中无相变,换热由流体显热的变化而实现,则传热能力较小;若流体在传热过程中同时有相变(液与气,液与固间的变化),流体潜热的释放或吸收常起主要作用,则传热能力会较大。

(2)流体流动的原因:流体流动是由外部动力源引起,即强制对流,则传热能力较大;而流体流动由内部的密度差引起,即自然对流,则传热能力较小。

(3)流体的流动状态不同:若流体流动状态是层流,即流体微团沿主流方向做有规则的分层流动,则传热能力较小;若流体流动状态是湍流,即流体各部分间发生强烈混合,则传热能力较大。

(4)流体的物理性质:流体的密度、黏度、导热系数、比热容等均影响流速的分布及热的传递,从而影响换热能力。

（5）换热面的几何因素：换热面的面积、形状、几何布置等状态都会影响对流传热的能力。

3. 牛顿冷却定律

对流换热是一个极复杂的热交换过程，实验表明，对各种不同的对流换热，热流 Φ 与物体表面温度 T_1 和流体温度 T_2 之差 $T_1 - T_2$，以及物体表面 S 成正比。这一结论称为牛顿冷却定律，其表达式为

$$\Phi = \alpha(T_1 - T_2)S \tag{4.6-7}$$

α 称为**对流传热系数**，工程上称**换热系数**或**放热系数**，单位为 $W \cdot m^{-2} \cdot K^{-1}$。

牛顿冷却定律将所有影响对流换热的因素全部集中到系数 α 中，这样解决对流换热的问题也就归结为对流传热系数的确定。α 不是常量，而与很多因素有关，如流体运动状态、受热物体的大小、几何形状及相对位置、流体的密度、粘度、比热、热导率、体胀系数等有关，因此 α 是很多物理量的函数。通常先用实验测定不同情况下的 α 值制成图表，使用者可根据这些图表查得适用的对流传热系数。表 4.6-2 对几种常见的对流换热情况给出了 α 值的大致范围。

表 4.6-2　几种对流换热系数的大致范围

换热情况	$\alpha/W \cdot m^{-2} \cdot K^{-1}$
空气自然对流	2～10
气体强制对流	5～300
水强制对流	100～1800
水沸腾	2500～25 000
水蒸气膜状凝结	3000～15 000

有时也通过某一类情况归纳出经验公式，如表 4.6-3 所示。

表 4.6-3　1.01×10^5 Pa 下空气自然对流的对流换热系数

设备	$\alpha/W \cdot m^{-2} \cdot K^{-1}$
水平板，面向上	$2.49 \times (\Delta T)^{1/4}$
水平板，面向下	$1.31 \times (\Delta T)^{1/4}$
竖直板	$1.71 \times (\Delta T)^{1/4}$
水平或竖直管（直径为 D）	$4.18 \times \left(\dfrac{\Delta T}{D \times 10^2}\right)^{1/4}$

4.6.3　热辐射

1. 热辐射

辐射是物体中微观粒子受到激发后以电磁波的方式释放能量的现象，辐射能是电磁波所携带的能量。任何物体，只要温度高于绝对零度，就会不停地以电磁波的形式向外界辐射能，同时不断吸收来自其他物体的辐射能。当物体向外界辐射的能量与其从外界

吸收的能量不相等，该物体与外界就产生热量的传递，这种传递方式称为**热辐射**。

与热传导和对流不同，**辐射传热不需要任何中间介质，在真空中也可以进行**。太阳通过辐射将热量传到地面，太阳能的利用正是这种辐射能的利用。工业上有很多辐射传热设备，红外线干燥器、高温工业窑炉都是辐射传热应用的例子。此外热辐射的规律在科学研究和工程技术上也有着广泛的应用。

对于给定物体而言，在单位时间内辐射能量的多少，以及**辐射能量按波长的分布情况都决定于物体的温度**。太阳辐射的主要能量集中在 0.2～2μm 的波长范围，其中可见光区段占了很大比重。当辐射体的温度低于 2000 K 时，主要辐射能量的波长在 0.38～100μm 之间，而且大部分能量位于 0.76～20μm 的范围，即辐射主要成分是红外辐射（频率小于红光的辐射）。

因红外辐射的波长较长，所以对大气有较好的穿透能力，这一特点得到广泛的应用。红外检测器根据红外辐射与物质相互作用时表现出来的各种物理效应，将红外辐射强度转换为便于测量的电学量。红外检测应用在很多方面，如高压大电流导线、正在旋转的机器和远距离等这样一些待测物体难以接近的场合，可用红外检测测物体的温度。又如红外加热、红外干燥与其他方式相比的优点在于：加热时间短；能在很短时间内达到规定的温度；能按规定的程序控制加热的对象等等。

2. 黑体

物体在任何温度下，不但能热辐射，同时也会吸收其他物体的热辐射。一个**物体的辐射能力与其吸收能力是一致的**，即良好的辐射体，一定也是良好的吸收体。

<u>在任何温度下，都能够全部吸收投射在它上面的所有辐射能量的物体称为**黑体**</u>。一密闭空腔上的小孔就是一个非常接近黑体的模型。经小孔入射的辐射能在空腔内壁多次反射，每次反射都被吸收一部分，多次反射后能量所剩无几，况且也很少有机会从小孔射出。实验表明：黑体辐射的情况只与黑体的温度有关，而与组成黑体的材料无关，因而它是研究热辐射性质的一种理想模型。

3. 黑体的辐射规律——斯特藩-玻耳兹曼定律

为描述辐射体的辐射能量，引入辐出度。单位时间内从辐射体表面单位面积上所发射的总辐射能叫**辐出度 E**（即辐射电磁波的能流密度），其单位为 $W \cdot m^{-2}$。辐射体的辐出度与表面温度、物质类型和表面状况有关。工程上将辐出度又称**辐射功率**。

实验指出，黑体的辐出度 E_b 与热力学温度 T 的四次方成正比，这一规律称斯特藩-玻耳兹曼定律，其表达式为

$$E_b = \sigma T^4 \tag{4.6-8}$$

式中，$\sigma = 5.67 \times 10^8 \, W \cdot m^{-2} \cdot K^{-4}$ 称为斯特藩常量，也称为黑体辐射常数。

在辐射问题中，辐射传热就是指物体之间相互辐射和吸收的总效果，即传递的净热量是表面所发射的辐射能与其吸收其他辐射源的辐射能之差。如果物体温度高于环境温度，则辐射的能量比吸收的多，单位时间从辐射体表面净散失的热流和物体温度 T 与环境温度 T_s 的四次方的差成正比，若物体表面积为 S，则净散失热流为

$$\Phi = \sigma(T^4 - T_s^4)S \tag{4.6-9}$$

人体向外辐射的是红外线，皮肤对红外线的吸收率为 $a = 0.98$，近似认为是 1，即将

人视为黑体，当人赤身裸体，仅考虑辐射散热，其热量散失功率可作如下估算，作为一个近似模型，可认为人是在一个很大空腔内，空腔（即环境）的温度为 $T_s = 20℃$，人的体表温度为 $T = 33℃$，人的表面积为 $S = 1.7 m^2$。则人体辐射散热的功率为

$$\Phi = \sigma S(T^4 - T_s^4) = 5.67 \times 10^{-8} \times 1.7 \times [(273+33)^4 - (273+20)^4] = 135 W$$

人每天从食物中摄取的热量，设为 $2500 \times 4.18 kJ$，由此算得，平均摄热功率为 $121W$，而人的基础代谢（即人在不做任何活动，只维持人的正常生命所需的热功率）为 $81W$。由此可见，在 $20℃$ 的环境下不穿衣服，其辐射热损失就十分可观，这还没考虑对流换热及蒸发散热的热损失，可见低温环境下减少人体的辐射传热是十分重要的。但穿了衣服后，相当于在体外增加了多道防辐射屏，这样可以明显减少辐射传热。实验指出，在皮肤干燥且未穿衣服时，其辐射散热约为总散热的一半，但在运动时或天气炎热时，人体以蒸发散热为主。

4. *普朗克定律与维恩位移定律

黑体的光谱辐出度 E_λ 与热力学温度 T、波长 λ 之间的函数关系为

$$E_{b\lambda} = \frac{C_1 \lambda^{-5}}{e^{C_2/(\lambda T)} - 1} \qquad (4.6\text{-}10)$$

称之为普朗克定律，其中 $C_1 = 3.7419 \times 10^{-16} W \cdot m^2$ 称为普朗克第一常数；$C_2 = 1.4388 \times 10^{-2} m \cdot K$ 称为普朗克第二常数。

由此规律可得出不同温度下黑体的光谱辐射度随波长及温度变化的规律如图 4.6-1 所示。由图可以看出：（1）温度愈高，同一波长下的光谱辐射度愈大；（2）一定温度下，黑体的光谱辐射度随波长连续变化，并在某一波长下具有最大值（峰值），其对应的波长称为峰值波长 λ_m，该波长随温度的升高而变小。

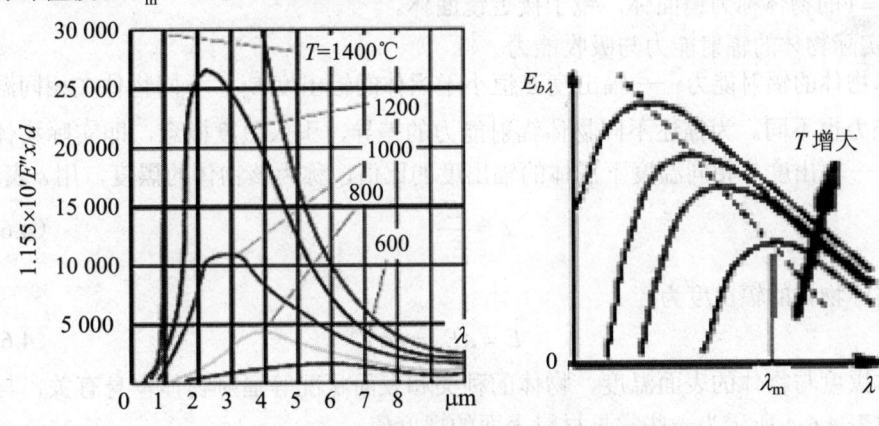

图 4.6-1 黑体辐出度随波长及温度的变化规律

最大辐出度对应的 λ_m 与温度 T 的关系经实验确定为

$$\lambda_m T = b \qquad (4.6\text{-}11)$$

其中，$b = 2.897 \times 10^{-3} m \cdot K$。这一结果称为维恩位移定律。

普朗克定律与维恩定律反映出热辐射的功率随着温度的升高而迅速增加，而且热辐射峰值波长，随着温度升高向短波方向移动。这就很好地解释了，低温度的火炉所发出

的辐射能较多分布在波长较长的红光中,而高温度的白炽灯发出的辐射能则较多地分布在波长较短的蓝光中。

5. 物体表面对热辐射的作用

当热辐射投射到物体表面上时,与光一样会发生吸收、反射和穿透,如图 4.6-2 所示,根据能量守恒,入射 Q 与吸收 Q_a、反射 Q_r 和穿透 Q_d 的关系为

$$Q = Q_a + Q_r + Q_d \tag{4.6-12}$$

吸收热量 Q_a、反射热量 Q_r 和穿透热量 Q_d 与入射热量 Q 的比分别称为物体对投入辐射的**吸收率** a、**反射率** r 和**穿透率** d。

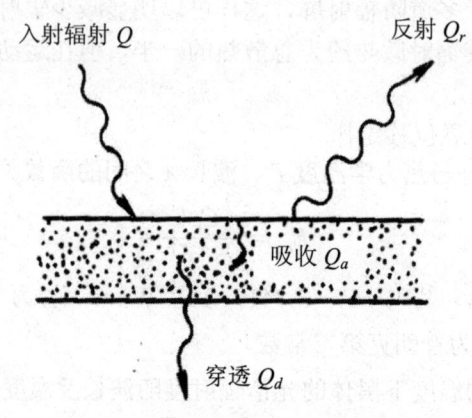

图 4.6-2 物体表面对热辐射作用示意图

吸收率 $a=1$ 的物体称为**绝对黑体**。穿透率 $d=1$ 的物体称为**热透体**,气体接近热透体。反射率 $r=1$ 的物体称为镜面体,镜子接近镜面体。

6. 实际物体的辐射能力与吸收能力

实际物体的辐射能力——辐出度 E 恒小于黑体的辐出度 E_b。不同物体在相同温度下的辐射能力也不同。为描述不同物体辐射能力的差异,引入黑度概念,即实际物体的辐射能力——辐出度与相同温度下黑体的辐出度的比值,称为该物体的**黑度**,用 ε 表示。

$$\varepsilon = \frac{E}{E_b} \tag{4.6-13}$$

则实际物体的辐出度为

$$E = \varepsilon E_b = \varepsilon \sigma T^4 \tag{4.6-14}$$

物体黑度与物体的表面温度、物体的种类和表面状况等辐射物体本身有关,与外界无关。如表 4.6-4 所示为一些常见材料表面的黑度值。

黑体将投在其上的辐射能全部吸收。实际物体则不同,实际物体对不同波长的辐射能呈现出一定的选择性,即对不同波长的辐射能吸收程度不同。

对于波长在 0.76~20μm 的辐射能,大多数材料的吸收率随波长的变化不大。把实际物体当作对各种波长辐射能均能同样吸收的理想物体,这种理想物体称为灰体。克希荷夫定律认为,同一灰体的吸收能力与辐射能力是相同的,即吸收率等于黑度。对于太阳光,物体对可见光呈现强烈选择性,即对不同波长的光吸收率不同。

表 4.6-4　常见材料表面的黑度值

材料	温度/℃	黑度 ε
红砖	20	0.93
耐火砖	—	0.8~0.9
钢板（氧化的）	200~600	0.8
钢板（磨光的）	940~1100	0.55~0.61
铸铁（氧化的）	200~600	0.64~0.78
铝（氧化的）	200~600	0.11~0.19
铝（磨光的）	225~575	0.039~0.057

思考与练习

4.6-1　气温下降时，保暖性好的衣服穿在里面好，还是穿在外面好？

4.6-2　热导率 $<0.6\mathrm{W\cdot m^{-1}\cdot K^{-1}}$ 的材料通常称为绝热材料。常温下空气的热导率为 $0.024\mathrm{W\cdot m^{-1}\cdot K^{-1}}$，那么空气是绝热材料吗？

4.6-3　影响对流传热的因素有哪些？

4.6-4　实际物体表面的发射率和吸收率主要受哪些因素影响？

4.6-5　试从热辐射观点分析，用电炉来烘烤某一工件，把工件放在电炉的正上方热得快还是放在电炉的边沿热得快？为什么？

4.6-6　应用维恩定律解释金属加热过程的颜色变化。

4.6-7　热传递的方式有＿＿＿＿、＿＿＿＿、＿＿＿＿。

4.6-8　一般来说，非金属材料的热导率＿＿＿＿金属材料的热导率，流体的热导率＿＿＿＿固体的热导率，气体的热导率＿＿＿＿。

4.6-9　一般，材料的热导率与＿＿＿＿和＿＿＿＿有关。

4.6-10　对流换热的牛顿冷却公式＿＿＿＿。

4.6-11　黑体是＿＿＿＿。黑体吸收热辐射和辐射热的能力是＿＿＿＿，所以黑体也是最好的辐射体。

4.6-12　物体之间发生热传导的动力是（　　　）。
A. 温度场　　　B. 温差　　　C. 等温面　　　D. 微观粒子运动

4.6-13　某热力管道采用两种导热系数不同的保温材料进行保温，为了达到较好的保温效果，应将哪种材料放在内层？（　　　）
A. 导热系数较大的材料
B. 导热系数较小的材料
C. 任选一种均可
D. 无法确定

4.6-14　空气自然对流传热系数与强迫对流时的对流传热系数相比（　　　）。
A. 不可比较　　　B. 要大得多　　　C. 十分接近　　　D. 要小得多

4.6-15　一个黑体，从 27℃ 加热到 327℃，求该黑体表面的辐出度各为多少？

4.7 能源的开发和利用

所有物质之所以能够不断运动和变化，是因为有能量在起作用。能够产生能量的自然资源就是能源。历史上，每一种能源的发现和利用，都把人类支配自然的能力提高到一个新水平。能源科学技术的每一次重大突破，都会引起生产技术的革命。技术上比较成熟且已经广泛应用的能源称为常规能源，如煤炭、石油、天然气和水能等。正在研究开发或新近才利用的能源称为新能源，新能源有两类，一类是采用现代技术研制开发的新能源，如核能；另一类是采用现代先进技术，重新开发广泛使用的古老能源，如太阳能、风能、地热能、核能和海洋能和氢能等。

1. 太阳能

太阳能是一种取之不尽不会带来任何污染的清洁能源。太阳主要由氢、氦组成，中心温度达 1.5×10^7 K。太阳巨大的质量产生的引力把高温等离子体约束在一起发生热核反应，因此太阳能实际上是核聚变能。太阳辐射到地球大气层的功率仅为太阳总辐射功率的 22 亿分之一，约为 1.73×10^{17} W。除去大气层反射和吸收，到达地球表面的能量每年约 2.6×10^{25} J，是地球上蕴藏的矿物燃料所含能量的 125 倍。

地球上所有的能量差不多均来自太阳，一部分为地球表面吸收，一部分通过蒸发变为水的汽化潜热，一部分通过对流变成风能和海洋能，一部分通过光合作用，变成植物的能量，经多年累积后还形成矿物燃料。

太阳能是指利用太阳能吸收器直接吸收的太阳能量。太阳能唾手可得而不会引起任何污染，不会破坏生态平衡，因而日益受到人们的重视，有人预测，21 世纪太阳能将成为人类的主要能源。利用太阳能有两个困难，一是间歇性，昼夜及季节变化，是可预测的，而云雾引起的间歇性则是不可预见的，为了持续使用，需要采用储能手段；二是太阳能辐射照度小，致使储能设备的尺寸大，耗能的材料多。常用的储能方式有光热转换和光电转换两种方式。

光热转换通常采用平板型集热器和聚焦型集热器来实现光热转换。平板型集热器一般由涂黑的金属平板组成，朝向太阳的一面带有 1~2 块玻璃板，背面用绝热材料与环境隔热。利用此集热器为房屋居住空间加热，空气通过被太阳加热的表面升温进入房内形成循环。利用它来为水加热，水通过与被加热的表面处于良好接触的管道形成循环。聚焦型集热器利用凹形反射面将阳光聚焦到载有循环流体如水或油的管子上。由于聚焦作用，这种集热器能获得更高的循环流体温度。可以用来为发电厂的工作物质供热。聚焦型集热器的反射面通常是可以旋转的，以使在任何时间、任何季节时太阳光都能聚焦在管子上。

光电转换是利用太阳能电池将太阳辐射直接转换成电能实现光电转换。光电转换的基本装置就是太阳能电池。太阳能电池是一种由于**光生伏特效应**而将太阳光能直接转化为电能的器件，是一个半导体光电二极管，当太阳光照到光电二极管上时，光电二极管就会把太阳的光能变成电能，产生电流。当许多个电池串联或并联起来就可以成为有比较大的输出功率的太阳能电池方阵了。半导体材料制成的光电池已进入实用段，常用的有单晶硅电池、多晶硅电池、非晶硅电池、硫化镉电池等。

2. 核能

核能又称原子能。主要包括核裂变能和核聚变能。原子核由质子、中子（统称核子）组成。一个原子核的质量小于组成它的核子质量之和，其差值称为**质量亏损**。根据爱因斯坦质能关系，核子聚集在一起组成原子核时其质量亏损对应的能量被释放出来，其大小称为结合能。

由 Z 个质子，N 个中子组成的原子核，其结合能为

$$B = [Zm_p + Nm_z - m_{(Z,A)}]c^2 \tag{4.7-1}$$

式中，m_p、m_z、$m_{(Z,A)}$ 分别是质子、中子和原子核的质量，$A = Z + N$ 为核子数，原子核中每个核子的结合能，称为平均结合能

$$\varepsilon = B/A \tag{4.7-2}$$

图 4.7-1 为平均结合能随核子数变化的曲线，可见平均结合能曲线在 ^{56}Fe 处极大值，其平均结合能为 8.5MeV。以此为界，轻核聚变成较重的核和重核裂变成中等核时，原子核会释放出多余的结合能，这就是核能的来源。

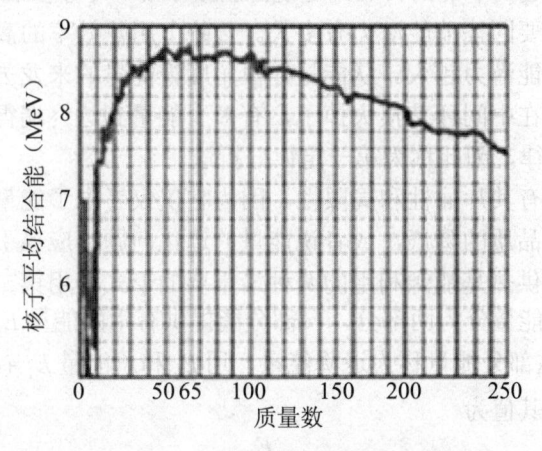

图 4.7-1 平均结合能曲线

重核的平均结合能 $\varepsilon \approx 7.5\text{MeV}$，中等核的平均结合能 $\varepsilon \approx 8.5\text{MeV}$。典型的裂变反应如中子轰击 $^{235}_{92}\text{U}$

$$n + ^{235}_{92}\text{U} \rightarrow ^{144}_{56}\text{Ba} + ^{89}_{36}\text{Kr} + 3n + 173.6\text{MeV} \tag{4.7-3}$$

由上裂变反应式可求得 1g 的 $^{235}_{92}\text{U}$ 全部裂变后释放的总能量为

$$\frac{1\text{g}}{235\text{g/mol}} \times 6.022 \times 10^{23} \times 173.6\text{MeV} \times 1.6 \times 10^{-13} \text{J/MeV} = 7.08 \times 10^{10} \text{J}$$

相当于 2.5 吨标准煤燃烧时放出的热量，可见裂变反应放出的能量相当巨大。

由裂变反应式知 $^{235}_{92}\text{U}$ 在中子轰击下，可分裂为两个质量较轻的原子核和 3 个中子，从裂变中产生的中子又可轰击其他原子，形成链式反应，如图 4.7-2 所示，若核裂变无控制，核能将一下爆发，即是原子弹的工作模式。核链式反应可通过使用减速剂"慢化"

中子来实现可控核反应,可实现核能的有效控制利用。常用的减速剂是水、重水和石墨等。

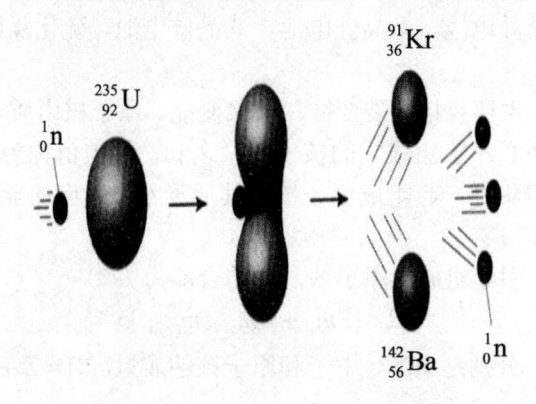

图 4.7-2 $^{235}_{92}U$ 裂变过程示意图

3. 节能技术

在开发新能源的同时,采用技术上可行、经济上合理和环境、社会可接受的措施来有效利用能源,从而达到节能的目的,是能源新技术的一个重要目标。

节能工作中首先要回答节能潜力有多大。传统上用热效率的高低来估计节能潜力。热效率越低,说明节能潜力越大。从能量守恒角度把能量的来龙去脉绘成能量流动图,从中寻找有多少能量在中间环节损失掉了,有多少能量到达终端得到应用。这种方法的依据是热力学第一定律,因此称为第一定律分析法。

第一定律分析法有其片面性和局限性,因为它仅仅考虑了能量在数量上守恒,而没有考虑到过程中能量品质的降低,或者说能量的退化问题,应该引入热力学第二定律进行分析。提供动力和供热是能源利用的两种最重要的形式。用第二定律观点看,由于能量退化的结果,系统能量分为两部分,一部分能提供有用的能量 E_x,另一部分则不能提供有用的能量 E_d,这部分能量称为退降能量,用 E_x 和总能量 $E_x + E_d$ 之比来衡量能量的品质,称为品位 R,其值为

$$R = \frac{E_x}{E_x + E_d} \tag{4.7-4}$$

机械能和电能最易转化成其他形式的能量,其品位最高 $R=1$;由热力学第二定律可知,内能只能部分地转化为其他形式的能量,其品位小于 1;环境的内能则无法转化,其品位为零。在生产过程中,应充分利用能量的可用部分,尽量使能量保持较高的品位。为此,能量应逐级利用,工业生产中不同场合对能量要求不同,若需要使用高品位能量的场合,提供了低品位能量,达不到工艺要求;反之会造成能量品质的浪费。

第5章 静 电 学

点电荷是带电体的理想模型，具体问题中，只要当带电体形状和大小可以忽略不计时，才可把带电体看作点电荷。

5.1 电荷 真空中的库仑定律

5.1.1 电荷

1. 电荷

自然界中只存在两种电荷：正电荷和负电荷。同种电荷相互排斥，异种电荷相互吸引。电荷的多少叫作电荷量，简称电量，用 Q 或 q 表示。基本电荷量 $e=1.6\times10^{-19}\text{C}$，任何带电体的电荷量或者等于 e 或者是 e 的整数倍。

2. 电荷守恒定律

大量实验证明，在一个与外界没有电荷交换的系统内，正、负电荷的代数和在任何物理过程中始终保持不变，叫电荷守恒定律。

3. 使物体带电的方式

接触带电、摩擦起电、感应起电。无论哪种带电方式，物体带电的实质都是自由电子在物体间的转移。

5.1.2 库仑定律

1. 库仑定律

库仑定律（Coulomb's law），法国物理学家查尔斯·库仑于1785年发现，因而命名的一条物理学定律。库仑定律是电学发展史上的第一个定量规律。因此，电学的研究从定性进入定量阶段，是电学史中的一块重要的里程碑。真空中两个点电荷之间相互作用力，跟它们的电荷量的乘积成正比，跟它们的距离的二次方成反比，作用力的方向在它们的连线上，这个规律叫库仑定律。电荷间的这种相互作用力叫作静电力或库仑力。

2. 表达式

$$F=k\frac{q_1q_2}{r^2} \tag{5.1-1}$$

式中，k 叫作静电力常量，它的数值和单位是由公式中各物理量所取的单位决定的，在国际单位制中 $k=9.0\times10^9\text{N}\cdot\text{m}^2/\text{C}^2$。

（1）库仑定律只适用于真空中的点电荷或能够按点电荷处理（如均匀带电球体或均匀带电球面）的情况。

（2）库仑定律满足牛顿第三定律：两个相互作用的点电荷，作用力与反作用力满足大小相等，方向相反，作用在同一直线上的关系。

（3）由力的独立作用原理可知，任意两个点电荷间的相互作用，不因有第三个电荷存在而受到影响。

（4）库仑力同样具有力的共性：某点电荷受几个点电荷作用时，要用力的合成法则求出合力。库仑力可以和其他力平衡，也可使带电体产生加速度。

注意以下几点说明

（1）相同金属球接触后电荷量的分配规律。

①若带电小球和不带电小球接触，它们接触后将平分带电小球原来所带的电荷量。

②若两个完全相同的金属小球原来都分别带有电荷，若是同种电荷，接触后它们将等分这些电荷；若是异种电荷，接触后这些电荷先进行中和，然后再等分剩余的电荷。

（2）应用库仑定律公式计算时，电荷量用绝对值代入公式计算库仑力的大小，库仑力的方向可由同种电荷相斥，异种电荷相吸来确定。

例 5.1-1　两个半径为 r 的小球带电量分别为 $+2q$，$-q$，两小球间的距离为 L，此时两小球间的作用力为 F。则将两小球接触后，又恢复到原来位置，此时两小球间的作用力 F_1 为多大？

解：形状相同的带电体接触后，其电荷先中和后平分，则题中两小球接触后剩余电量为 $Q'=2q-q=q$，分开后两小球带电量分别为 $\dfrac{q}{2}$，由库仑定律知 $F_1=\dfrac{F}{8}$。

5.2　电场　电场强度

5.2.1　电场强度

电场是人类感官不能直接观察到的物质存在。电场存在的表现之一是对放入其中的电荷有力的作用。为了描述电场对电荷的力作用特性，引入电场强度 E，简称场强。

1. 电场强度定义

设有一个相对观察者静止的点电荷 q，则在它周围空间将产生静电场。要了解该电场的情况，需用一个检验电荷 q_0（它的线度必须小到可以被看作为一个点电荷，且其电荷量充分小不致影响电场），依次放入静电场的不同位置，探测 q_0 受到力的作用，该力称电场力 F。实验表明，各检验电荷因位置的不同，所受的电场力 F 大小方向一般情况下是不相同的，但各点 F 的大小始终与 q_0 成正比，由此可知 F/q_0 与 q_0 无关，只与电场的位置有关，由此定义：电场中某点场强，等于单位正电荷在该点受到的电场力（大小和方向）。即

$$E=\dfrac{F}{q_0} \tag{5.2-1}$$

这种用两物理量的比值定义物理量的方法是物理学中常用的方法。E 与检验电荷大

小及受力无关，检验电荷只是一个探测电场对电荷产生力作用的探测物。因此是否有检验电荷或检验电荷大小，都不影响电场，也不影响描述电场特性的物理量——电场强度。所以说场强 E 是电场对电荷具有力特性的描述。

静电场的场强 E 是空间位置的函数。电场强度是矢量，其方向为正检验电荷受力方向，其国际单位是：牛顿/库仑（N/C），或伏特/米（V/m）。

若已知静电场中某点的电场强度 E，由场强的定义知处于该点时点电荷 q_0 所受的电场力 F 为

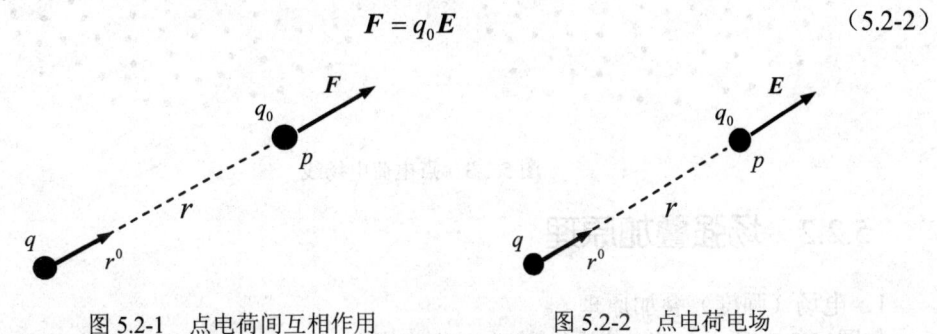

$$F = q_0 E \tag{5.2-2}$$

图 5.2-1　点电荷间互相作用　　　　图 5.2-2　点电荷电场

2. 点电荷场强

产生电场的源若为点电荷，其产生的电场即为点电荷电场。

如图 5.2-1 所示，源点电荷为 q，求其产生的空间电场分布。

以 q 所在位置为坐标原点，空间任一点 P 的位矢为 r，将检验电荷 q_0 放在 P 点上，P 点称为场点，则根据库仑定律知 q_0 受到的电场力为

$$F = \frac{1}{4\pi\varepsilon_0} \frac{qq_0}{r^2} r^0 \tag{5.2-3}$$

其中，r^0 是位矢的单位矢量，其大小为 1，方向是场点相对于源点位矢 r 的方向。

$$k = \frac{1}{4\pi\varepsilon_0} = 8.99 \times 10^9 \, \mathrm{N \cdot m^2 \cdot C^{-2}}，称为静电力常量$$

$$\varepsilon_0 = 8.85 \times 10^{-12} \, \mathrm{F/m}，称为真空电容率（真空中的介电常数）$$

由式（5.2-3）得源电荷 q 在 P 点（场点）产生的电场的场强为

$$E = \frac{F}{q_0} = \frac{1}{4\pi\varepsilon_0} \frac{q}{r^2} r^0 \tag{5.2-4}$$

式（5.2-4）即为点电荷的电场强度分布公式。由此式知，点电荷在空间某点的电场强度与源电荷量成正比，与源点到场点间的距离 r 的平方成反比，具有球对称性；其方向与该点矢径 r 方向平行，当源电荷为正 $q>0$ 时，E 与 r 同向，即由源点电荷指向无穷远；当源电荷为负 $q<0$ 时，E 与 r 反向，由无穷远指向源点电荷，因此点电荷电场分布如图 5.2-3 所示。

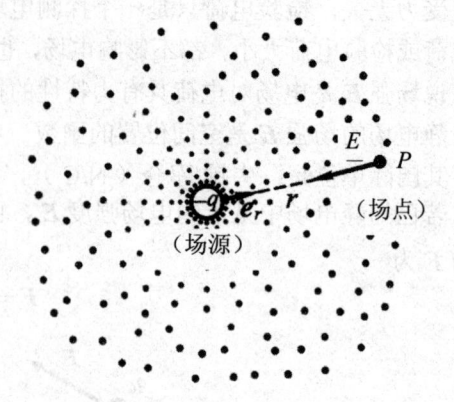

图 5.2-3　点电荷电场线

5.2.2　场强叠加原理

1. 电场（强度）叠加原理

如图 5.2-4 所示，当空间同时存在一组点电荷 q_1、q_2、…、q_n 时，空间某点总的电场强度为多少？同样，放一个检验电荷 q_0 到场点 P，则检验电荷将受到各点电荷电场力的作用，分别表示为 F_1、F_2、…、F_n，由于力的叠加性，检验电荷受到的合力为

$$F = F_1 + F_2 + F_3 + \cdots + F_n$$

根据电场强度定义式（5.2-1）得，P 点的总场强为

$$E = F/q_0 = (F_1 + F_2 + F_3 + \cdots + F_n)/q_0$$

$$E = \sum_{i=1}^{n} E_i = \frac{1}{4\pi\varepsilon_0}\sum_{i=1}^{n}\frac{q_i}{r_i^2}r^0 \tag{5.2-5}$$

式中，E_1、E_2、…、E_n 分别代表 q_1、q_2、…、q_n 单独存在时电场在 P 点的场强。可见，点电荷系电场中任意一点的场强等于各个点电荷单独存在时在该点产生的场强的矢量和。这一规律称为场强叠加原理。场强的叠加原理是力叠加原理的必然结果。

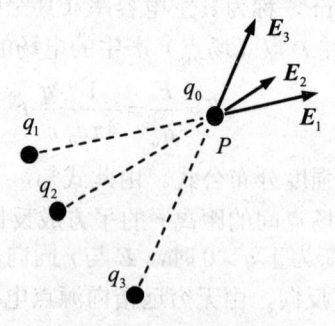

图 5.2-4　电场叠加原理

2. 静电场强度计算

例 5.2-1（电偶极子的电场强度）　如图 5.2-5 所示两个等量异号点电荷 q 相距 l（电偶极子），求连线中垂线上一点的场强。

解：如图 5.2-5 所示，以偶极子的连线为 x 轴，以偶极子中垂线为 y 轴建立坐标系，y 轴上任一点 P（其坐标为 y）处，根据（5.2-4）得两点电荷在该处的场强大小为

$$E_+ = E_- = \frac{1}{4\pi\varepsilon_0} \frac{q}{y^2 + \left(\frac{l}{2}\right)^2}$$

其方向如图 5.2-5 所示。

根据叠加原理得总场强大小为

$$E = E_{+x} + E_{-x} = 2E_{+x}\cos\theta$$

$$= 2 \times \frac{1}{4\pi\varepsilon_0} \frac{q}{y^2 + \left(\frac{l}{2}\right)^2} \times \frac{l/2}{\left(y^2 + \left(\frac{l}{2}\right)^2\right)^{1/2}}$$

$$= \frac{1}{4\pi\varepsilon_0} \frac{ql}{\left(y^2 + \left(\frac{l}{2}\right)^2\right)^{3/2}}$$

其方向为由正电荷指向负电荷的方向。

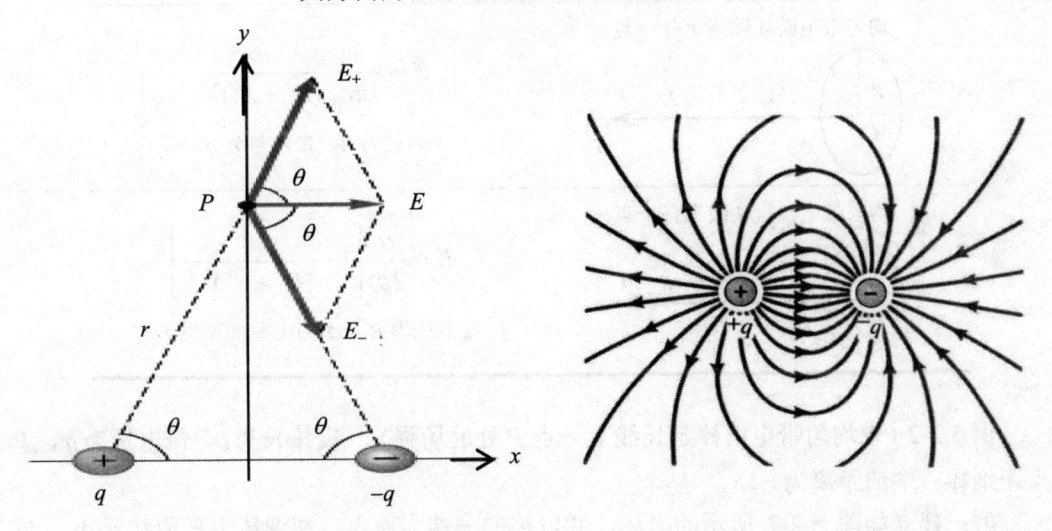

图 5.2-5　偶极子中垂线上电场　　　　图 5.2-6　偶极子电场分布

当 $y \gg l$ 时，这样一对点电荷所构成的体系叫作电偶极子。从 $-q$ 指向 $+q$ 的径矢 $\boldsymbol{l}$ 叫作电偶极子的轴，乘积 ql 称为电偶极矩，用 $\boldsymbol{p} = q\boldsymbol{l}$ 表示，这样电偶极子中垂线上一点的场强为

$$\boldsymbol{E} = -\frac{1}{4\pi\varepsilon_0} \frac{\boldsymbol{p}}{r^3} \tag{5.2-6}$$

实验与理论均证明偶极子的电场分布如图 5.2-6 所示。偶极子是一典型的电结构模型，也是原子分子电结构模型。

利用场强叠加原理，还可计算电荷连续分布的任意带电体的电场。这时，可将带电

体视为由许多电荷元 dq 所组成,每一电荷元可视为点电荷,其中任一电荷元在某点产生的场强为

$$d\boldsymbol{E} = \frac{1}{4\pi\varepsilon_0}\frac{dq}{r^2}\boldsymbol{r}^0 \tag{5.2-7}$$

应用场强叠加原理,对整个带电体求积分,即可得出整个带电体的场强为

$$\boldsymbol{E} = \int d\boldsymbol{E} = \int \frac{1}{4\pi\varepsilon_0}\frac{dq}{r^2}\boldsymbol{r}^0 \tag{5.2-8}$$

在实际应用中,带电体所带电荷可能是线分布、面分布和体分布。具体计算时,可根据不同情况将带电体分割为线元、面元和体元。先计算每一电荷元的电场,然后叠加,由此可求出各种带电体的场强,表 5.2-1 中列出了几种典型带电体的场强分布。

表 5.2-1 几种典型带电体的场强分布

带电体	场强分布
无限长均匀带电直线外任一点	$E = \dfrac{\lambda}{2\pi\varepsilon_0 r}$ (λ 为电荷线密度)
均匀带电圆环轴线上任一点	$E = \dfrac{1}{4\pi\varepsilon_0}\dfrac{qx}{(R^2+x^2)^{3/2}}$ (半径为 R,带电量为 q)
均匀带电圆盘轴线上任一点	$E = \dfrac{\sigma}{2\varepsilon_0}\left[1 - \dfrac{x}{(R^2+x^2)^{3/2}}\right]$ (半径为 R,σ 为电荷面密度)

例 5.2-2(求均匀带电细棒延长线上一点 P 处的场强) 设棒长为 l,带电量为 q,P 点距细棒一端的距离为 r。

解:建立如图 5.2-7 所示的坐标,并以棒的一端为原点,在细棒上任取线元 dx,它到原点的距离为 x,所带电量为 d$q = \lambda$dx ($\lambda = q/l$,称为电荷线密度),它在 P 点产生的电场为

图 5.2-7 均匀带电细棒延长线上电场

$$dE = \frac{1}{4\pi\varepsilon_0}\frac{dq}{(l+r-x)^2} = \frac{\lambda}{4\pi\varepsilon_0}\frac{dx}{(l+r-x)^2}$$

由于棒上各电荷元在 P 点产生的场强方向均与 x 轴正方向相同，根据场强叠加原理，整个细棒在 P 点产生的场强，就等于各电荷元 dq 单独在 P 点产生的场强的矢量和。由于棒上电荷是连续分布的，故 P 点的总场强就是对整个细棒求积分

$$E = \int dE = \int_0^l \frac{\lambda}{4\pi\varepsilon_0} \frac{dx}{(l+r-x)^2} = \frac{\lambda}{4\pi\varepsilon_0}\left[\frac{1}{r} - \frac{1}{l+r}\right] = \frac{\lambda}{4\pi\varepsilon_0 r}\frac{l}{l+r}$$

将 $q = l\lambda$ 代入得 $E = \frac{1}{4\pi\varepsilon_0 r}\frac{q}{l+r}$，其方向指向 x 轴正方向。

5.2.3 静电场的高斯定理

1. 电场线

为形象地描绘电场分布，如图 5.2-8 和 5.2-9 所示，用一系列的曲线，使曲线上每一点的切线方向与电场方向一致，其疏密表示场强的大小，这样一系列的曲线被称为电场线。

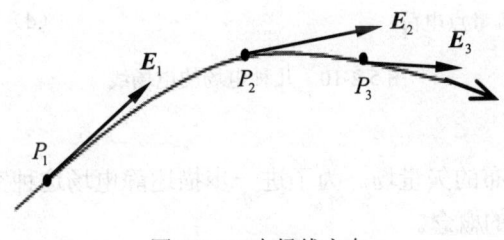

图 5.2-8 电场线方向

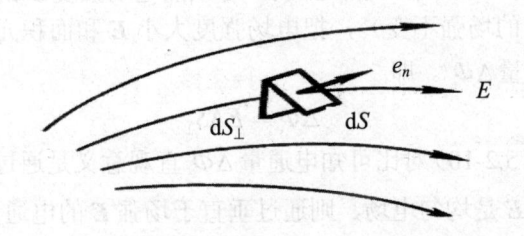

图 5.2-9 电场线密度表示场强大小

电场线不但可表示出各点电场强度的方向，还可描绘出电场强度的大小。画电场线时规定：在电场中每一点，穿过垂直于场强方向单位面积的电场线条数（也称为电场线的面密度）与电场强度的大小相等。即：电场线密的地方场强大，电场线疏的地方场强小。如图 5.2-9 所示电场中某点的场强 E，在垂直于场强 E 的方向上取微元面积 dS，若穿过 dS 的电场线条数为 dN，则

$$E = \frac{dN}{dS_\perp} \tag{5.2-9}$$

如图 5.2-10 所示为几种电场的电场线分布情况。需要强调的是电场线并不是客观存在的，而是用来形象描绘电场的工具。

（a）正点电荷　　　　　　　　　（b）均匀带电平板

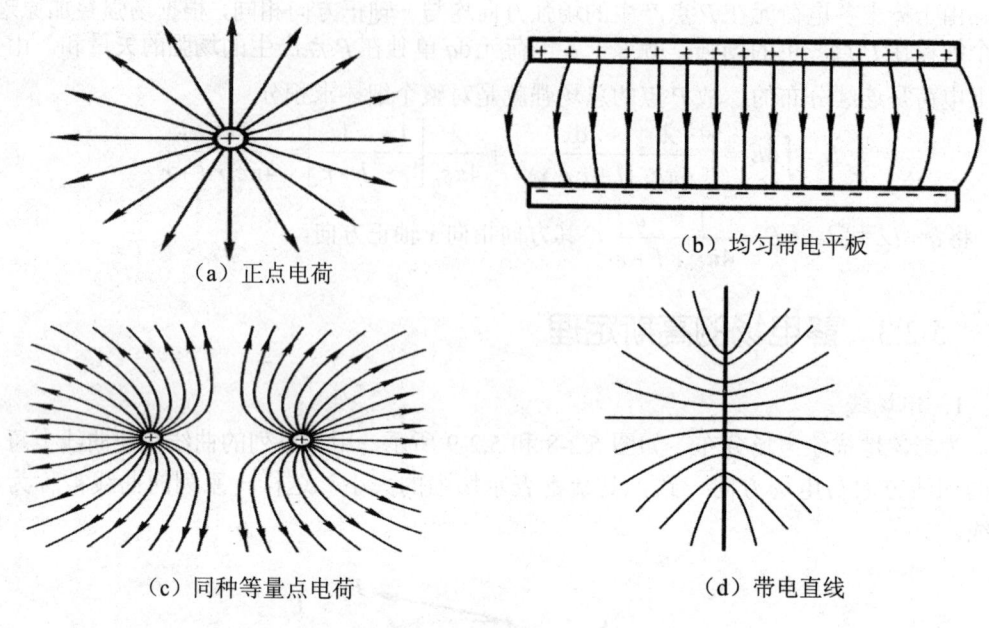

（c）同种等量点电荷　　　　　　（d）带电直线

图 5.2-10　几种电场的电场线

2. 电通量

电场是一个空间分布的矢量场。为了进一步描述静电场这种空间分布的特殊物质的基本规律，引入电通量的概念。

如图 5.2-9 所示在静电场中任一点处，取一与该点电场强度 E 的方向相垂直的面积元 $\Delta S_\perp$（微小，小到其上的场强不变），把电场强度大小 E 和面积元 $\Delta S_\perp$ 的乘积，称为穿过该面积元 $\Delta S_\perp$ 的电通量 $\Delta \Phi_e$。即

$$\Delta \Phi_e = E \Delta S_\perp \tag{5.2-10}$$

由式（5.2-9）和式（5.2-10）对比可知电通量 $\Delta \Phi_e$ 直观意义是通过电场中某一曲面 $\Delta S_\perp$ 的电场线条数 ΔN。若 E 是均匀电场，则通过垂直于场强 E 的电通量（电力线条数）为

$$\Phi_e = ES \tag{5.2-11}$$

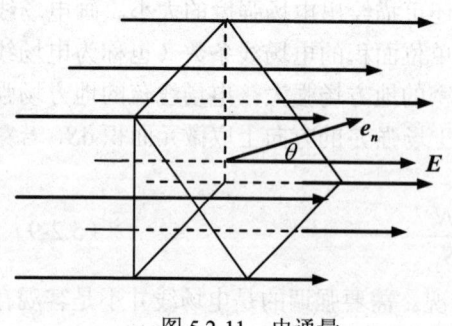

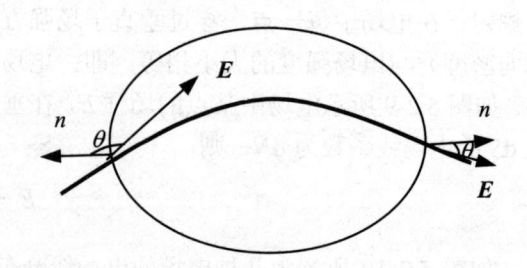

图 5.2-11　电通量　　　　　图 5.2-12　通过闭合曲面不同面元的电通量

如图 5.2-11 所示，若 S 与 E 不垂直，设 E 与 S 的法线 **n** 的夹角为 θ，通过该面的电通量为

$$\Phi_e = ES\cos\theta \tag{5.2-12}$$

对于非均匀电场任意曲面，则将曲面 S 分割成无限多个小面元 d**S** = d**S****n**，这样每一个小面元 d**S** 上的电场强度 **E** 可视为均匀的，则通过该面元上的电通量

$$d\Phi_e = EdS\cdot\cos\theta = \boldsymbol{E}\cdot d\boldsymbol{S} \tag{5.2-13}$$

通过整个曲面 S 的电通量可用积分方法求得

$$\Phi_e = \int_S \boldsymbol{E}\cdot d\boldsymbol{S} \tag{5.2-14}$$

若曲面 S 是闭合的，闭合曲面把整个空间分成两部分：内部空间与外部空间，电场线有穿出与穿入之分。为了区分它们，规定指向外空间的法线为面积元的正向。如图 5.2-12 所示，电场线由内向外穿出曲面的地方，$\theta < 90°$，$\cos\theta > 0$，$d\Phi_e > 0$；电场线由外向内穿入曲面的地方，$\theta > 90°$，$\cos\theta < 0$，$d\Phi_e < 0$。

关于电通量的概念应注意以下几点：

（1）电场强度 **E** 与曲面 S 都是矢量，其点乘积是标量，故电通量是标量。若电场强度一定时，电通量的正负取决于电场强度 **E** 与曲面 S 的夹角 θ。

（2）电通量只能说是某面元或某曲面的电通量，而不能说某点的电通量。

3. 真空中的高斯定理

高斯定理是关于通过电场中任一闭合曲面 S 的电通量的定理，可以由库仑定律和电场叠加原理推得。

设在空间有一点电荷 q，如图 5.2-13（a）所示，以 q 为球心，以 r 为半径的球面 S 为高斯面，根据点电荷电场公式（5.2-4）知，此高斯面上各点的电场强度大小相等，均为

$$E = \frac{1}{4\pi\varepsilon_0}\frac{q}{r^2}$$

其方向都沿径向，处处与球面正交，所以通过该高斯面的电通量为

$$\Phi_e = \oint_S \boldsymbol{E}\cdot d\boldsymbol{S} \oint_S EdS = \frac{q}{4\pi\varepsilon_0 r^2}\times 4\pi r^2 = \frac{q}{\varepsilon_0}$$

可见通过闭合球面的电通量，结果与半径无关，只与球面内的电量 q 有关，意味着以 q 为球心的任意大小的高斯面来说，通过球面的电通量都是 q/ε_0。

若取包围 q 的任意形状的闭合曲面 S'，如图 5.2-13（b）所示，可以在 S' 外面作一个以点电荷 q 为中心的球面 S，S 和 S' 包围同一个点电荷，两面间无其他电荷存在。由于电场线不会在没有电荷的地方中断，所以通过 S' 的电场线一定通过 S，即通过 S 和 S' 面的电场线的条数相同，也就是通过两个高斯面的电通量相等。因此得出，通过包围点电荷 q 的任意形状的闭合曲面 S' 的电通量也为 q/ε_0。

若 S 内包围了 q_1、q_2、…、q_n 共 n 个点电荷，如图 5.2-13（c）所示，根据叠加原理，其总电场为各点电荷电场的叠加，即 $\boldsymbol{E} = \boldsymbol{E}_1 + \boldsymbol{E}_2 + \cdots + \boldsymbol{E}_n$，该电场穿过 S 的电通量为

$$\Phi_e = \oint_S \boldsymbol{E} \cdot \mathrm{d}\boldsymbol{S} = \oint_S (\boldsymbol{E}_1 + \boldsymbol{E}_2 + \cdots + \boldsymbol{E}_n) \cdot \mathrm{d}\boldsymbol{S}$$

$$= \oint_S \boldsymbol{E}_1 \cdot \mathrm{d}\boldsymbol{S} + \oint_S \boldsymbol{E}_2 \cdot \mathrm{d}\boldsymbol{S} + \cdots + \oint_S \boldsymbol{E}_n \cdot \mathrm{d}\boldsymbol{S}$$

$$= \frac{q_1}{\varepsilon_0} + \frac{q_2}{\varepsilon_0} + \cdots + \frac{q_n}{\varepsilon_0} = \frac{1}{\varepsilon_0} \sum_{i=1}^{n} q_i$$

其可表述为：在真空中的静电场中，通过任一闭合曲面 S（高斯面）的电通量，等于该闭合曲面所包围的电荷代数和与 $1/\varepsilon_0$ 的乘积。即

$$\Phi_e = \oint_S \boldsymbol{E} \cdot \mathrm{d}\boldsymbol{S} = \frac{1}{\varepsilon_0} \sum_{i=1}^{n} q_i \tag{5.2-15}$$

高斯定理说明：通过闭合曲面的电通量，只与闭合曲面内的净电荷量有关，与闭合曲面内的电荷分布以及与闭合曲面外的电荷无关；电通量这一特性说明电场是有源场，电场线起于正电荷（或无穷远）止于负电荷（或无穷远）。

穿过闭合曲面的电通量仅决定于闭合曲面内的电荷，但闭合曲面上任一点的场强 $\boldsymbol{E}$，是空间所有电荷（包括闭合曲面内、外的电荷）激发的总场强。

（a）从点电荷发出的电场线穿过球面 S

（b）从点电荷发出的电场线穿过任意闭合曲面 S

（c）点电荷在闭合曲面 S 以外

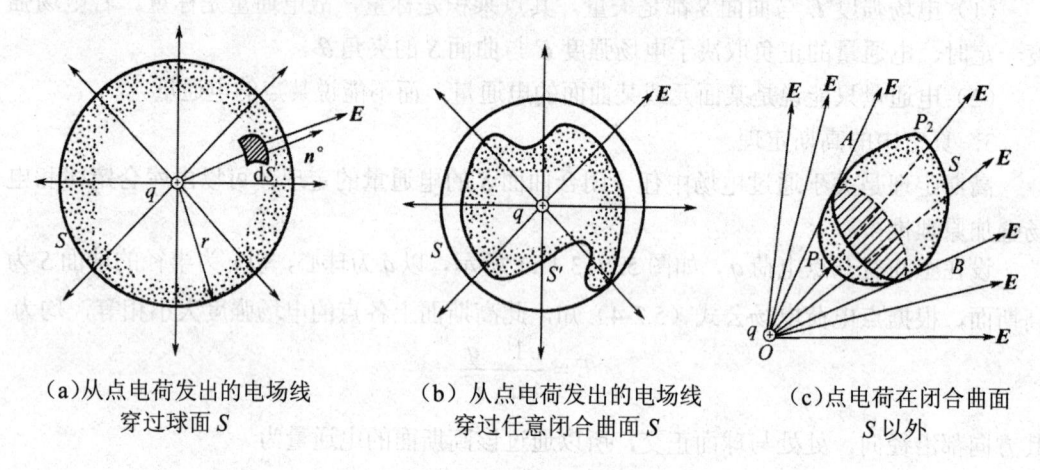

图 5.2-13　高斯定理的证明

若任一闭合面内包围的净电荷 $\sum q_i > 0$，则 $\Phi_e > 0$，从而必有电场线穿出多于穿入的电场线条数；$\sum q_i < 0$，则 $\Phi_e < 0$，穿入高斯面的电场线必多于穿出高斯面的电场线条数。如图 5.2-13（c），若高斯面内无净电荷，即闭合曲面内电荷代数和为零 $\sum q_i = 0$，则 $\Phi_e = 0$，通过闭合曲面的电通量总量为零（穿入与穿出高斯面的电场线条数相等），但并不意味电场强度处处为零。

在电荷分布已知时，原则上可由库仑定律和叠加原理求得各点的场强，但计算往往比较复杂。当电荷分布具有某种对称性时，可由高斯定理求解电场强度，计算将非常简单。

例 5.2-3 已知一无限大均匀带电平面上的电荷面密度为 σ，应用高斯定理求此平面外一点 P 处的电场强度。

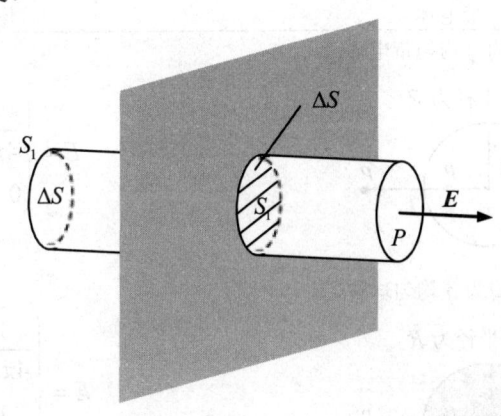

图 5.2-14 无限大均匀平面的场强

解：由于电荷均匀分布在无限大平面上，电场分布对该平面对称，如图 5.2-14 所示，即在两侧等远处的电场强度大小相等，方向在 $\sigma > 0$ 时垂直且背离平面，在 $\sigma < 0$ 时垂直且指向平面（图 5.2-14 所示，设 $\sigma > 0$）。

选取底面过 P 点的一个底面积为 S_1、轴线垂直于带电平面的圆柱面的高斯面，使带电平面平分此圆柱。显然，通过这个高斯面的电通量等于通过两个底面 S_1 和侧面 S_2 的电场强度通量之和，而侧面 S_2 上场强方向与面元法线方向处处相垂直，所以通过侧面 S_2 的电通量为

$$\Phi_{eS_2} = \oint_{S_2} \boldsymbol{E} \cdot \mathrm{d}\boldsymbol{S} = 0$$

因此通过高斯面的电通量为

$$\Phi_e = \oint_S \boldsymbol{E} \cdot \mathrm{d}\boldsymbol{S} = 2\oint_{S_1} \boldsymbol{E} \cdot \mathrm{d}\boldsymbol{S} + \oint_{S_2} \boldsymbol{E} \cdot \mathrm{d}\boldsymbol{S} = 2E\oint_{S_1} \mathrm{d}\boldsymbol{S} + 0 = 2ES_1$$

又由高斯定理得

$$\Phi_e = \oint_S \boldsymbol{E} \cdot \mathrm{d}\boldsymbol{S} = \frac{1}{\varepsilon_0}\sum_{i=1}^n q_i = \frac{1}{\varepsilon_0}\sigma S_1$$

由上两式得

$$E = \frac{\sigma}{2\varepsilon_0} \tag{5.2-16}$$

此式表明，无限大均匀带电平面产生的场空间中任一点的电场强度大小均为 $\sigma/2\varepsilon_0$，方向均垂直于带电平面，且为匀强电场。

用此方法还可求出其他对称分布电荷的电场强度分布。表 5.2-2 列出了几种典型对称带电体的场强分布。

表 5.2-2　几种典型对称带电体的场强分布

带电体	场强分布
带电量为 q 均匀带电球壳 半径为 R 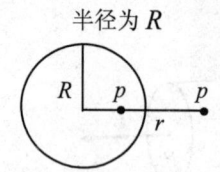	$E = \begin{cases} \dfrac{1}{4\pi\varepsilon_0}\dfrac{q}{r^2} & r > R \\ 0 & r < R \end{cases}$
带电量为 q 均匀球体 半径为 R 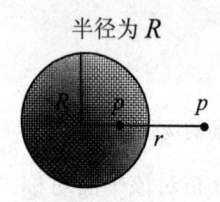	$E = \begin{cases} \dfrac{1}{4\pi\varepsilon_0}\dfrac{q}{r^2} & r > R \\ \dfrac{1}{4\pi\varepsilon_0}\dfrac{qr}{R^3} & r < R \end{cases}$
无限长均匀带电圆柱体 （半径为 a，电荷体密度为 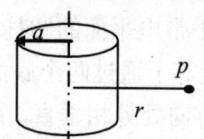 ρ）	$E = \begin{cases} \dfrac{1}{2\pi\varepsilon_0}\dfrac{\rho}{r} & r > a \\ \dfrac{\rho}{2\varepsilon_0} & r < a \end{cases}$

思考与练习

5.2-1　$E = F/q_0$ 与 $E = \dfrac{1}{4\pi\varepsilon_0}\dfrac{q}{r^2}r^0$ 两式有什么区别与联系？

5.2-2　根据点电荷的场强公式 $E = \dfrac{1}{4\pi\varepsilon_0}\dfrac{q}{r^2}r^0$，当所考察的点到点电荷的距离 $r \to 0$ 时，场强 $E \to \infty$，这有没有意义？为什么？

5.2-3　在任意静电场中，下列说法正确的是（　　　　）。

A. 通过某一面元的电场线数越多，面元所在处的电场越强

B. 通过与电场线垂直的面元的电场线数越多，面元所在处的电场越强

C. 面元所在处的电场线越密，该处的电场越强

D. 通过与电场线垂直的单位面积的电场线越多，该处的电场越强

5.2-4　作一球形高斯面将点电荷 Q_1 放在其中心，则穿过高斯面的电通量为_____，若以相同体积的立方体代替高斯面则电通量为_____，若以十分之一原体积的立方体代替此面则电通量为_____，若在原球面中将电荷移离中心则电通量又为_____，若将电荷移到球面外则电通量为_____，若将 Q_2 置于球面内则电通量为_____。

5.2-5 边长为 a 的正立方体中心，放一个点电荷 Q，则通过一个面的电通量为_____，立方体角上各点的场强的大小为_____（假设在真空中）。

5.2-6 有两个点电荷，电量分别为 5×10^{-7}C 和 2.8×10^{-8}C，相距15cm，求：（1）一个电荷在另一电荷处产生的场强；（2）作用在每一电荷上的库仑力。

5.2-7 有两个点电荷，电量分别为 1×10^{-9}C 和 9×10^{-9}C，相距40cm，求：（1）两个点电荷连线中线上的场强；（2）零场强点的位置。

5.2-8 两个半径为 r 的小球带电量分别为 $+4q$、$-2q$，两小球间的距离为 L，此时两小球间的作用力为 F，则将两小球接触后，又恢复到原来位置．此时两球间的作用力 F_1 为多大？

5.3 电势 电势差

5.3.1 静电场力做功的特点 安培环路定理

1. 静电场力做功

在点电荷 q 产生的电场中，如图 5.3-1 所示，若检验电荷 q_0 从 a 点沿任意路径运动到 b 点，始末两点相对 q 的距离为 r_a 和 r_b，则电场力做的功为

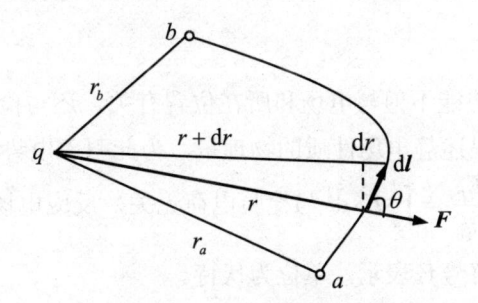

图 5.3-1 静电场的功

$$W_{ab} = q_0 \int_{ab} \boldsymbol{E} \cdot \mathrm{d}\boldsymbol{l} = q_0 \int_{ab} E \mathrm{d}l \cdot \cos\theta = q_0 \int_{r_a}^{r_b} \frac{1}{4\pi\varepsilon_0} \frac{q}{r^2} \mathrm{d}r = \frac{q_0 q}{4\pi\varepsilon_0}\left(\frac{1}{r_a} - \frac{1}{r_b}\right) \quad (5.3\text{-}1)$$

上式表明点电荷电场力做功特点：当检验电荷在点电荷的电场中运动时，电场力对它所做的功与检验电荷的电量及起点和终点的位置有关，而与路径无关。又因任意电场都可视为点电荷电场叠加的结果，因此可以说它是任意电场做功的特点。

2. 静电场力的环路定理

由于静电场力做功与路径无关，所以若 q_0 从静电场中某点沿任一闭合路径再回到该点，电场力做功等于零。即

$$W_{ab} = q_0 \oint_L \boldsymbol{E} \cdot \mathrm{d}\boldsymbol{l} = 0 \quad (5.3\text{-}2)$$

因为 $q_0 \neq 0$，所以有

$$\oint_L \boldsymbol{E} \cdot d\boldsymbol{l} = 0 \tag{5.3-3}$$

$\oint_L \boldsymbol{E} \cdot d\boldsymbol{l}$ 表示场强沿闭合路径 L 的线积分，称为场强的环流。

式（5.3-3）表明，静电场中电场强度的环流恒等于零，这一规律称为静电场的环路定理。它证明静电场力是保守力，静电场是保守场。

5.3.2 电势

1. 电势能

由于静电力是保守力，可对应引入电势能，即电荷在静电场中任一位置具有电势能量，电场力所做的功是电势能的量度。检验电荷 q_0 从 a 点沿任意路径运动到 b 点，电场力做功 W_{ab}，q_0 在 a、b 两点的电势能分别为 E_{Pa}、E_{Pb}，则有

$$W_{ab} = q_0 \int_a^b \boldsymbol{E} \cdot d\boldsymbol{l} = E_{Pa} - E_{Pb} \tag{5.3-4}$$

若设 b 点为电势能零点 $E_{Pb}=0$，则检验电荷 q_0 在 a 点的电势能 E_{Pa} 等于 q_0 从 a 点沿任意路径运动到 b 点，电场力所做功 W_{ab}，即

$$E_{Pa} = W_{ab} = q_0 \int_a^b \boldsymbol{E} \cdot d\boldsymbol{l} \tag{5.3-5}$$

可见电势能与重力势能一样，其值的大小与电势零点的选择有关，电势能的大小与试验电荷成正比。

2. 电势定义

式（5.3-5）说明电势能不但与电场和所在位置有关，还与检验电荷的电量 q_0 有关，因此不能用电势能作为描述静电场性质的物理量，为此引入电势概念。

由式（5.3-5）可知 $\dfrac{E_{Pa}}{q_0} = \int_a^b \boldsymbol{E} \cdot d\boldsymbol{l}$ 与检验电荷无关，反应电场本身在 a 点的性质，因此将其定义为电势，用符号 V 表示，单位为伏特。

静电场某点的电势，在数值上等于单位正电荷在该点具有的电势能；或把单位正电荷从该点移到电势零点 $V_{P_0}=0$（参考点为 P_0）的过程中电场力所做功。

$$V_a = \frac{E_{Pa}}{q_0} = \int_a^{P_0} \boldsymbol{E} \cdot d\boldsymbol{l} \tag{5.3-6}$$

电场对电荷作用力是保守力，其做功对应相应的势能增量。电势是描述电场具有势能强弱的物理量，与检验电荷无关。

电势是相对量，必须选定某参考点为零势点后，才可能确定其他位置的电势，对有限带电体的电场中的电势，常取无穷远处为电势零点；而在实际应用中也常取地球为电势零点或电器设备的机壳等。

由式（5.3-6）知，电势是标量。因为在电场中，沿着电场线的方向前进，电场力对正电荷做正功，电势将逐渐降低，即**电场线的方向是电势降低的方向**。同一电场线上，任意两点电势不相等。

电场中两点电势之差称为电势差，也称电压，用符号 U，则 a、b 两点的电势差为

$$U_{ab} = V_a - V_b = \frac{E_{Pa} - E_{Pb}}{q_0} = \int_a^b \boldsymbol{E} \cdot d\boldsymbol{l} \tag{5.3-7}$$

电势差与电势零点选取无关。在 SI 中，电势与电势差的单位为伏(特)V，即 $1V = 1J/C$。一般情况下用 U_{ab} 表示两点间的电势差 $U_{ab} = U_a - U_b$，因此可由 U_{ab} 的正负来确定场中两点的电势高低。

3. 点电荷电势

在点电荷 q 的电场中，以无穷远为电势零点，则在距 q 为 r 的 P 点的电势为

$$V_p = \int_p^\infty \boldsymbol{E} \cdot d\boldsymbol{l} = \frac{q}{4\pi\varepsilon_0} \int_r^\infty \frac{dr}{r^2} = \frac{1}{4\pi\varepsilon_0} \frac{q}{r} \tag{5.3-8}$$

由式（5.3-8）还可看出：**正点电荷的电场中，电势恒为正**，且大小与场点到源点的距离成反比，即远离源点，电势小，最小为无穷远点，即零电势；**负点电荷的电场中，电势恒为负**，即越远离源点，电势越高，最高为无穷远，即零电势。

4. 电势叠加原理　点电荷系电势

如图 5.3-2 所示，若电场是由一个点电荷系 q_1、q_2、…、q_n 共同产生，根据场强叠加原理，则电场强度为 $\boldsymbol{E} = \boldsymbol{E}_1 + \boldsymbol{E}_2 + \cdots + \boldsymbol{E}_n$，由电势的定义，则该电场在任意点的电势为

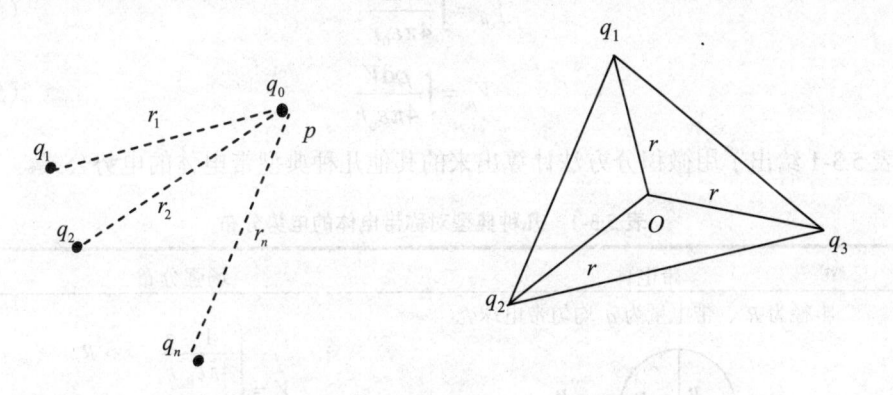

图 5.3-2　电势叠加原理　　　　　图 5.3-3　例 5.3-1 图

$$V_p = \int_p^\infty \boldsymbol{E} \cdot d\boldsymbol{l} = \int_p^\infty (\boldsymbol{E}_1 + \boldsymbol{E}_2 + \cdots + \boldsymbol{E}_n) \cdot d\boldsymbol{l}$$

$$V_p = \int_p^\infty \boldsymbol{E}_1 \cdot d\boldsymbol{l} + \int_p^\infty \boldsymbol{E}_2 \cdot d\boldsymbol{l} + \cdots + \int_p^\infty \boldsymbol{E}_n \cdot d\boldsymbol{l} = V_{p1} + V_{p2} + \cdots + V_{pn}$$

$$V_p = V_{p1} + V_{p2} + \cdots + V_{pn} = \sum_{i=1}^n \frac{q_i}{4\pi\varepsilon_0 r_i} \tag{5.3-9}$$

式中，V_{p1}、V_{p2}、…、V_{pn} 分别代表 q_1、q_2、…、q_n 单独存在时电场在 P 点的电势。

由此可见，**点电荷系电场中任意一点的电势等于各个点电荷单独存在时在该点产生的电势的代数和**，这一规律称为电势叠加原理。

例 5.3-1（点电荷系电势）　如图 5.3-3 所示，已知三个点电荷电量 $q_1 = 8.0 \times 10^{-9}$C、$q_2 = 6.0 \times 10^{-9}$C、$q_3 = -2.0 \times 10^{-9}$C 分别放在一正三角形的三个顶点上，各顶点到三角形中心 O 的距离 $r = 4.0$cm，求：（1）O 点的电势；（2）将点电荷 $q_0 = 5.0 \times 10^{-9}$C 从无穷远处移到 O 点，电场力做多少功？（3）电势能增量为多少？

解：以无穷远为零势点，根据点电荷电势公式和电势叠加原理得，O 点的电势为

$$V_0 = \frac{q_1}{4\pi\varepsilon_0 r} + \frac{q_2}{4\pi\varepsilon_0 r} + \frac{q_3}{4\pi\varepsilon_0 r} = 9.0 \times 10^9 \times \frac{(8+6-2) \times 10^{-9}}{0.04} = 2700\text{V}$$

根据电势差的定义得

$$W_{\infty 0} = q_0(V_\infty - V_0) = 5.0 \times 10^{-9}\text{C} \times (-2.7 \times 10^3 \text{V}) = -1.35 \times 10^{-5} \text{J}$$

势能增量为

$$\Delta E_P = E_{P0} - E_{P\infty} = -W_{\infty \to 0} = 1.35 \times 10^{-5} \text{J}$$

如果产生电场的电荷是连续分布的，则式（5.3-9）中的求和可以用积分替代，以 $\mathrm{d}q$ 表示电荷分布中的任一电荷元，r 为 $\mathrm{d}q$ 到场点 P 的距离，则 P 点的电势为

$$V_p = \int \frac{\mathrm{d}q}{4\pi\varepsilon_0 r} \quad (5.3\text{-}10)$$

当电荷为线、面、体分布时，P 点电势分别用以下公式求解

$$V_p = \int \frac{\lambda \mathrm{d}l}{4\pi\varepsilon_0 r} \quad (5.3\text{-}11)$$

$$V_p = \int \frac{\sigma \mathrm{d}S}{4\pi\varepsilon_0 r} \quad (5.3\text{-}12)$$

$$V_p = \int \frac{\rho \mathrm{d}V}{4\pi\varepsilon_0 r} \quad (5.3\text{-}13)$$

表 5.3-1 给出了用微积分方法计算出来的其他几种典型带电体的电势公式。

表 5.3-1　几种典型对称带电体的电势分布

带电体	场强分布
半径为 R、带电量为 q 均匀带电球壳	$V = \begin{cases} \dfrac{1}{4\pi\varepsilon_0}\dfrac{q}{r} & r > R \\ \dfrac{1}{4\pi\varepsilon_0}\dfrac{q}{R} & r \leqslant R \end{cases}$
均匀圆盘轴线上任一点（半径为 R，电荷面密度为 σ）	$V = \dfrac{\sigma}{2\varepsilon_0}\left(\sqrt{R^2 + x^2} - x\right)$
无限长均匀带电直线外任一点（电荷线密度 λ）	$V = \dfrac{\lambda}{2\pi\varepsilon_0}\ln r + C$ （C 由选的电势零点决定）

例 5.3-2（静电除尘）　在一烟囱的轴线上，安放一金属丝电极，烟囱的内壁作为另一电极，且金属电极的半径 R_1 远小于烟囱的半径 R_2，如图 5.3-4 所示。当两极间加上电压 U 时，烟囱内就形成一径向非均匀电场，查表 5.2-1 知 $E \propto 1/r$，由此可见，越靠近金属电极电场越强。当电压足够高时，靠近金属电极的空气被电离，在电场的作用下，正离子向金属丝电极运动，负离子向烟囱壁运动，在运动过程中，与悬浮在烟囱中的粉尘结合在一起移向烟囱内壁，然后靠自身的重量或用振动方法使其下落，这就是静电除尘的原理。今设 $R_1 = 2\text{mm}$ 和 $R_2 = 30\text{mm}$，若导致空气电离的场强（常称为击穿场强）为 $3 \times 10^6 \text{V/m}$，问所加电压至少要多少伏？

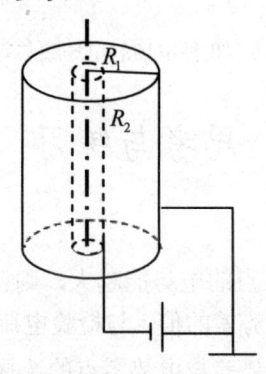

图 5.3-4　静电除尘

解：在电极表面处，电场强度的大小为

$$E_{\min} = \frac{\lambda}{2\pi\varepsilon_0 R_1}$$

由电势差的定义可得两极间的电压为

$$U = \int_{R_1}^{R_2} \frac{\lambda}{2\pi\varepsilon_0} \frac{\mathrm{d}r}{r} = \frac{\lambda}{2\pi\varepsilon_0} \int_{R_1}^{R_2} \frac{\mathrm{d}r}{r} = \frac{\lambda}{2\pi\varepsilon_0} \ln\frac{R_2}{R_1} = E_{\min} R_1 \ln\frac{R_2}{R_1}$$

$E_{\min}$ 应不低于空气的击穿场强，所以两极间应加的电压为

$$U \geqslant E_{\min} R_1 \ln\frac{R_2}{R_1} = 3 \times 10^6 \times 2 \times 10^{-3} \times \ln\frac{30}{2} = 1.62 \times 10^4 \text{V}$$

5．等势面

电场强度和电势是描述静电场性质的两个基本物理量。电场强度的分布可以用电场线形象的表示，同样，电势的分布也可以用等势面形象地描绘。在电场中，由电势相等的点组成的面称为等势面。如图 5.3-5 所示中虚线画出了几种电场的等势面，图中的实线表示电场线。

关于等势面，有如下性质：

①在等势面上任意两点间移动电荷时，电场力所做的功为零；

②等势面与电场线处处正交；

③电场线总是从电势较高的等势面指向电势较低的等势面，即电场方向指向电势降的方向；

④若规定相邻两等势面的电势差相等，则等势面越密的地点，电场强度越大。

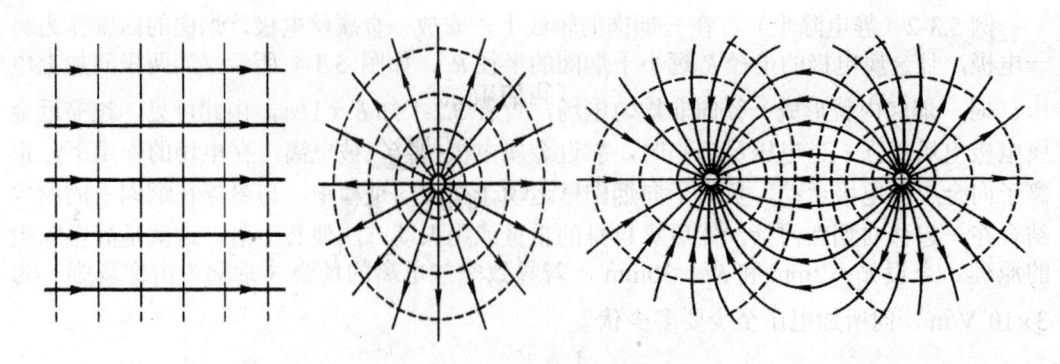

图 5.3-5 几种电场的电场线与等势面

思考与练习

5.3-1 下列说法正确的是（　　）。

A. 检验电荷 q_0 在静电场中某点的电势能越大，则该点的电势就越高

B. 静电场中任意两点间的电势差的值，与检验电荷 q_0 有关，q_0 越大，电势差值越大

C. 静电场中任意两点间的电势差与电势零点的选择有关，对不同的电势零点，电势差值有不同的数值

D. 静电场中任一点电势的正负与电势零点的选择有关，任意两点间的电势差与电势零点的选择无关

5.3-2 在静电场中关于场强和电势的关系说法正确的是（　　）。

A. 场强 E 大的点，电势一定高，电势高的点，场强 E 也一定大

B. 场强为零的点，电势也一定为零，电势为零的点，场强一定为零

C. 场强 E 大的点，电势未必一定高，但场强 E 小的点，电势却一定低

D. 场强为零的地方电势不一定为零，电势为零的地方，场强也不一定必为零

5.3-3 如图 5.3-6 所示，在一直线上三点 A、B、C 的电势关系为 $V_A > V_B > V_C$，若将一负电荷放在 B 点，则此电荷将（　　）。

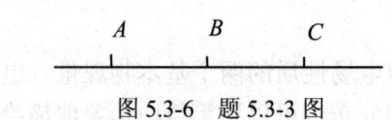

图 5.3-6 题 5.3-3 图

A. 向 A 点加速运动

B. 向 A 点匀速运动

C. 向 C 点加速运动

D. 向 C 点匀速运动

5.3-4 静电场力做功的特点为_____，静电场的环路定理的数学表达式为_____，物理意义是_____。

5.3-5 四个点电荷分别放在正方形的四个顶点上，点电荷的电量都相等符号如图

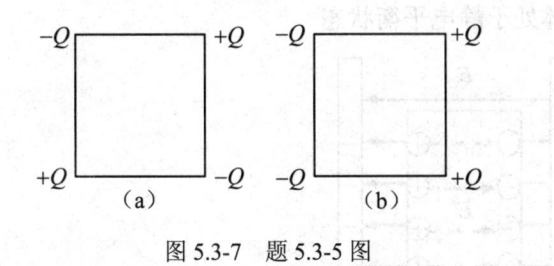

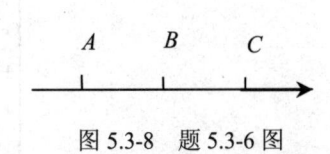

5.3-7 所示，选无穷远处为电势零点，则正方形中心处场强为零的图是_____，电势为零的图是_____。

5.3-6 在同一电力线上有 A、B、C 三点，如图 5.3-8 所示，若选 A 点为电势零点，则 B、C 两点的电势分别为 V_B_____，V_C_____，若选 B 点为电势零点，则 V_A_____，V_C_____，若选 C 点电势为零，则 V_A_____，V_B_____。（填"大于零"或"小于零"）

图 5.3-7 题 5.3-5 图

图 5.3-8 题 5.3-6 图

5.3-7 如图 5.3-9 所示，两个点电荷 $q_1 = 4\times10^{-9}$C 和 $q_2 = -7\times10^{-9}$C，相距 10cm，设 A 点是它们连线的中点，B 点离 q_1 的距离为 8cm，离 q_2 的距离为 6cm，求：（1）A 点电势；（2）B 点电势（设无穷远处为零势点）；（3）将电量为 $q_0 = 2.5\times10^{-9}$C 的点电荷由 B 点移到 A 点电场力所做的功。

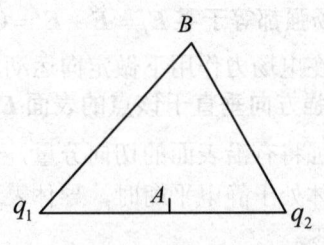

图 5.3-9 题 5.3-7 图

5.3-8 在边长为 a 的正三角形的三个顶点，各放电量为 q 的点电荷，求 AB 连线的中点 D 处的场强和电势。

5.3-9 将 $q_0 = 1.7\times10^{-8}$C 的点电荷从电场中的 A 点移到 B 点，外力需做功 5.0×10^{-6}J，问 A、B 两点间的电势差是多少？哪点电势高？若选 B 点电势为零，则 A 点电势为多大？

5.3-10 正方形的四个顶点上各放置电量为 q 的点电荷，点电荷距正方形中心的距离为 r，求：（1）正方形中心的场强；（2）正方形中心的电势；（3）将点电荷 q_0 从无穷远处移到正方形中点，电场力做的功。

5.4 静电场中的导体与介质

5.4.1 静电感应

1. 静电感应现象

导体之所以能够容易地导电，是由于导体中存在着大量可以自由移动的电荷。在不受外界电场影响时，导体呈电中性状态，正负电荷等量呈自由状态；如果把导体放入电场中，导体中电荷将做重新分布。导体因受外电场的影响而发生电荷重新分布的现象，称**静电感应**。导体上因静电感应而出现的电荷，称为**感应电荷**，**感应电荷**也会产生电场，如图 5.4-1 所示，感应电场与外电场方向相反，对导体中的电荷的作用相反，随着感应电荷的增加，最终达到平衡，导体中的电荷也不再发生定向移动。这种导体内部以及表面都没有电荷定向移动的状态称为导体处于**静电平衡状态**。

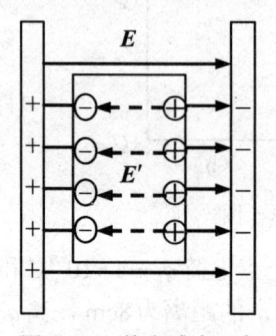

图 5.4-1　静电感应现象

显然，导体处于静电平衡状态的必要条件是：

（1）**导体内部任何一点的场强都等于零** $E_i = E + E' = 0$，因如果导体内部有一点场强不为零，该点的自由电子就要在电场力作用下做定向运动。

（2）**导体表面任一点的场强方向垂直于该点的表面** $E_表 = En$，因若导体表面附近的场强不垂直于导体表面，则场强将有沿表面的切向分量，使自由电子沿表面运动。

理论与实践均能证明，导体处于静电平衡时，导体表现出以下特性：

（1）导体内部电场强度为零。

（2）导体是等势体，导体表面是等势面。

（3）感应电荷只分布在导体外表面，对于形状不规则的孤立导体，其**感应电荷面密度与表面曲率半径成反比**，即导体表面曲度越大（尖端曲率半径越小），电荷面密度越大。亦可表示为

$$\frac{\sigma_1}{\sigma_2} = \frac{r_2}{r_1} \tag{5.4-1}$$

2．尖端放电现象

可以证明，带电导体表面附近的场强与该表面的电荷面密度成正比，即

$$E_表 = \frac{\sigma}{\varepsilon_0} n \tag{5.4-2}$$

由（5.4-1）和（5.4-2）知，在电场中静电平衡的导体，其表面的场强与曲率半径成反比。因此如图 5.4-2 所示，对于有尖端的带电导体，其尖端电荷面密度越高，其尖端处的场强特别强，达到一定的强度，使得周围空气电离，其中与导体上电荷异号的电荷被吸引到尖端上，与导体上的电荷相中和，而使尖端上的电荷逐渐漏失，如图 5.4-3 所示。急速运动的离子与中性原子碰撞时，还可使原子受激而发光，这种使空气被"击穿"而产生的放电现象称为尖端放电。

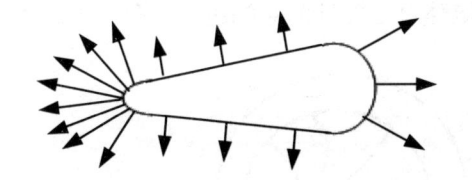

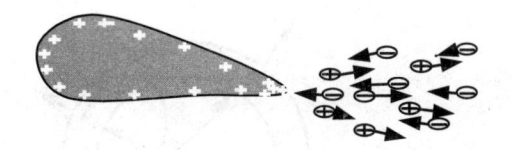

图 5.4-2 导体不同曲率半径表面电场　　　　图 5.4-3 电荷漏失

避雷针就是根据尖端放电现象的原理制造的，避雷针与一良好接地的粗导线连接，当雷雨云接近地面时，在避雷针尖端处电荷面密度甚大，故场强特别大，首先把其周围空气击穿，使来自地面并集结于避雷针尖端的感应电荷与雷雨云中所带电荷持续中和，使强大的放电电流从避雷针及相连的粗导线流过大地，避免积累成足以导致雷击的电荷。

尖端放电现象在高压输电导线附近也可发生。这一现象是很不利的，因为要消耗电能，能量散逸出去还会使空气变热，造成热污染；特别在远距离的输电过程中，电能损耗更大；放电时发生的电磁波，还会产生电磁干扰。为避免这一现象，应采用较粗的导线，并使导线表面平滑。又如，为了避免高压电气设备中的电极因尖端放电发生漏电现象，往往把电极做成光滑的球形。

3．静电屏蔽

由静电平衡电荷分布规律知，处于静电平衡的导体或导体空腔只有外表面带电，如图 5.4-4 所示。这一规律，在工程技术上可用来作静电屏蔽。法拉第曾经做过这样一个实验：他制作了一个有盖的金属大箱子（相当于一个金属壳），把这个大箱子放在绝缘架上，并用强大的静电起电机使它带电。法拉第说：我走到箱子中去，住在里面，用点亮的灯烛，用验电器，以及做所有其他的电状态的试验，都没有发现它们受到丝毫影响……虽然在整个试验时间内，箱子外表面强烈带电，并且在箱子的外表面上各部分有很强的电火花和帚形放电不断地发生。这个实验表明，外部的电场对空腔导体内部无影响。

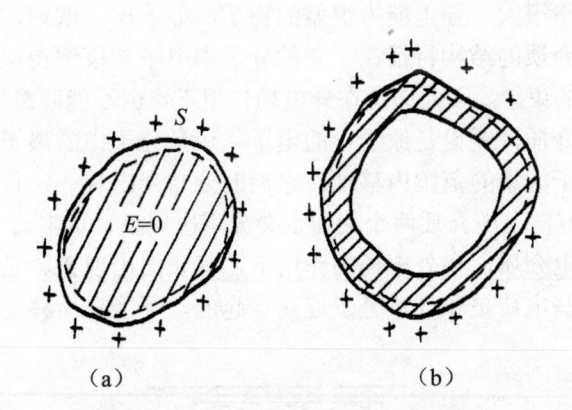

(a)　　　　(b)

图 5.4-4 静电平衡时导体上的电荷分布

如果将一带电体放进金属空腔内部，如图 5.4-5a 所示，由于静电感应，在空腔的内外两表面上，分别出现等量异号感应电荷。其外表面上的电荷所产生的电场，会对外界产生影响。若将外表面接地，如图 5.4-5b 所示，则外表面上的感应电荷因接地而被中和，

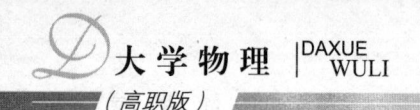

与之相应的电场也随之消失。这时空腔内的带电体对空腔外的影响也就不存在了。

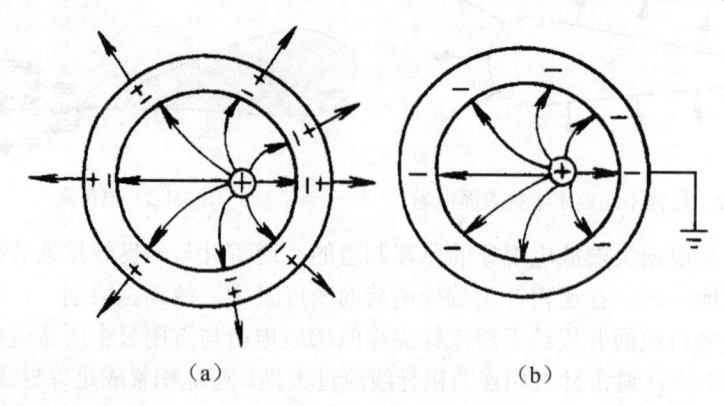

图 5.4-5　静电屏蔽

任何空腔内的物体，不会受到外电场的影响；接地导体空腔内的带电体的电场，也不会影响到空腔外的物体，这种排除或抑制静电场干扰的技术措施，称为**静电屏蔽**。

在工程技术中，静电屏蔽使用十分广泛。比如，许多无线电元件（中频变压器、晶体管等）外面都是一层金属壳，尤其是集成电路中的微型元件，抗静电能力很弱，有一点静电干扰，就会造成工作失常，因此，绝大多数集成块都是封装在金属壳里。有些精密的电子仪器，把它装在壁面都是金属网的房子里；对于一些传送弱信号的导线，如电视机的公共天线，收录机的天线等，为防止外界干扰，多采用外部包有一层金属网的屏蔽线。

5.4.2　电场中的电介质

1. 电介质的极化

电介质是电阻率很大、导电能力很差的物质，如玻璃、琥珀、丝绸、橡胶、云母、塑料、陶瓷等。电介质的结构特征在于它的分子中电子被束缚得很紧，一般情况下，电子不能脱离原子核的束缚。因此即使在外电场作用下，也不能脱离所属原子做宏观运动。但在外电场中的电介质，无论是原子中的电子、还是分子中的离子、或是晶体点阵上的带电粒子都会在原子大小的范围内移动，它们的分布会出现一定程度的有序排列，从宏观上看，在外电场方向上电介质两个端面上会分别出现正、负电荷，如图 5.4-6 所示。这种原来呈电中性的电介质，在外电场的作用下，其表面出现正、负电荷的现象，称为**电介质极化**。由于这些电荷是和介质分子连在一起的，不能自由移动，故称为极化电荷或束缚电荷。

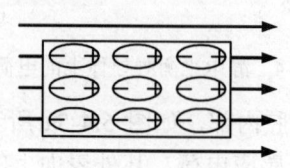

图 5.4-6　电介质极化

2. 电介质极化方式

电介质极化因内部电结构的不同，而极化方式不同。如图 5.4-7 所示，从分子正、负电荷中心的分布来看，电介质可分为两类，一类是分子内正、负电荷中心不重合的介质，称为有极分子；另一类是分子内正、负电荷中心重合的介质，称为无极分子。

当无极分子在外电场中，在电场力作用下，分子中的正、负电荷中心将发生位移，形成电偶极子，它们的等效电偶极矩的方向都沿着电场的方向，以致在和外电场垂直的电介质两侧表面上，分别出现正、负极化电荷，这种无极分子介质极化称为位移极化。

当有极分子电介质在外电场作用时，每个分子电矩都受到力偶矩作用，要转向外电场的方向，由于受到分子热运动的作用，并不能使各分子电矩都遵循外电场整齐排列。外电场越强，分子电矩排列愈趋向于整齐，对电介质整体而言，在垂直于外电场方向的两个表面上也出现束缚电荷。这种有极分子的极化称为取向极化。

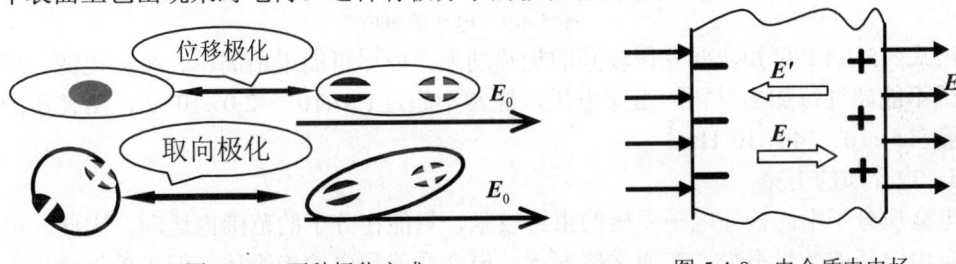

图 5.4-7 两种极化方式　　　图 5.4-8 电介质中电场

3. 电介质对电场的影响

两种电介质，其极化的微观过程虽然不同，但却有同样的宏观效果，在外加电场的方向上电介质的两个端面上会分别出现正、负极化电荷；在介质中束缚电荷都能引起极化电场（与外场方向相反的），但其不能把外电场全部抵消，只能削弱外电场，如图 5.4-8 所示，电介质中的电场 $E_r = E + E' < E$。

为描述不同电介质的极化差异，引入电介质的**相对电容率**。某介质的电容率（或相对介电常数）可通过下式测定

$$\varepsilon_r = \frac{E}{E_r} \tag{5.4-3}$$

相对电容率为一纯数，它决定于电介质的电结构，空气的相对电容率可近似等于 1，其他各种电介质的 $\varepsilon_r > 1$，它反映了电介质极化性能及对电场影响程度。

4. 电介质的损耗

在外加电压下，电介质中一部分电能转换为热能的现象称为介质损耗。其原因是电介质在高频电场作用下反复极化的过程产生热效应。

介质损耗存在危害，介质损耗发热过多，温度过高，电介质的绝缘性能将会被破坏，造成危害。所以在高频技术中，应使用损耗小的电介质。

介质损耗也可利用。当将电介质材料置于变化的电场中时，通过材料本身的介质损耗使其发热的过程，称为电介质加热。如图 5.4-9 所示，待加热材料置于两块金属板之间，把由高频振荡器产生的高频电压接到两极上，由于热量是在电介质内部产生的，因而在均匀介质中热量的分布也是均匀的，是一种快速均匀的加热法。理论研究表明，电介质

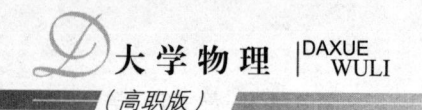

加热的热功率为

$$P = \frac{\sqrt{2}SvU^2K \times 10^2}{d} \quad (5.4\text{-}4)$$

式中，S 为材料受热面积，d 为材料厚度，v 为电源频率；U 为两金属板间的电压；K 为电介质的损耗因数，是一个与电介质的电容率有关的量，即在同一频率下，不同的电介质，有不同的损耗因数。

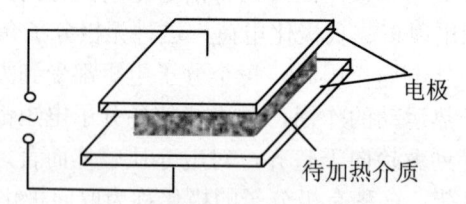

图 5.4-9　电介质加热

由式（5.4-4）可知，要获得较高的加热功率，应尽可能采用高压、高频电源，但所加电压不能超过待加热材料的击穿电压，通常不超过 $1.5 \times 10^4 \sim 2.0 \times 10^4$ V，所使用的频率一般在 $5 \times 10^6 \sim 40 \times 10^6$ Hz。

5. 电介质的击穿

电介质分子中的核外电子受核的束缚较紧，只能在分子的范围内运动。因此，电介质中自由电子的数目很少，在通常情况下，电介质就是电的绝缘体。但当外加电场大到某一程度时，电介质分子中的电子已有足够的能量摆脱核的束缚而成为自由电子，这时电介质的导电性大增，绝缘性能被破坏，这种现象称为**电介质击穿**。使电介质击穿的临界电压，称为**击穿电压**；与此电压相对的电场强度，称为**击穿场强**。

不同的电介质，击穿场强不同，表 5.4-1 列出了部分常用电介质的相对电容率和击穿场强。击穿场强是电介质的重要参数之一，在选用电介质时，必须注意到它的耐压能力，如在高压下工作的电容器，就必须选择击穿场强大的材料做介质。

表 5.4-1　几种电介质的电容率和击穿场强

介质	相对电容率 ε_r	击穿场强（$\times 10^6$ V/m）
干燥的空气	1.0006	4.7
蒸馏水	81	30
硬纸	5	15
蜡纸	5	30
普通玻璃	7	15
石英玻璃	4.2	25
云母	6	80
变压器油	2.4	20
电木	5~7.6	10~20
聚乙烯	2.3	18
硬橡胶	2.7	10
二氧化钛	100	6
钛酸钡	$10^3 \sim 10^4$	3

5.4.3 压电效应与压电体

某些电介质在沿一定方向上受到外力的作用而变形时，其内部会产生极化现象，同时在它的两个相对表面上出现正负相反的电荷。当外力去掉后，它又会恢复到不带电的状态，这种现象称为**正压电效应**，简称**压电效应**。当作用力的方向改变时，电荷的极性也随之改变。有压电效应的介质称为**压电体**。压电效应是机械能转化为电能的效应。例如石英晶体在 9.8×10^4 Pa（相当于 $1cm^2$ 面积上放置 1kg 重物的压力）的压强下，其相对两面可产生 0.5V 左右的电压。

压电晶片只在长度与厚度方向上有压电效应。如图 5.4-10 所示为按特定方式从石英晶体中割出的一片宽为 b、厚为 d、长为 l 的压电晶片。如果沿 z（宽度）方向加力，则无压电效应。而力加到长度和厚度方向上将出现压电效应。在厚度方向施加压力而产生的压电效应，称为**纵压电效应**。若沿 x 轴（厚度）方向施以压力 F，则在垂直于 x 轴的两个面上出现等量异号电荷，其电量 Q_1 与压力 F 成正比，可表示为

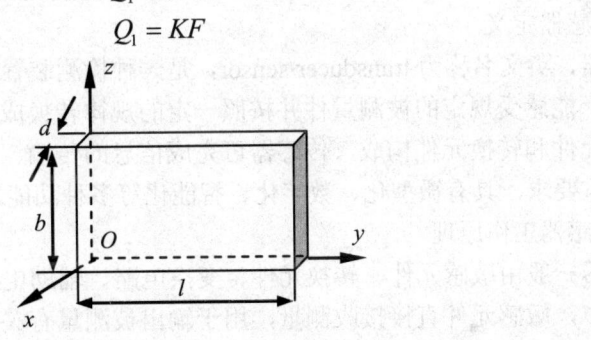

$$Q_1 = KF \qquad (5.4\text{-}5)$$

图 5.4-10　压电效应

在长度方向施加压力而产生的的压电效应，称为**横压电效应**。即若沿 y 轴（长度）方向施以压力 F，则在垂直于 y 轴的两个面上出现等量异号电荷，其电量 Q_2 也与压力 F 成正比，可表示为

$$Q_2 = K\frac{l}{d}F \qquad (5.4\text{-}6)$$

如果将压力改为拉伸，则面上出现的极化电荷改变符号。压缩时出现正电荷的面上，拉伸时将出现负电荷，反之亦然。

横压电效应中，电荷 Q_2 除与压力成正比外，还与 l/d 成正比。因此，对长而薄的晶片，只须加一很小的力，就能得到可观的电荷。

压电体还有逆压电效应。将压电体放入外电场中，晶体不仅产生极化，垂直于电场的另两个端面还会发生机械变形，这种现象称为**逆压电效应**，也称为**电致伸缩**。若外电场为交变电场，则压电体交替出现伸长和压缩，发生机械振动。电致伸缩效应是电能转化为机械能的效应。

压电体已广泛应用于近代科学、生产技术。晶体振荡器就是用压电效应制成的电振荡器。由于晶体振荡器的频率稳定度很高，所以被广泛应用于通信、精密电子设备、计

算机微处理器。利用这种振荡器制造的石英钟,每天计时误差小到10^{-5}s量级。

电声换能器是利用压电效应将声能转换为电振动,利用电致伸缩效应把电能转换为声能。如压电晶体可被用于制造电唱头、扬声器、耳机、蜂鸣器等电声器件。当压电晶体片所加交变电压的频率与压电晶体片固有频率相同时,晶片就产生强烈的振动而发射出超声波。

5.4.4 传感器

传感器是现代电子世界的感觉器官。压力传感器是利用压电效应,将非电量压力的测量转换成电学量进行测量。由于压电式传感器具有体积小、重量轻、工作频带宽等特点,因而压电式传感器广泛应用在声学、计时仪器中,在各种动态力、机械冲击与振动的测量中,在机床测力仪测试系统和火箭发射架的复杂测力系统中。

在 21 世纪,传感器已无处不在,仅一个小小的智能手机中就存在着重力传感器、光线传感器、加速度传感器、聚力传感器、磁力传感器、气压传感器等多种传感器。

1. 传感器定义

传感器,英文名称为 transducer/sensor,是一种检测装置,国家标准 GB7665-87 对其的定义为:能感受规定的被测量件并按照一定的规律转换成可用信号的器件或装置,通常由敏感元件和转换元件构成。传感器可完成信息的传输、处理、存储、显示、记录、控制等多重要求,具有微型化、数字化、智能化等多种功能,是实现自动化的第一环。

2. 传感器工作原理

传感器一般由敏感元件、转换元件、变换电路、辅助电源四部分构成,如图 5.4-11 所示。其中,敏感元件直接接收测量,用于输出被测量有关的物理量信号,敏感元件主要包括热敏、光敏、湿敏、气敏、力敏、声敏、磁敏、色敏、味敏、放射性敏感等十大类;转换元件用于将敏感元件输出的物理量信号转换为电信号,变换电路用于将转换元件输出电信号进行放大、调制等处理,辅助电源用于为系统(主要是敏感元件和转换元件)提供能量。

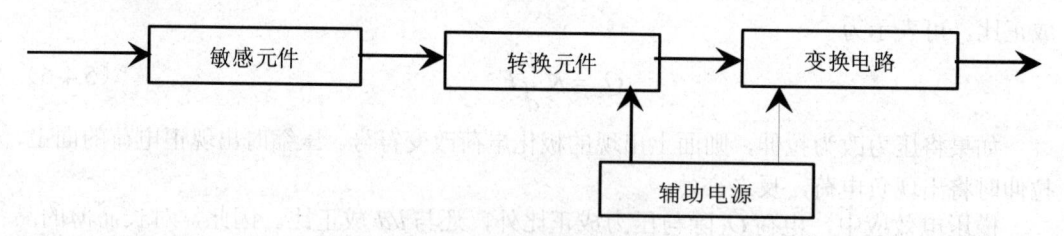

图 5.4-11 传感器的构成

3. 传感器应用

传感器在现代科技中的应用很广,重力感应传感器,在极品飞车、天天跑酷等游戏中有着近乎完美的体现;手机中的传感器数不胜数,很多功能都是利用传感器来实现的。手机的摇一摇功能就是对手机的加速度进行感应,光线传感器在手机的自动调光功能的应用;距离传感器,应用在接电话时手机离开耳朵屏幕变亮,手机贴近耳朵屏幕变黑。除手机外,传感器在日常生活中也有着广泛的应用,常见的如:自动门,通过对人体红外微波的传感来控制其开关状态；烟雾报警器，通过对烟雾浓度的传感来实现报警；电子秤，通过力学传感来测量人或其他物品的重量；水位报警、温度报警、湿度报警等也都利用的是传感器来完成其功能。

思考与练习

5.4-1 有人说，避雷针的作用是将建筑物上的感应电荷从尖端上放掉，因此，它是否接地无关紧要，这种说法对吗？为什么？

5.4-2 如图 5.4-12 所示，一个空腔导体内部和外部都有电荷，试分析：（1）当外壳不接地时，腔内的电场是否受到外面电荷的影响？腔外部的电场是否受到腔内部电荷的影响？（2）一般静电屏蔽，都要将"静电屏"的外壳接地，这是为什么？

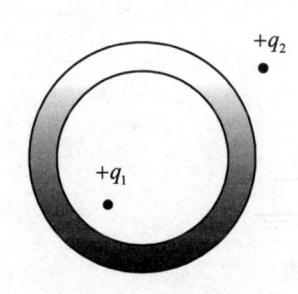

图 5.4-12 题 5.4-2 图   图 5.4-13 题 5.4-3 图

5.4-3 当站在地面上的人接触到高压带电设备时，就有触电的危险，这是为什么？如图 5.4-13 所示，若人站在与地绝缘良好的电介质（如橡胶、有机玻璃等）垫上面的金属板上，再接触高压带电设备时，就不会触电，这又是为什么？既然人站在如上所述的与地绝缘的金属板上时不会触电，那么电力工人在进行高压带电作业时，为什么还要穿上用导电性能极为良好的金属细网做成的手套、帽子、衣裤和鞋袜连成一体的工作服？

5.4-4 电介质的极化和静电感应有何区别？极化电荷和感应电荷有何区别？

5.4-5 在工程实践中，常在高压电缆线中外面包上一层或多层电介质，这是为什么？如果不包介质，会有什么危险？

5.4-6 既然电流具有热效应，哪为什么 2008 年冬南方大雪造成大量的高压线被雪压断，电流的热效应为什么不能化雪呢？

5.4-7 不带电的导体球壳半径为 R，在球心处放一点电荷，测量球壳外的电场，然后将此点电荷移至距球心 $R/2$ 处，重新测量电场，则电荷移动对电场的影响为（　　）。

A. 对球壳内外的电场均无影响
B. 对球壳内外的电场均有影响
C. 只影响球壳内的电场，不影响球壳外的电场
D. 不影响球壳内的电场，只影响球壳外的电场

5.4-8 一平行板电容器，充电后切断电源，然后再将两极板间的距离增大，这时下列说法正确的是（　　）。

A. 电容器所贮存的能量增大，电容器两极间电场的场强不变
B. 电容器所贮存的能量不变，电容器两极间电场的场强变小
C. 电容器两极间的电势差减小，两极间电场的场强减小
D. 电容器两极间的电势差增大，两极间电场的场强增大

5.4-9 超声波加湿器里的超声波发生器，应用的是压电晶体的_____效应；晶体话筒或晶体唱头应用的是压电晶体的_____效应。利用压电晶体正压电效应产生的电荷量与压力_____的现象可将压电晶体制成压力传感器。

5.4-10 静电场中，导体静电平衡的条件是_____。

5.4-11 如图 5.4-14 所示，一无限大平行板电容器，A、B 两极板相距 5cm，极板电荷面密度为 $\sigma = 3.3 \times 10^{-6} \text{C/m}^2$，$A$ 板带正电，B 板带负电，距 A 板 3cm 处有一 P。

（1）若 B 板接地，求 V_P 和 V_A；（2）若 A 板接地，求 V_P 和 V_B。

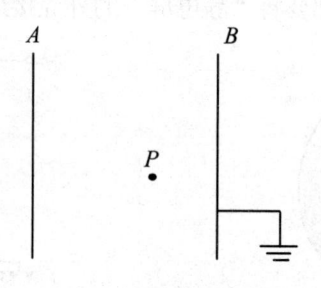

图 5.4-14 题 5.4-11 图

5.4-12 一空气平板电容器，两极板间的距离为 0.01cm，电容器工作时两极间电压为 $U = 1600\text{V}$，问此电容器会被击穿吗？（已知空气的击穿场强为 $4.7 \times 10^6 \text{V/m}$）若保持工作电压不变，在电容器二极板间充满击穿电场为 $1.8 \times 10^7 \text{V/m}$ 聚乙烯薄膜，这时，此电容器会被击穿吗？

5.4-13 **有一点电荷 $q = 2.0 \times 10^{-8}\text{C}$，放在一原不带电的金属球壳的球心，球壳的内、外半径分别为 $R_1 = 0.15\text{m}$ 和 $R_2 = 0.30\text{m}$，求离球心距离 r 分别为 0.1m、0.2m 和 0.5m 处的电势。

第6章 稳 恒 磁 场

现在人们已经掌握了有关电磁现象的基本规律，发现了磁场与物质相互作用的物理效应。但历史上很长一段时间内，电学和磁学的研究一直彼此独立地发展着。1820 年奥斯特发现电流的磁效应后，以安培、比奥-萨伐尔等人的实验和理论研究，人们认识到磁现象源于电荷的运动。

电荷在其周围激发电场，电场给场中的电荷以作用力；而运动电荷在其周围除了激发电场之外，还要激发磁场，磁场给场中运动电荷以作用力，这是磁现象的本因。磁场与电场一样，也是一种特殊的物质形态。当作宏观定向运动的电荷在空间的分布不随时间变化，即形成稳定电流，在其周围产生不随时间变化的磁场，称为**稳恒磁场**，又称**静磁场**。

稳恒磁场与静电场的性质、规律不同，但是在研究方法上却有类似之处。

6.1 磁场与磁感应强度

6.1.1 磁现象与磁场

人类是从天然磁石吸引铁的现象，开始认识了解磁现象的。如我国公元前三世纪的古籍《吕氏春秋》中就记载了"磁石召铁"，即天然磁石吸引铁的现象；还有我国古代四大发明之一的指南针，就是利用地球磁场对磁体的吸引制成的。

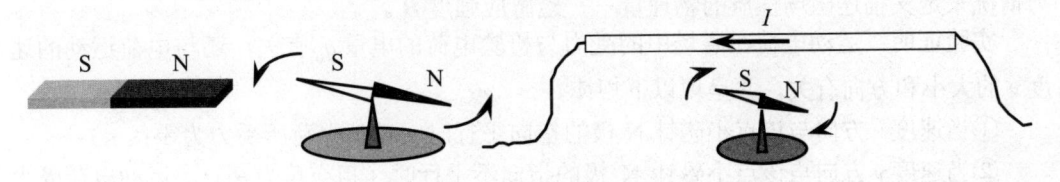

图 6.1-1 磁铁与电流的磁效应

磁场与电场一样，是一种特殊的物质，其存在不能被人的感官直接感知，但磁场存在的特征与天然磁铁一样，对铁磁质物质、运动电荷及电流有力的作用。

在漫长的岁月里，一直未对磁现象的本质有合理的解释。直至 1820 年，丹麦物理学家奥斯特一次偶然的机会发现了电流的磁效应，第一次揭示了磁与电存在着联系，即在载流导线附近的小磁针会发生偏转的现象，与小磁针在磁铁附近的情况相同，如图 6.1-1 所示。由此人们猜测电流附近存在与天然磁铁附近类似的特性，即存在磁场。

但是人们进一步会问：磁铁中没有电流，却有很强的磁性，磁石的磁场是怎样产生的呢？根据大量事实，法国物理学家安培于 1882 年提出了物质磁性的分子电流假说，认为在任何物体的分子中，都有一个类似载流圆线圈的回路电流，即分子电流，它相当于一个小磁体，如图 6.1-2 所示。当物体内的分子电流呈定向有序排列时，物体宏观上就显示出磁性。这一假说被 20 世纪发展起来的原子结构理论所证实。原子结构理论中组成分子的原子由带正电的原子核和绕核运动的带负电的电子构成，可等效于载流圆线圈电流。

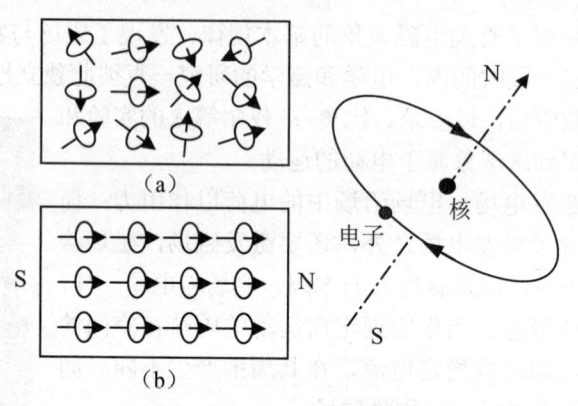

图 6.1-2 分子电流与物质磁性

19 世纪末期，英国物理学家麦克斯韦从理论上证明变化的电场也能激发磁场，并由另一物理学家赫兹用实验证实了这一理论。从而认识到**磁场起源于运动的电荷或变化的电场**，即磁现象具有电本质。

6.1.2 磁感应强度

在研究电场时，空间一点是否存在电场，可根据检验电荷在电场中受力的性质来判断，从而引入了描述电场性质的物理量——电场强度 E。与此相似，磁场给运动电荷、载流导体等以作用力，判断空间一点是否存在磁场，可用运动的检验电荷 q 在磁场中受力情况来定义描述磁场性质的物理量——**磁感应强度 B**。

实验证明：运动电荷在磁场中的受力与检验电荷的电量 q_0 有关，还与电荷运动的速度 v 的大小和方向有关，并呈现以下规律。

①当速度 v 方向与该点小磁针 N 极的指向平行时，运动电荷所受力为零；

②当速度 v 方向与该点小磁针 N 极的指向不平行时（相交角为 θ），运动电荷受力不为零，所受力的大小随 θ 改变，且与 $\sin\theta$ 成正比，当 $\theta = \pi/2$ 时，所受磁场力最大 F_{max}，且 F_{max} 与 $q_0 v$ 成正比；

③运动电荷所受磁力的方向与其运动方向和该点小磁针 N 极的指向所确定的平面垂直，且三个方向满足右手螺旋定则。

根据以上规律，对磁场空间某点的**磁感应强度 B** 的大小和方向定义如下：

某点磁感应强度 B 方向为该点小磁针 N 极的指向；磁感应强度 B 大小为

$$B = \frac{F_{max}}{q_0 v} \tag{6.1-1}$$

在国际单位制 SI 中磁感应强度 B 单位为特斯拉 T；常用单位：高斯 G，$1G = 10^{-4}T$。特斯拉与相关单位的关系为

$$1T = \frac{1N}{1C \times 1m/s}$$

地球表面 B 大小约为 $3 \times 10^{-5}T$（赤道）和 $6 \times 10^{-5}T$（两极）；一般仪表的永磁体附近的磁场约为 $10^{-2}T$；大型电磁铁附近约为 2T；通过强电流的超导体附近的磁场稳定时可达 20T；超导材料制造的磁体可产生 10^2T 的磁场；在微观领域中已发现某些原子核附近的磁场可达 10^4T。

6.1.3 比奥-萨伐尔定律

1820 年法国科学家毕奥和萨伐尔在分析大量实验资料的基础上，总结出电流元与它激发的磁场之间的定量关系，称为毕奥-萨伐尔定律。其写成矢量式为

$$d\boldsymbol{B} = \frac{\mu_0}{4\pi} \frac{Id\boldsymbol{l} \times \boldsymbol{r}_0}{r^2} \tag{6.1-2}$$

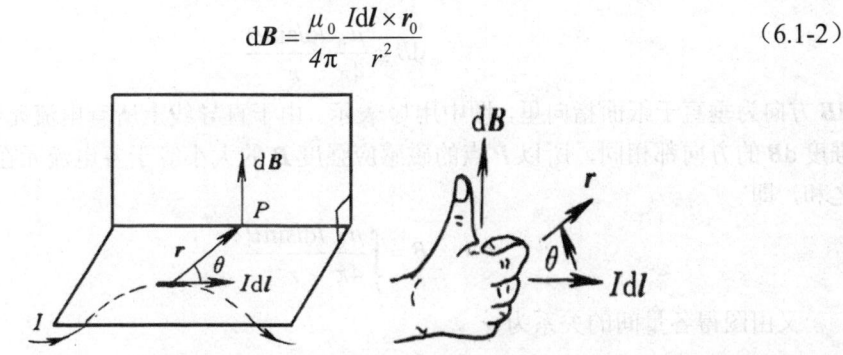

图 6.1-3 毕奥-萨伐尔定律方向示意图

即载流导线上的电流元 $Id\boldsymbol{l}$ 在真空中某点 P 激发的磁感应强度 $d\boldsymbol{B}$ 的大小与电流元 $Id\boldsymbol{l}$ 的大小成正比，与电流元 $Id\boldsymbol{l}$ 和从电流元到 P 点的位矢 $\boldsymbol{r}$ 的夹角 θ 的正弦成正比，与位矢 $\boldsymbol{r}$ 大小的二次方成反比，即

$$dB = \frac{\mu_0}{4\pi} \frac{Idl\sin\theta}{r^2} \tag{6.1-3}$$

$d\boldsymbol{B}$ 的方向垂直于 $Id\boldsymbol{l}$ 和 $\boldsymbol{r}$ 确定的平面，满足右手螺旋定则。即右手四指由 $Id\boldsymbol{l}$ 方向沿小于 π 角向 $\boldsymbol{r}$ 弯曲时，伸直的大拇指所指的方向即为该电流元在 P 点激发的磁场的磁感应强度的方向，如图 6.1-3 所示。

其中常数 $\mu_0 = 4\pi \times 10^{-7} N/A^2$，称为真空磁导率，是描述真空磁特性的常数。

例 6.1-1（载流直导线周围的磁场） 一直导线 L 通有电流 I，求距离此导线为 a 处一点 P 的磁感应强度 $\boldsymbol{B}$。

解： 如图 6.1-4 所示，在直导线上任取一电流元 $Id\boldsymbol{l}$，它到 P 的位矢为 $\boldsymbol{r}$，P 点到导线的垂足是 O，电流元 $Id\boldsymbol{l}$ 到 O 点的距离为 l，$Id\boldsymbol{l}$ 与 $\boldsymbol{r}$ 的夹角为 θ，则根据毕奥-萨伐尔定律得磁感应强度大小为

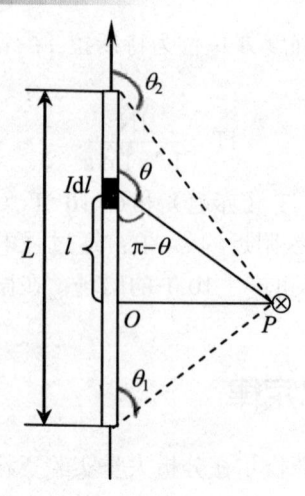

图 6.1-4 例 6.1-1 图

$$dB = \frac{\mu_0}{4\pi} \frac{Idl\sin\theta}{r^2}$$

dB 方向为垂直于纸面指向里，图中用 ⊗ 表示。由于直导线上所有电流元在 P 点的磁感应强度 dB 的方向都相同，所以 P 点的磁感应强度 B 的大小等于各电流元在该点的 dB 大小之和，即

$$B = \int_L \frac{\mu_0}{4\pi} \frac{Idl\sin\theta}{r^2}$$

又由图得各量间的关系为

$$l = a\cot(\pi - \theta) \qquad dl = \frac{a}{\sin^2\theta}d\theta$$

$$r = \frac{a}{\sin(\pi - \theta)} = \frac{a}{\sin\theta}$$

代入积分式得

$$B = \int_{\theta_1}^{\theta_2} \frac{\mu_0 I}{4\pi a} \sin\theta d\theta = \frac{\mu_0 I}{4\pi a}(\cos\theta_1 - \cos\theta_2) \qquad (6.1\text{-}4)$$

该磁场的方向为垂直于纸面指向里。

当 $l \gg a$ 时，导线可视为无限长，此时 $\theta_1 \approx 0$，$\theta_2 \approx \pi$，则

$$B = \frac{\mu_0 I}{2\pi a} \qquad (6.1\text{-}5)$$

6.1.4　磁场叠加原理

磁场的可叠加性与电场一样，磁感应强度也服从叠加原理。所谓磁感应强度叠加原理，即若有 n 个载流导体，它们单独存在时，在空间某点 P 分别产生的磁感应强度为 B_1、B_2、…、B_n，则这 n 个载流导体在 P 点共同产生的磁感应强度 B 等于每个载流导体单独存在时在 P 点产生的磁感应强度的矢量和，即

$$B = \sum_{i=1}^{n} B_i = B_1 + B_2 + \cdots + B_n \tag{6.1-6}$$

应用叠加原理和毕奥-萨伐尔定律原则上可以计算任意形状的载流导体产生的磁场。但除简单形状的载流导体外，在一般情况下，这种计算十分烦琐，有时甚至计算不出结果。因此，在实际应用中，多采用实验的方法，通过一定的仪器去测定电流的磁场。

根据叠加原理和毕奥-萨伐尔定律用定积分方法可求出规则的一些载流导体所产生的磁感应强度，表 6.1-1 列出几种常用的典型载流导体的磁感应强度的公式。

表 6.1-1　几种典型载流导体的磁感应强度公式

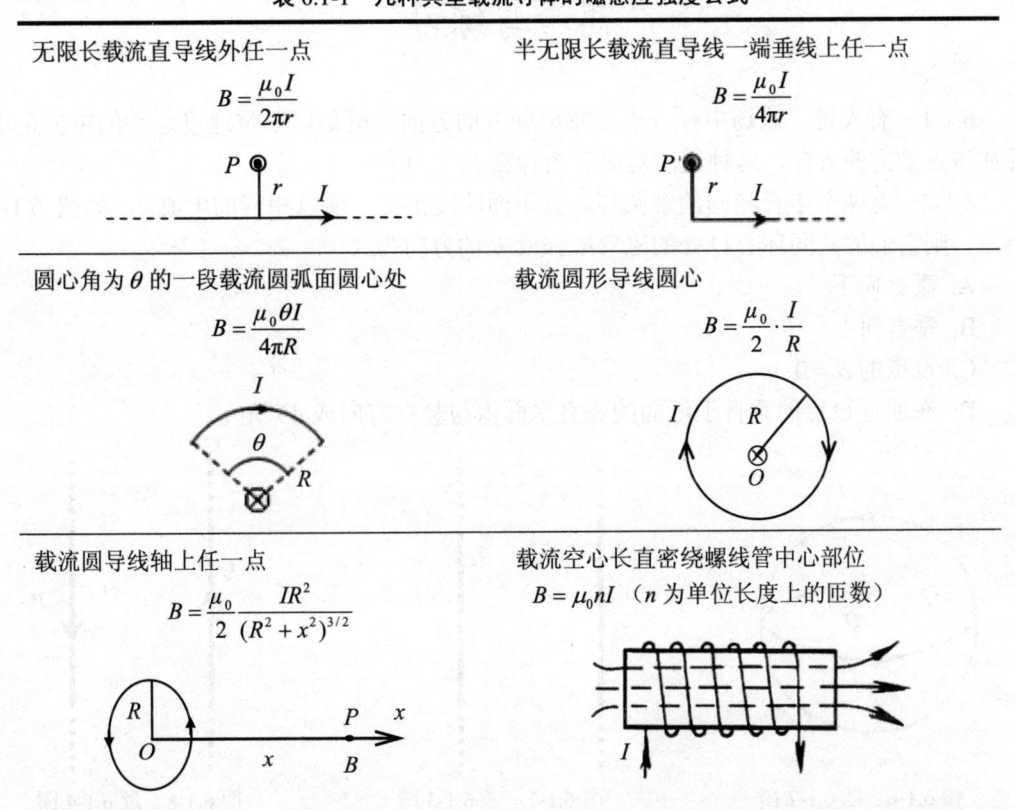

无限长载流直导线外任一点 $B = \dfrac{\mu_0 I}{2\pi r}$	半无限长载流直导线一端垂线上任一点 $B = \dfrac{\mu_0 I}{4\pi r}$
圆心角为 θ 的一段载流圆弧面圆心处 $B = \dfrac{\mu_0 \theta I}{4\pi R}$	载流圆形导线圆心 $B = \dfrac{\mu_0}{2} \cdot \dfrac{I}{R}$
载流圆导线轴上任一点 $B = \dfrac{\mu_0}{2} \dfrac{IR^2}{(R^2+x^2)^{3/2}}$	载流空心长直密绕螺线管中心部位 $B = \mu_0 n I$（n 为单位长度上的匝数）

例 6.1-2（两条平行载流长直导线间一点 P 的磁感应强度）　如图 6.1-5 所示，两平行的长直输电线，相距 40cm，均载有相反的稳定电流 5A，试计算在两条线间中点 P 处磁感应强度 B 的大小，并说明其方向；若两条输电线中的电流方向相同 B 又如何？

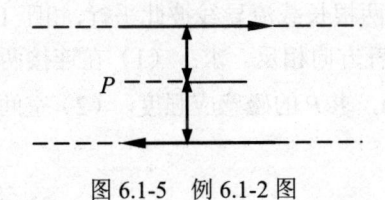

图 6.1-5　例 6.1-2 图

解：由安培右手螺旋定则可知，两导线在 P 点产生的磁感应强度方向相同，均垂直于纸面指向内。

根据叠加原理得两导线产生的总磁场强度大小为

$$B = B_1 + B_2 = \frac{\mu_0 I}{2\pi r} + \frac{\mu_0 I}{2\pi r} = \frac{\mu_0 I}{\pi r} = \frac{4\pi \times 10^{-7} \times 5}{\pi \times 0.2} = 1.0 \times 10^{-5} \text{T}$$

B 的方向垂直纸面指向内

若二导线内电流同向，由叠加原理可知 $B = 0$

思考与练习

6.1-1 有人说，磁场中任一点磁感应强度的方向，就是以单位速度运动的单位正电荷在该点受力的方向，这种说法对吗？为什么？

6.1-2 有两个半径相同的细圆环，其平面法线正交，通以相同的电流 I，如图 6.1-6 所示，则它们的共同环心 O 处的磁感应强度 B 的方向为（   ）。

A. 垂直向下

B. 垂直向上

C. O 点的 $B = 0$

D. 在通过 O 点的垂直于纸面的竖直平面内与竖直方向成 45°角

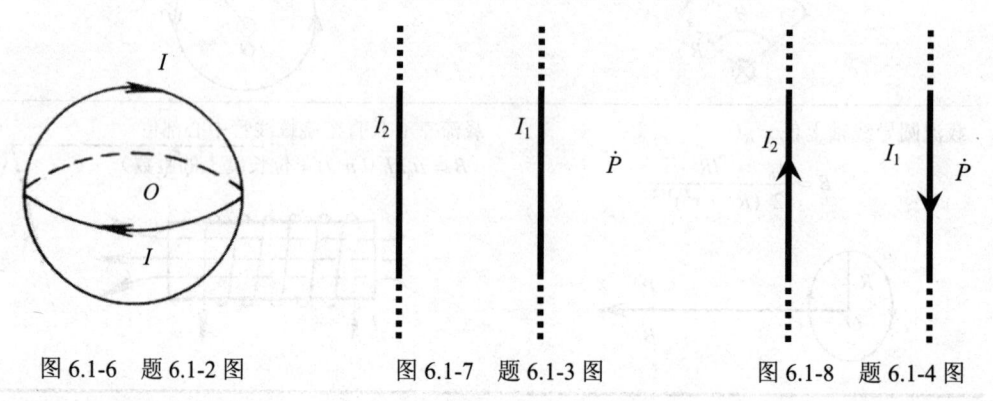

图 6.1-6 题 6.1-2 图   图 6.1-7 题 6.1-3 图   图 6.1-8 题 6.1-4 图

6.1-3 两根平行的无限长直导线，分别通有电流，如图 6.1-7 所示，已知其右方 P 点处的磁感应强度 $B = 0$，则两电流的大小和方向必有（   ）。

A. $I_1 > I_2$，同向   B. $I_1 > I_2$，反向

C. $I_1 < I_2$，同向   D. $I_1 < I_2$，反向

6.1-4 如图 6.1-8 所示，两根长载流导线彼此平行，相距 15cm。导线 I 中电流 $I_1 = 5$A，导线 II 中电流 $I_2 = 10$A，二者方向相反。求：（1）在连接两根导线的直线上点 P 距导线 I 为 9cm，距导线 II 为 24cm，求 P 的磁感应强度。（2）空间中哪些点磁感应强度为零？

6.2 磁场高斯定理、安培环路定理

6.2.1 磁场高斯定理

1. 磁感线

像用电场线形象地描绘电场一样，也可以用磁感线形象地描绘磁场的分布。在磁场中画一系列的有向曲线，使这些曲线上的任一点切线方向都与该点的磁感应强度 B 的方向一致；同时这些曲线的面密度与磁感应强度 B 的大小成正比。这些线即称为**磁感线**。

如图 6.2-1 所示，给出了几种常用电流的磁感线分布及右手螺旋定则判定磁感应强度方向的方法。

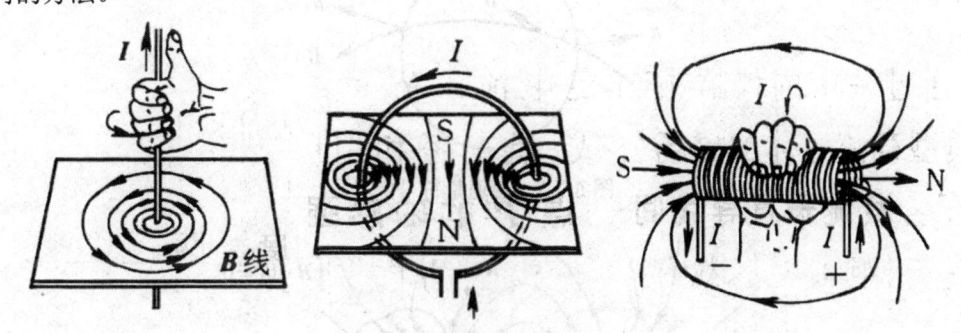

图 6.2-1 三种典型电流的磁感线

2. 磁通量

如图 6.2-2 所示，通过磁场中某给定曲面磁感线总数，称为通过该面的磁通量。

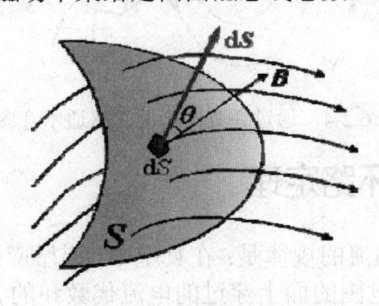

图 6.2-2 磁场与面元

与电通量相同，通过面元 dS 的磁通量为

$$d\Phi_m = \boldsymbol{B} \cdot d\boldsymbol{S} \tag{6.2-1}$$

则通过有限面积 S 的磁通量为

$$\Phi_m = \int_S B \cdot S \cos\theta dS \tag{6.2-2}$$

在 SI 中，磁通量单位为韦伯，符号为 Wb，$1\text{Wb} = 1\text{T} \cdot \text{m}^2$。

3. 磁场的高斯定理

与电场中曲面的方向规定类似,在磁场中任取一闭合曲面,如图 6.2-3 所示规定曲面外法线方向为曲面法线的正方向,则从闭合面穿出的磁通为正,穿入闭合曲面为负。如图 6.2-4 所示理论与实验都证明:磁感线是闭合曲线,因此穿入闭合曲面的磁感线,必会从另一处穿出,即穿入与穿出任一闭合面的磁感线条数总是相等的,所以**在磁场中,通过磁场中任一闭合面的磁通量等于零**。这一规律称为**磁场的高斯定理**,其数学表达式为

$$\oint_S \boldsymbol{B} \cdot \mathrm{d}\boldsymbol{S} = \oint_S B\cos\theta \mathrm{d}S = 0 \tag{6.2-3}$$

静电场高斯定理表明静电场是有源场,磁场高斯定理与静电场高斯定理的不同,说明磁场是与静电场性质不同的场,磁场是无源场,磁感线闭合,无单一的磁极存在。

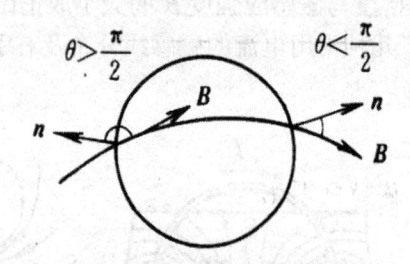

图 6.2-3 磁通量符号定义

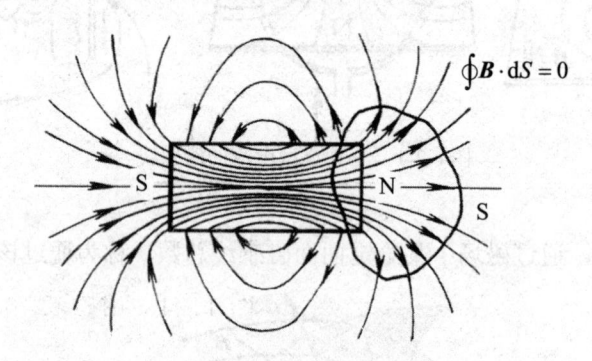

图 6.2-4 通过任意闭合曲面磁通示意图

6.2.2 磁场安培环路定理

理论上可证明,磁场的环流的规律是:在真空中,磁感应强度 $\boldsymbol{B}$ 沿任意闭合回路 L 的线积分,等于该闭合回路所包围的面上穿过的电流代数和的 μ_0 倍,这一结论称为磁场的安培环路定理. 其数学表达式为

$$\oint_L \boldsymbol{B} \cdot \mathrm{d}\boldsymbol{l} = \mu_0 \sum I \tag{6.2-4}$$

磁感应强度的环流不为零,说明磁场不是保守力场,而是涡旋场,不能引入势能的概念,其磁感线是闭合的。静电场的电场强度环流为零,而描述磁场的磁感应强度的环流不为零,说明静电场与磁场的性质不同。

应用安培环路定理可以计算某些具有对称分布的电流的磁感应强度,其结果见表 6.2-1 几种常用的对称分布的电流的磁感应强度。

表 6.2-1　几种常用的对称分布的电流的磁感应强度大小公式

载流导体	磁场分布
半径为 R、电流均匀分布的无限长直圆柱体	$r > R, B = \dfrac{\mu_0 I}{2\pi r}$ $r < R, B = \dfrac{\mu_0 I}{2\pi R^2} r$
半径为 R 的通电薄圆筒	$r > R, B = \dfrac{\mu_0 I}{2\pi r}$ $r < R, B = 0$
平均周长为 L、总匝数为 N 的螺绕环内部中心的磁场	$B = \mu_0 \dfrac{N}{L} I$

思考与练习

6-2-1　稳恒电流磁场的高斯定理的数学表达式_____，说明稳恒磁场的特性是_____。

6-2-2　稳恒电流磁场的安培环路定理的数学表达式为_____，等式中 $\sum I$ 是_____，该定理说明稳恒磁场的特性是_____。

6.3　磁场力

6.3.1　洛仑兹力

静止的电荷在静电场中要受到电场力的作用，但在磁场中，静止的电荷并不受磁场力。只有相对磁场运动的电荷，才可能受到磁场力的作用。通常把运动电荷在磁场中所受到的磁场力，称为洛仑兹力 **F**。

实验表明,当运动电荷速度v的方向与磁场平行时,不受磁场力作用;而当运动电荷速度v的方向与磁场垂直时,电荷在磁场中受到的力F为最大,其与电荷电量q、它的速度v、磁感应强度B有如下关系

$$F_{max} = qvB$$

当电荷的运动速度v与磁感应强度B之间的夹角为θ时,如图6.3-1所示,可将速度分解为平行和垂直于磁感应强度两个分量,即

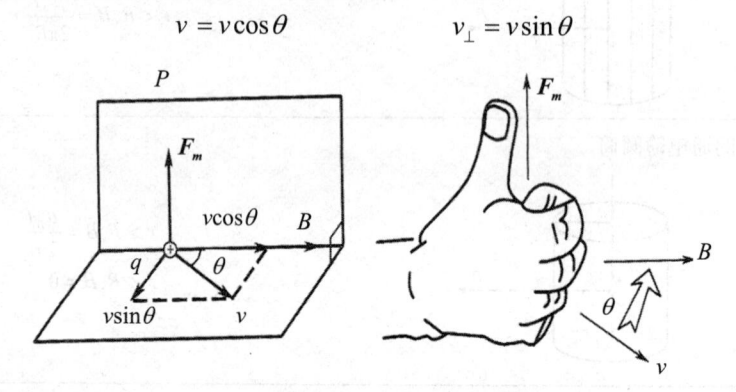

$$v_{\parallel} = v\cos\theta \qquad v_{\perp} = v\sin\theta$$

图 6.3-1 磁场对运动电荷的作用力

因为运动电荷与磁场方向平行时不受磁场力作用,所以只需考虑垂直于磁场B方向的速度分量,即运动电荷所受洛仑兹力大小为

$$F = qvB\sin\theta \qquad (6.3-1)$$

洛仑兹力F_m垂直于v和B决定的平面,F_m、v、B三个矢量的方向满足右手螺旋法则。如图6.3-1所示,$q>0$,右手四指成握状,四指由v经小于180°的角转向B时,竖起大拇指,大拇指与四指垂直,此时拇指的方向即洛仑兹力的方向;当$q<0$时,F_m的方向与正电荷受力方向相反。洛仑兹力的矢量表达式为

$$\boldsymbol{F} = q\boldsymbol{v} \times \boldsymbol{B} \qquad (6.3-2)$$

F总是垂直于v,所以洛仑兹力对运动电荷不做功,而只改变运动电荷速度v的方向。

例6.3-1(滤速器) 滤速器又叫速度选择器,它是利用电场和磁场对带电粒子的共同作用,从各种速率的带电粒子中选择出具有一定速率粒子的装置。如图6.3-2所示为其原理图,在两平行金属电极上,加有一定的电压,从而在两板间形成上下方向的匀强电场;同时,在两极板间加一垂直纸面方向的均匀磁场,当速率不同的带电粒子沿图示方向通过小孔s进入滤速器后,试求:(1)带电粒子能通过右边小孔s'的条件是什么?能通过的粒子的速率是多大?(2)为了获得速率为$v=4\times10^5$m/s的粒子束,若$B=5.0\times10^{-3}$T,则两极板间的场强E应取多大?若两极板间的距离为$l=0.4$m,则两极板应加多大电压?

解:(1)能从右边小孔穿出的粒子在金属电极间受力满足

$$F = F_m - F_e = 0$$

即

$$vB = E$$

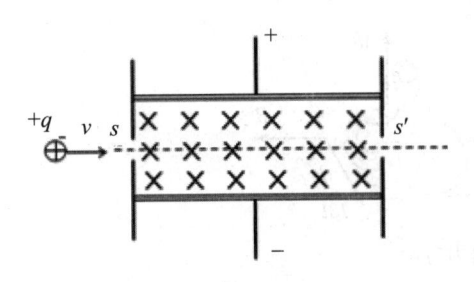

图 6.3-2　滤速器原理图　　　　图 6.3-3　回旋加速器

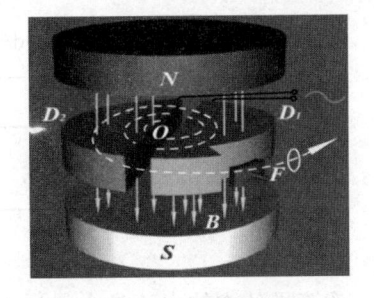

由上条件得从右边小孔穿出的粒子的速度是
$$v = E/B$$

（2）由上条件得
$$E = vB = 4 \times 10^5 \times 5 \times 10^{-3} = 2000 \text{V/m}$$

应加的电压（电势差）为
$$U = El = 2000 \times 0.4 = 800 \text{V}$$

在现代科学技术中，滤速器常被应用于离子注入技术，在制造晶体管和大规模集成电路时，往半导体基片里注入的深度也有严格要求。因为注入深度与离子的速率有关，所以，通过调整极板电压，就可控制离子的注入速率，从而达到合适的注入深度。此外，滤速器还被广泛应用于核物理实验、基本粒子实验和宇宙射线实验等。

利用磁场的洛仑兹力还可制成带电粒子的加速器，如图 6.3-3 所示。

6.3.2　安培力

1. 安培定律

前面说明运动电荷在磁场中要受到磁场的作用力，即洛仑兹力。电流是有电荷的定向运动产生的，因此载流导线在磁场中定会受到一个磁场力，通常称为安培力。

安培在观察和分析了大量实验事实的基础上，总结出了关于载流导线上一段电流元 $I\text{d}l$ 受力的基本规律，即电流元 $I\text{d}l$ 所受磁场力 $\text{d}F$ 的大小，等于电流元的大小、电流元所在处的磁感应强度 B 的大小以及 $I\text{d}l$ 和 B 之间的夹角 θ 正弦的乘积；安培力 $\text{d}F$、电流元 $I\text{d}l$ 和磁感应强度 B 三者的方向满足右手螺旋定则。这一结论被称为**安培定律**。

其数学矢量式为
$$\text{d}F = I\text{d}l \times B \tag{6.3-3}$$

其大小为
$$\text{d}F = BI\text{d}l\sin\theta \tag{6.3-4}$$

安培力的方向：如图 6.3-4 所示，电流方向 $I\text{d}l$、磁场方向 B 与安培力 $\text{d}F$ 方向满足右手螺旋定则。

为了获得长载流导线 L 所受的安培力，可将该截流导线分割成许多电流元，则整个载流导线所受到的安培力就是各电流元所受到的安培力的矢量和。即
$$F = \int_L I\text{d}l \times B \tag{6.3-5}$$

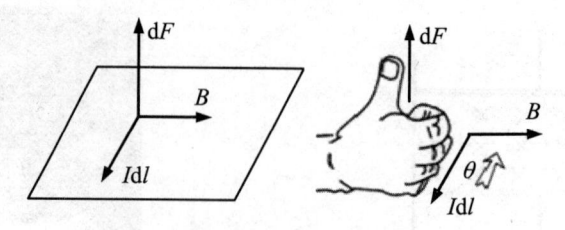

图 6.3-4 安培力方向

载流导体中的电流是大量运动电子做宏观定向运动形成的。当载流导体处于磁场中时，其中的每个运动着的电子都要受到洛仑兹力的作用，作用于所有电子的洛仑兹力的总和，在宏观上就表现为导体所受的安培力。证明如下。

在 dt 时间内，Idl 载流导线的运动电荷是 $q = Idt$，这些电荷所受到的洛仑兹力总和为

$$d\boldsymbol{F} = q\boldsymbol{v} \times \boldsymbol{B} = Idt\boldsymbol{v} \times \boldsymbol{B} = Id\boldsymbol{l} \times \boldsymbol{B} \tag{6.3-6}$$

可见安培力 $\boldsymbol{F}$ 是载流导体中所有电荷受到的洛仑兹力的总和（或宏观表现）。

2. 直线电流受到的安培力计算

例 6.3-2（载流直导线在磁场中受力） 如图 6.3-5 所示，一段长为 L 的通电直导线在均匀磁场 $\boldsymbol{B}$ 中，导线与磁场方向之间的夹角 θ，计算该导线所受的安培力大小与方向。

解：在导线上任取一电流元 Idl，该电流元所受的安培力大小为

$$dF = BIdl\sin\theta$$

其方向垂直纸面向里。

由于直导线上所有电流元所受的安培力方向都相同，因此，整个导线 L 所受的安培力就是各段电流元的代数和，即

$$F = \int_L BIdl\sin\theta = BI\sin\theta \int_L dl = BIL\sin\theta \tag{6.3-7}$$

即对直导线电流在磁场中所受安培力的大小等于磁感应强度与电流强度、直导线的长度及直线电流方向与磁场方向夹角的正弦的乘积。

当 $\theta = \dfrac{\pi}{2}$ 时，

$$F = BIL \tag{6.3-8}$$

当直导线电流方向与磁场方向垂直时，所受的安培力最大，为磁感应强度与电流强度、直导线的长度的乘积。

直导线电流受到的安培力的方向用右手定则判断，四个手指从电流方向沿着小于 180°角的方向绕向磁感应强度方向，大拇指的方向即安培力的方向，由图 6.3-5 中判断知，该直导线电流受到的安培力方向为：垂直于纸面指向里。

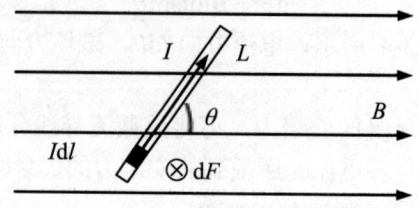

图 6.3-5 直导线电流在磁场中的安培力

6.3.3 磁场对载流线圈的作用 磁力矩

设有一平面矩形刚性载流线圈 abcd，边长分别为 l_1 和 l_2，通有电流 I。为确定线圈的方位，规定：线圈平面法线 n 与线圈中电流 I 的绕向成右手螺旋关系。该线圈放入磁感应强度为 B 的匀强磁场中，B 与线圈平面法线的夹角为 θ，B 与线圈平面的夹角为 $\alpha = \pi/2 - \theta$，如图 6.3-6 所示。

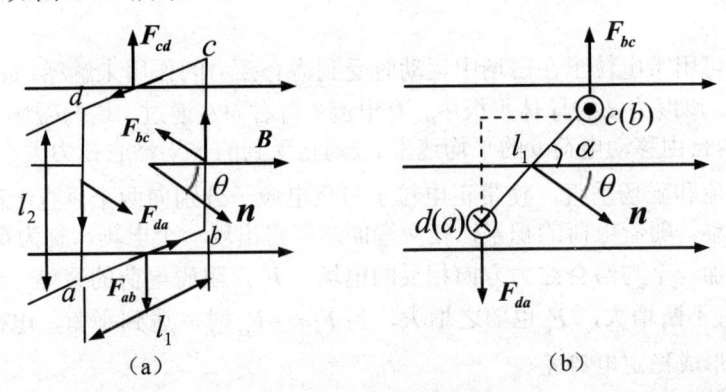

图 6.3-6 磁场对载流线圈的作用

载流线圈受到磁场的作用为四段载流直导线受到的安培力。根据安培定律，线圈中 ab 和 cd 两电流所受安培力分别为

$$F_{ab} = BIl_1 \sin\alpha \tag{6.3-9}$$

$$F_{cd} = BIl_1 \sin(\pi - \alpha) = BIl_1 \sin\alpha \tag{6.3-10}$$

这两个力大小相等、方向相反，作用线在同一直线上，如图 6.3-6（a）所示对整个线圈来说，它们的合力为零。

根据安培定律，线圈中 bc 和 da 两电流所受安培力分别为

$$F_{bc} = BIl_2 \sin\pi/2 = BIl_2 \qquad F_{da} = BIl_2 \sin\pi/2 = BIl_2 \tag{6.3-11}$$

这两个力大小相等、方向相反，作用线不在同一直线上，如图 6.3-6（b）所示对整个线圈来说，它们对线圈形成一个磁力矩 M，其大小为

$$M = F_{ad} Bl_1 \sin\theta = BIl_1 l_2 \sin\theta = BIS \sin\theta \tag{6.3-12}$$

上式中，$S = l_1 l_2$，为矩形线圈的面积。如果线圈有 N 匝，则线圈所受的磁力矩为

$$M = NBIS \sin\theta \tag{6.3-13}$$

定义 $p_m = NIS n$ 为线圈的**磁矩**，磁矩是描述平面载流线圈磁性质的物理量，则式（6.3-13）可写为矢量式

$$M = p_m \times B \tag{6.3-14}$$

可见，载流线圈在匀强磁场中，将受到磁力矩的作用而旋转，此即为电动机的工作原理。由式（6.3-13）、式（6.3-14）可知磁力矩的大小与线圈磁矩 p_m 和磁感应强度 B 成正比，而磁矩又与线圈匝数和线圈面积及线圈中的电流强度成正比，因此可通过增加线圈匝数、增大线圈面积或提高线圈中的电流强度，来提高线圈的磁力矩和旋转速度，从而提高电动机的功率。

6.3.4 霍尔效应

1. 霍尔效应

美国物理学家霍尔，于 1879 年在实验中发现：<u>当电流垂直于外磁场方向通过导体时，在垂直于磁场和电流方向导体的两个端面之间出现电势差</u>。后来人们就称这一现象为**霍尔效应**，所产生的电势差称为霍尔电势差，也叫**霍尔电压** U_H，两端面之间的电场称为霍尔电场 E_H。

霍尔效应可用带电粒子在磁场中运动时受到洛仑兹力的作用来解释。如图 6.3-7 所示，设一宽度为 a、厚度为 d 的导体平板中，有电流 I 自右向左通过，均匀磁场 B 的方向由里向外，若平板内自由移动电荷 q 的平均速率 v，则它受到的平均洛仑兹力大小为 $F_m = qvB$，该力方向与电流和磁场垂直，使带正电粒子与负电粒子分别向两个垂直于磁场和电流方向的两端面聚集。随着电荷的积累，在两端面之间将出现一个电场，称为霍尔电场 E_H，其将对电荷施加一个与洛仑兹力方向相反的电场力 F_e，阻碍电荷的聚集。随着电荷的进一步积累，E_H 不断增大，F_e 也随之增大，当 $F_e = -F_m$ 时，达到平衡，电荷不再向两端面定向移动，形成稳定电势差。

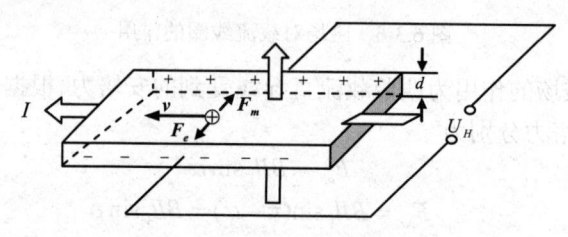

图 6.3-7 霍尔效应原理图

可证明，霍尔电压为

$$U_H = R_H \frac{IB}{d} \quad (6.3\text{-}15)$$

其中，R_H 称霍尔系数，它决定于材料单位体积内的载流子数 n 和载流子的电量 q，其关系为

$$R_H = \frac{1}{nq} \quad (6.3\text{-}16)$$

在金属导体中，由于自由电子的密度很高，相应的 R_H 值很小，因而霍尔电压很低；在半导体材料中，相应的值要比金属大得多，所以，半导体的霍尔效应很明显。

半导体材料分 N 型半导体和 P 型半导体材料，N 型半导体的载流子主要是电子，P 型半导体的载流子主要是空穴（相当于带有一个单位 e 的正电荷）。两种半导体材料产生的霍尔电压的极性相反。

2. 霍尔元件

在长方形的半导体薄片上分别装上两对金属电极后，再用陶瓷、环氧树脂或非金属材料将它包起来而制成**霍尔元件**。如图 6.3-8 所示，电极 1、2 是激励电极或控制电极，用于导入控制电流；电极 3、4 是输出端，是从与激励电极垂直的两个端面引出的，用于输出霍尔电压。

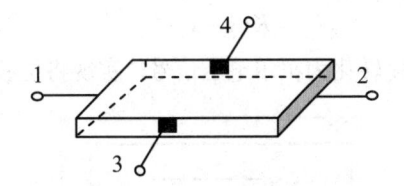

图 6.3-8　霍尔元件示意图

霍尔元件具有对磁场敏感、结构简单、体积小、频率响应宽、输出电压变化范围大、使用寿命长等特点。

3．霍尔效应的应用

由式（6.3-15）可知，对给定的霍尔元件（R_H 和 d 为已知），通过已知控制电流不变（即霍尔元件的输入端输入稳恒的电流 I），并使霍尔元件所在处的磁场与霍尔元件的表面垂直时，由输出端所接伏特表读出霍尔电压 U_H，即可得待测磁感应强度 B，即

$$B = \frac{d}{R_H I} U_H \quad (6.3\text{-}17)$$

由此原理可制作出测量磁场的高斯计，如图 6.3-9 所示为高斯计测量原理图。常见的 CT5 型高斯计，可测量 100Gs～35kGs 的磁场。

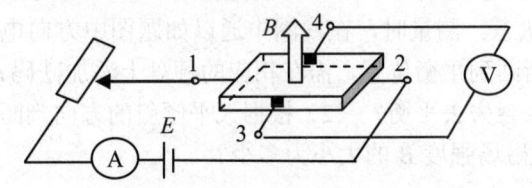

图 6.3-9　高斯计原理图

还可用高斯计测量强大直流电流。几千乃至数万安培的强大直流电流是不能直接用直流电流表串接在电路中去测量的。因通电导线周围要产生磁场，而磁感应强度 B 的大小和导线中的电流 I 成正比，因此，可利用霍尔元件测磁场的方法先测其磁场 B，再通过 B 求得导线中的电流 I。这种方法的优点是不需要断开待测电流，对被测回路无影响，没有其他磁场干扰。

为研究与测试半导体提供有效的方法。根据霍尔电压的极性可判定半导体的载流子的类型，即是 N 型还是 P 型半导体；还可通过霍尔效应可测得霍尔系数 R_H，从而确定半导体材料的载流子的浓度 $n = 1/(qR_H)$。

4．霍尔传感器

霍尔元件可做成位移、压力、流量等传感器。如图 6.3-10 所示是位移传感器原理图。在极性相反，磁感应强度相同的两磁铁的气隙中，放置一霍尔元件，当元件的控制电流 I 恒定，而 B 随位置而变化，并使 dB/dx 为一常数，则当霍尔元件沿 x 方向移动时，霍尔电压的变化为

$$\frac{dU_H}{dx} = R_H \frac{I}{d} \frac{dB}{dx} = K \quad (6.3\text{-}18)$$

常数 K 称为霍尔式位移传感器的输出灵敏度，由（6.3-18）得

$$U_H = K(x - x_0) \quad (6.3\text{-}19)$$

由此，微小位移量的变化转化为霍尔电压信号，实现将位移信号转化为电信号的功能。

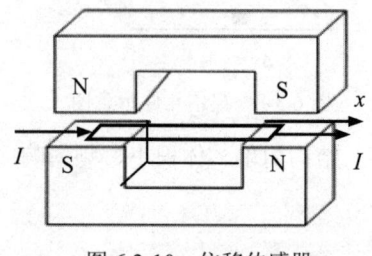

图 6.3-10　位移传感器

思考与练习

6.3-1　设计一种电磁控制装置，以实现利用小电流去控制大电流的通断，画出原理图。

6.3-2　磁秤是一种测定磁感应强度的装置，如图 6.3-11 所示。图中右下方有一待测的均匀磁场，天平右秤下固定一矩形线圈，其宽度为 L，且 L 与 B 垂直。在线圈未通电时，将天平调至平衡状态。测量时，在线圈中通以如题图中方向电流 I，这时天平将失去平衡。若使天平重新回到平衡位置，需在相应的秤盘上添加砝码 m。试讨论：（1）线圈通电后，天平为什么会失去平衡？（2）根据天平倾斜的方向判断出右下方磁感应强度 B 的方向。（3）所测磁场强度 B 的大小为多少？

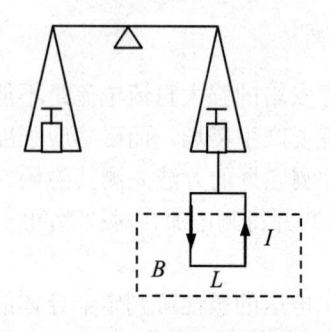

图 6.3-11　题 6.3-2 图　　　　图 6.3-12　题 6.3-3 图

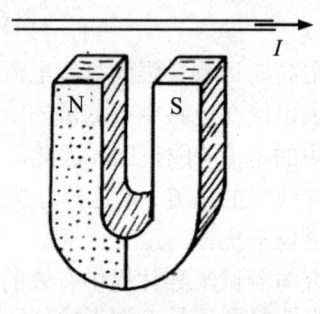

6.3-3　如图 6.3-12 所示，一通电直导线，放在马蹄形永磁铁的两磁极上方，则在磁场作用下，导线将（　　）。

A. 被磁铁吸引向下运动　　　　B. 在垂直于纸面的平面顺时针转动
C. 被磁铁排斥向上运动　　　　D. 在垂直于纸面的平面内逆时针转动

6.3-4　如图 6.3-13 所示，放射性元素镭发出的射线中，含有三种射线 α、β、γ，为识别它们，可让镭发出的射线进入强磁场，进入磁场后三种射线有不同的偏转方向，分别用 1、2、3 表示，下列判断正确的是（　　）。

A. 1-α, 2-γ, 3-β　　　　B. 1-α, 2-β, 3-γ

C. 1-β,2-γ,3-α　　D. 1-γ,2-α,3-β

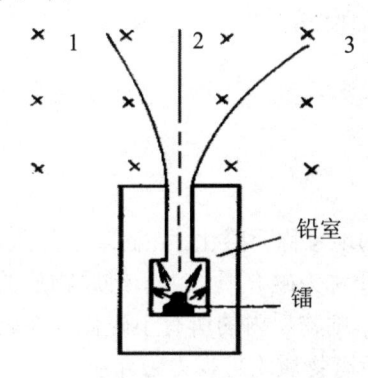

图 6.3-13　题 6.3-4 图

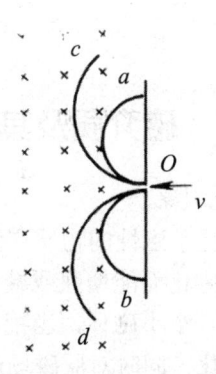

图 6.3-14　题 6.3-5 图

6.3-5　如图 6.3-14 所示，电子和质子以相同的速率 v 从 O 点垂直射入均匀磁场中，图中画出了四处圆弧，其中一个是电子的轨迹，一个是质子的轨迹。Oa 和 Ob 的半径相同，Oc 和 Od 的半径相同。则电子的轨迹是_____；质子的轨迹是_____。

6.3-6　质量为 m，带电量为 q 的粒子以速度 v 进入磁感应强度为 B 的均匀磁场，若速度方向与磁感应强度方向垂直，则带电粒子做圆周运动的轨道半径 $r =$ _____。

6.3-7　如图 6.3-15 所示为质谱仪的原理图示意图。离子源产生一个质量为 m、电荷为 $+q$ 的离子，离子在离开前基本上是静止的。离子产生出来后，被一电压 U 加速，再进入磁感应强度为 B 的磁场中。在磁场中粒子沿一半圆周运动到照相底片的 x 处。试求离子的质量。

6.3-8　利用霍尔元件可测磁场。设一霍尔元件的厚度为 0.15mm，电荷密度为 10^{24}m^{-3}，将它放入待测磁场中，控制电流为 10mA，测得的霍尔电压为 4.2×10^{-9}V。求该待测磁场的磁感应强度 B（该霍尔元件为金属材料制成）。

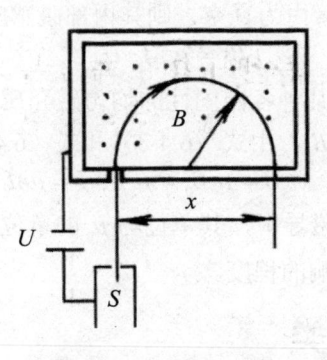

图 6.3-15　题 6.3-7 图

6.4 磁场中的介质

6.4.1 磁介质及其磁化特性

1. 磁化现象

原来不显示磁性的物质在磁场中获得磁性的现象称为**磁化**。在磁场中加入某种物质，因该物质的磁化而能增强或减弱磁场，这种物质称为磁介质。由于组成物质的原子分子均可等效为一个小磁体，当把物质放到磁场中，则物质内的所有小磁体均在磁场的作用下会发生变化，同时对原磁场产生影响，为此所有物质均可视为磁介质。

2. 磁化规律及介质磁化特性的描述

若在真空中某点磁感应强度为 $\boldsymbol{B}_0$，放入磁介质后，由于磁介质的磁化而在该点产生附加磁感应强度 $\boldsymbol{B}'$，则该点的磁感应强度 $\boldsymbol{B}$ 应为 $\boldsymbol{B}_0$ 与 $\boldsymbol{B}'$ 之矢量和，即

$$\boldsymbol{B} = \boldsymbol{B}_0 + \boldsymbol{B}' \tag{6.4-1}$$

实验发现，磁介质极化与电介质极化有很大不同。不同的磁介质在外磁场被磁化，其磁化产生的磁感应强度 $\boldsymbol{B}'$ 与外磁场磁感应强度 $\boldsymbol{B}_0$ 的方向可能相同，也可能相反，因此磁介质的磁化可能增强原磁场，也可能削弱原磁场。而 $\boldsymbol{B}'$ 大小与 $\boldsymbol{B}_0$ 大小成正比，还与磁介质本身结构有关，这说明磁介质被外磁场的磁化程度是不同的。为了描述不同磁介质被磁化程度的差异及对外磁场的影响，引入**磁介质相对磁导率**，用 μ_r 表示，其值为

$$\mu_r = B/B_0 \tag{6.4-2}$$

若已知某种介质的相对磁导率，则可求得在外磁场 $\boldsymbol{B}_0$ 中，介质内的磁感应强度为

$$B = \mu_r B_0 \tag{6.4-3}$$

以通电长直密绕螺线管为例来讨论磁介质对磁场的影响。设螺线管中通以电流 I，单位长度的匝数为 n，当螺线管内为真空，则其内部磁感应强度大小为

$$B_0 = \mu_0 n I \tag{6.4-4}$$

如果在上例螺线管内充满某种各向同性的均匀磁介质，由于磁介质的磁化，螺线管内磁介质中的磁感应强度变为 $\boldsymbol{B}$，由式（6.4-3）和式（6.4-4）得

$$B = \mu_r B_0 = \mu_r \mu_0 n I = \mu n I \tag{6.4-5}$$

上式中 $\mu = \mu_r \mu_0$，称为介质的磁导率，其单位与 μ_0 的单位一致，即 $\mathrm{N \cdot A^{-2}}$。磁介质的磁导率描述了该磁介质对磁场影响的程度。

6.4.2 磁介质的分类

磁介质磁化的微观机制和宏观效果一般随磁介质的种类不同而异。根据实验测定，研究中常将磁介质分为三类。

1. 顺磁质

氧、锰、铝、铂、铬等物质磁化后，内部磁感应强度 $\boldsymbol{B}$ 略强于原磁感应强度 $\boldsymbol{B}_0$（$\boldsymbol{B} > \boldsymbol{B}_0$），即 $\mu_r > 1$，这类磁介质称为顺磁质。

2. 抗磁质

铜、汞、氢、氮、水、银、金等物质磁化后，内部磁感应强度 B 略弱于原磁感强度 B_0（$B < B_0$），即 $\mu_r < 1$，这类磁介质称为抗磁质。

顺磁质和抗磁质的相对磁导率都很接近于 1。它们磁化后所产生的附加磁场对原磁场影响很小，统称为弱磁质。一般情况下常不考虑它们对磁场的影响。

3. 铁磁质

铁、钴、镍等物质，磁化后在介质内部产生很强的附加磁场 B'，并且 B' 与原磁场 B_0 同方向，使介质磁化后的磁场 B 显著增强。即 $B \gg B_0$，$\mu_r \gg 1$，这类磁介质称为铁磁质，铁磁质是强磁质。

6.4.3 铁磁质的特性

为描述铁磁质磁化的强度的规律，一般用磁化曲线表示，如图 6.4-1 所示为一铁磁质的磁化曲线。其横坐标为磁场强度，其定义为

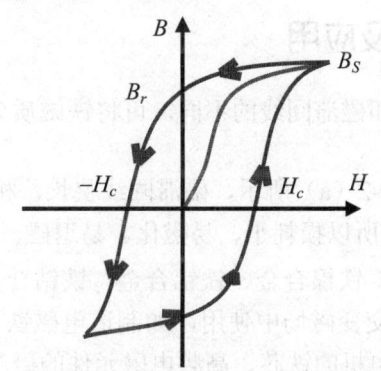

图 6.4-1 铁磁质的磁化曲线

$$H = \frac{B}{\mu_0 \mu_r} \tag{6.4-6}$$

可见磁场强度是与介质无关的描述磁场本身强度的物理量，它与励磁电流成正比，所以可通过改变励磁电流实现对磁场强度的改变。其纵坐标为磁感应强度 B，其描述在介质极化后的总磁场强弱，从而反应出磁化效果。

由铁磁质的磁化曲线可以看出 B 变化落后于 H，这种现象被称为磁滞现象，即极化滞后于外磁场变化。所以铁磁质的磁化曲线又称为磁滞回线。

由铁磁质的磁滞回线及其相关实验得出铁磁质还有以下特性：

（1）铁磁质的 μ_r 不是常量，即 B 与 H 不是线性关系，两者的关系绘出的曲线，称为磁滞回线，如图 6.4-1 所示。

（2）铁磁质磁化具有饱和性，即增加磁场强度 H，相应的磁感应强度 B 不再增加，这是因为介质中所有的磁畴（分子磁矩）都与外场方向一致，此时的磁感应强度 B_S 称为饱和磁感应强度。

（3）存在剩磁现象，即使铁磁质磁化的外场撤去之后，仍能保留部分剩余磁场 B_r，B_r

称剩磁。

（4）矫顽力去剩磁，由曲线可见，当 $H = -H_c$ 时，铁磁质的剩磁就消失了，铁磁质不显磁性，H_c 称为矫顽力。

（5）铁磁质都有一临界温度。铁磁质的 μ_r 与温度有关，随着温度的升高，它的磁化能力逐渐减小。当温度升高到某一温度时，铁磁质退化为顺磁质。这一温度即称为铁磁质的一个临界温度，这个临界温度又称为磁介质的居里点。铁的居里点是 1043K，镍的居里点是 630K，钴的居里点是 390K，78%坡莫合金的居里点为 580K，30%坡莫合金的居里点为 343K。

（6）铁磁质在交变电流的励磁下反复磁化使其温度升高，要损失能，称为磁滞损耗。磁滞损耗与磁滞回线所包围的面积成正比。

测量铁磁质的磁化曲线除具有重要的理论研究价值外，还有很重要的技术应用作用。因为根据磁化曲线即 $B - H_c$ 之间的关系，若已知一个量可求出另一个量，在设计电磁铁、变压器以及一些电气设备时，磁化曲线是很重要的实验依据。

6.4.4 磁性材料及应用

按铁磁质的磁化特征，即磁滞回线的不同，可将铁磁质分为软磁材料和硬磁材料。

1. 软磁材料

所谓软磁材料，如图 6.4-2（a）所示，磁滞回线狭长，相对磁导率 μ_r 和饱和 B_s 一般都较大，但矫顽力 H_c 较小，所以损耗小、易磁化、易退磁。

常见软磁材料有硅钢片、铁镍合金、铁铝合金、铁钴合金等。软磁性材料在交变磁场中的磁滞损耗小，适合在交变磁场中使用，如制造电磁铁、继电器、电感元件、变压器、镇流器以及电动机、发电机的铁芯、高频电磁元件的磁芯、磁棒等。

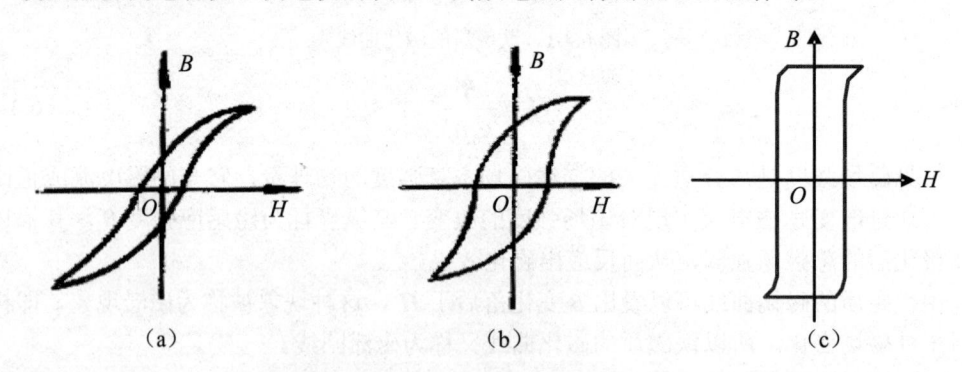

图 6.4-2 软、硬磁材料的磁滞回线图

2. 硬磁材料

所谓硬磁材料，如图 6.4-2（b）所示，剩磁和矫顽力比较大，磁滞回线包围的面积大，所以磁滞损耗大、磁滞特性非常显著。

常见金属硬磁材料有钨钢、碳钢、铝镍钴合金等。硬磁材料剩磁大，不易退磁，适合于做永磁铁，如磁电式电表、永磁扬声器、耳机等可用硬磁材料。

3. 矩磁材料

硬磁材料中还有一种铁氧体，又叫铁淦氧，是由三氧化二铁和其他二价的金属氧化物的粉末混合烧结而成，也称为磁性瓷，如锰镁铁氧体、锂锰铁氧体等。其磁滞回线接近矩形，如图 6.4-2（c）所示，称为矩磁材料。由图可见矩磁材料的特点是剩磁 B_r 接近于磁饱和磁感应强度 B_S，矫顽力 H_c 不大。当矩磁材料由电流磁场磁化，当外电流为零时，它总处于 $+B_r$ 或 $-B_r$ 两种不同的剩磁状态，并能长期保持这种剩磁状态，因此可用这类矩磁材料作记忆元件——存储单元，用其两种剩磁状态分别表示二进制数或代码的 0 和 1 两种数码。

4. 压磁材料

某些金属磁性材料在外磁场中被磁化时，其长度会发生变化的现象称为磁致伸缩效应。一般把磁致伸缩比较显著的材料称为压磁材料。可用这类材料制成压力传感器和机械滤波器等。

6.4.5 超导

1. 超导及其特点

超导电性（简称超导），是指金属、合金或其他材料在极低温条件下电阻变为零的性质。

超导现象是荷兰物理学家昂内斯首先发现的。1911 年昂内斯在测量一个固体汞样品的电阻与温度的关系时发现，当温度下降至 4.2K 附近时，样品的电阻突然减小到零，由此昂内斯发现了这一奇异的现象。

物体温度下降到某一值时，失去电阻的状态称为超导态。在无外磁场影响的情况下，超导体从有电阻的正常状态转变为没有电阻的超导态的温度，称为该材料的转变温度或临界温度，用 T_c 表示。具有在某一临界温度 T_c 以下出现超导态性质的物质称为超导体。

与普通导体相比较，超导体具有一系列独特的物理特性

◇ 零电阻

零电阻是超导体的一个重要特性，在超导体中的电流可看成是无阻流动，不产生焦耳热。此时超导体内任意两点间无电势差，整个导体是一个等势体，内部没有电场存在。

◇ 完全抗磁性特性

超导的完全抗磁性特性也称迈斯纳效应，亦即超导体内的磁感应强度为零。1933 年迈斯纳等人在实验中发现，无论是将超导体移入磁场中并仍保持超导态，还是在磁场中将物体由正常态转变为超导态，磁感线都是被完全排斥到超导体之外，超导体内的磁感应强度为零。这种现象称为迈斯纳效应。这一现象是物体转化为超导变化的过程中，超导体表面产生了电流，这电流在其内部产生的磁场完全抵消了外部的磁场。实验表明，超导的磁屏蔽电流分布在超导体一定厚度的表面层内。因此，磁场不是在表面上突然降为零，而有一定的透入深度，深度的大小取决于材料性质，一般约为 10^{-7}m。

◇ 超导的临界参数

超导体的临界参数除了临界温度外，还有临界磁场 B_c 和临界电流 I_c。实验表明，超

导态不仅与物体的温度有关，还与外磁场强度有关。即使超导体的温度低于临界温度，若外磁场很强，超导态也会被破坏。能使超导态消失的最低外磁场强度 B_c，称为超导体的临界磁场。实验还表明，当通过超导体的电流超过一定值后，超导态也会消失而变成正常态。使超导体保持超导态的最大电流，称为超导体的临界电流 I_c，若超过这一电流，超导体将从超导态转化为正常态。综上所述，只有当温度、外加磁场和电流都低于各自的临界值时，材料才能保持超导性。

2. 超导体的应用

超导体可做超导强磁体。超导强磁体与常规磁体比较，具有磁场极强、体积小、重量轻、节能和稳定性好等优点。例如一个产生 5T 的中型传统电磁铁重要可达 20 吨，而产生相同磁场的超导电磁铁不过几千克！节能方面超导强磁体也有很大优势。虽然超导电磁运行过程中也是需要能量的，首先是最开始时产生磁场需要能量，其次在正常运转时需保持材料温度在绝对温度几开尔文，需要用液氦制冷系统，也需要能量，但还是比维持一个传统电磁铁需要的能量少。例如在美国阿贡实验室中的气泡室（探测微观粒子用的一种装置，作用如同云室）用的超导电磁铁，线圈直径 4.8m，产生 1.8T 的磁场。在电流产生之后，维持此电磁铁运动只需要 190kW 的功率来维持液氦制冷机运行，而同样规模的传统电磁铁的运行需要的功率则为 10^6kW。这两种电磁铁的造价差不多，但超导电磁铁的年运行费用仅为传统电磁铁的 10%。超导强磁体可用于大型粒子加速度、受控热核反应、磁流体发电、超导电机、磁化处理等方面。

超导技术在电力系统大有用处。超导电力技术主要包括超导储能系统、超导限流器、超导电缆、超导变压器、超导电机和基于超导技术和现代电子技术及控制技术而产生的灵活功率变换和调节技术。其应用可大大提高电网的稳定性和可靠性，改善供电品质，并提高电网输电能力、降低网络损耗。超导体的无阻载流能力很高，只要不超过临界电流，用超导电缆输电可以做到完全没有线路损耗。由于重量轻、体积小，大功率的超导电缆可铺设在地下管道中，省去架空铁塔；也不需升压及降压设备。2005 年 1 月，我国研制的 75m 长，10.5kV/1.5kA 三相交流高温超导电缆在甘肃白银顺利完成系统集成，并通过系统检测和调试，它是目前世界上最长的并网使用的超导电缆。利用超导线圈可将用电低谷时电网多余的电能以磁场能量的形式储存起来，用电高峰时再将磁能返回电网，提高电网的负荷能力、稳定性和可靠性。

在交通运动方面，日本已研制成功使用超导体的高速磁悬浮列车，这种列车在每节车厢的车轮旁边安装小型超导磁体，在轨道两旁埋设一系列闭合铝环，整个列车由埋在地下的线性同步电动机驱动。当列车行进时，超导磁体在铝环内感应出强大电流。由于超导磁铁和铝环中感应电流间电磁相互作用，产生一个向上的排斥力，把车体托起 100mm。显然，车速越高，磁悬浮力就越大。由于磁悬浮列车高速前进时只受空气阻力，时速可达到 550km。

高温超导还可解决当前移动通信中频率资源紧张、抗射频干扰能力低、基站覆盖面积小、通话质量差等问题，少量的射频干扰可能导致第三代移动通信的瘫痪等问题。美国 STI 公司与日本 KDD 和 HITACHI 公司合作，完成了使用超导滤波器子系统的 3G 移动通信系统的实验，证明可以在覆盖面积、容量、误码率、抗干扰能力及接受机功率等方面大幅度的改善 3G 系统原有的性能。2004 年，清华大学已经研制成功我国第一台 CDMA 移动通信用高温超导滤波器系统。在使用超导滤波器系统的移动通信小区内，手机辐射功率更低、通信质量更好、通信系统的灵敏度更高。

利用超导体完全抗磁性，还可以设计出无摩擦轴承，即把轴悬浮在超导线圈之间，使轴与轴承间不直接接触，从而可大大提高转速。

总之，超导技术的应用前景十分广泛，涉及电力、电子技术、交通运输、能源工程、生物医学、航天航空、天文观察和基础理论研究各个领域。

思考与练习

6.4-1 在制作收音机的磁性天线和中频变压器时，应采用什么作磁芯？为什么？

6.4-2 从实用的角度看，为什么说超导体的临界温度越高越好？

6.4-3 具有持久电流的超导环就是一个圆电流，也能产生磁场，而且除了最初产生持久电流时需要提供一些能量外，它和永久磁铁一样，维持此电流和此电流产生的磁场不需要任何电源。这意味着利用超导体可以在只消耗少许能量的情况下获得很强的磁场。假设，我们有足够的能量可供使用，请问，这强磁场是否有个限度？可否无限增大？

6.4-4 在生产实践中，有的车床使用磁力卡盘卡住工件。磁力卡盘实际上就是一个磁力很强的电磁铁。需要卡紧工件时，合上电磁铁的电源开关，加工完毕需取下工件时，就断开电源。在制作这种磁力卡盘时，其铁芯应选（　　）。

A. 软磁材料　　　　B. 硬磁材料　　　　C. 矩磁材料　　　　D. 压磁材料

6.4-5 超导体的基本参数是_____，_____，_____。

第7章 电磁感应

自从奥斯特发现了电流的磁效应,人们就开始联想到:电流可以产生磁场,磁场是否也能产生电流?这种类比思维常常都能推动物理学的发展。

法拉第通过大量实验终于发现,当穿过闭合导体回路中的磁通量($\Phi_m = BS\cos\theta$)发生变化时,回路就出现电流,这个现象称为电磁感应现象。

电磁感应现象的发现,标志着一场重大的工业和技术革命的到来。电磁感应在电工、电子技术、电气化、自动化方面的广泛应用对社会生产力和科学技术的发展发挥了重要作用。

7.1 电磁感应定律

7.1.1 电源及其电动势

1. 电源

在一段导体里,维持恒定电流的条件是导体两端有恒定的电势差。怎样才能满足这一条件呢?现以充电电容器放电时产生的电流为例说明。如图7.1-1所示,当用导线把电容器的两极板连接时,电子就沿导线从低电势向高电势极板运动,等效于正电荷就沿着导线从电势高的正极板向电势低的负极板运动,从而在导线中形成电流。但这个电流很快就会消失,因为正电荷到达负极板后,会与负电荷中和,使两极板间的电势差很快降低到零,导线中的电流也随之很快降为零。由此可见,只有静电力的作用是不能在导体中维持恒定电流的。

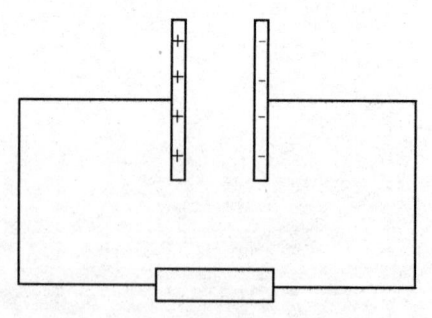

图7.1-1 电容放电电路图

为保持两极板的电势差恒定,必须有某种力能够不断地把正电荷从电势低的极板,沿两板间送到电势高的极板,使两板上的电荷数量保持不变,两板间的电势差也就保持恒定,这样才能在导体中维持稳恒电流。然而静电力只能使正电荷从高电势移向低电势,要做到在两极板间使正电荷从低电势移向高电势,必须依靠在本质上不同于静电力的某种非静电力。

能够提供非静电力的作用将正电荷从低电势移向高电势的装置称为电源。电源的种类很多,如干电池、蓄电池、发电机等。不同类型的电源形成非静电力的原因不同。但无论哪种电源,电源内部非静电力在移送电荷过程中,都要克服静电力做功。这个做功过程,实际上是把其他形式的能量转换成静电势能的一种装置。

每个电源,把其他形式的能量转换成电能的本领是一定的,不同的电源,这一本领各不相同。或者说,不同的电源,把一定量的正电荷在电源内部从负极移到正极时非静电力所做的功不同。为描述在电源内部非静电力做功的特性,引入电源电动势的概念。

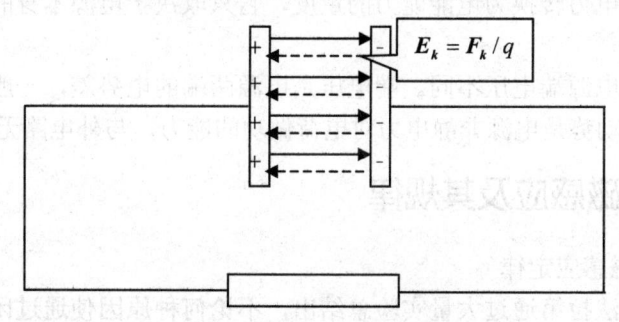

图 7.1-2 电源非静电场示意图

2. 电源电动势

用导线和电阻将电源连成闭合回路,如图 7.1-2 所示。这时在电源内部同时存在着静电力和非静电力。静电力是静电场产生的。非静电力的性质,因电源的不同而不同。如化学电池的非静电力是化学能;发电机的非静电力是电磁力。假设相对非静电力,存在等效的非静电场强 E_k,则非静电场强可表达为

$$E_k = F_k / q \tag{7.1-1}$$

在电源内部任一点场强为

$$E = E_0 + E_k \tag{7.1-2}$$

当正电荷通过电源内部绕闭合回路一周时,合场力所做的功为

$$W = \oint_L q E \cdot dl = q \oint_L E_0 \cdot dl + q \oint_L E_k \cdot dl \tag{7.1-3}$$

由于静电场力是保守力,因此静电场力沿闭合回路一周所做功等于零,即

$$\oint_L E_0 \cdot dl = 0$$

所以非静电力对单位电荷所做的功为

$$\frac{W}{q} = \oint_L E_k \cdot dl \tag{7.1-4}$$

这个功的数值与电荷无关,反映了电源中非静电力做功的能力。因此定义:单位正电荷沿闭合回路移动一周时,非静电力所做的功,称为电源的电动势 ε,则有

$$\varepsilon = \oint_L \boldsymbol{E}_k \cdot \mathrm{d}\boldsymbol{l} \tag{7.1-5}$$

对于可分清内外电路的电源来讲，由于在外电路中不存在非静电力，所以，电源的电动势就是在电源内部，即将单位正电荷在电源内部从负极移到正极时非静电力所做的功，即其值为

$$\varepsilon = \int_-^+ \boldsymbol{E}_k \cdot \mathrm{d}\boldsymbol{l} \tag{7.1-6}$$

电动势为标量，为了方便，通常也给它规定一个方向：电动势的方向是在电源内部电势升高的方向，即电源内从负极指向正极的方向。电动势单位为伏，符号为 V。电源电动势是电源非静电力转换为电能能力的量度，它只取决于电源本身的性质，与外电路的情况无关。

电源电动势与电源端电压不同。端电压是电源两端的电势差，一般情况下它与外电路相关，而电源电动势是电源非静电力对电荷做功的能力，与外电路无关。

7.1.2 电磁感应及其规律

1. 法拉第电磁感应定律

英国物理学家法拉第通过大量实验总结出，**不论何种原因使通过闭合回路所围面积的磁通量发生变化时，回路中产生的感应电动势的大小与穿过回路的磁通量对时间的变化率成正比**，这一规律称为**法拉第电磁感应定律**，其数学表达式为

$$\varepsilon = -\frac{\mathrm{d}\varPhi_m}{\mathrm{d}t} \tag{7.1-7}$$

若回路由 N 匝密绕线圈组成，且穿过每匝线圈的磁通量相等，则法拉第电磁感应定律可写成

$$\varepsilon = -N\frac{\mathrm{d}\varPhi_m}{\mathrm{d}t} \tag{7.1-8}$$

若闭合回路的电阻为 R，则回路中的感应电流为

$$I = \frac{\varepsilon}{R} = -\frac{N}{R}\frac{\mathrm{d}\varPhi_m}{\mathrm{d}t} \tag{7.1-9}$$

上式中的负号表示感应电动势的方向与磁通变化的方向相反。这一符号是楞次定律在电动势公式中的表示。

2. 楞次定律

1843 年俄国物理学家楞次在分析了大量电磁感应现象的基础上，总结出感应电动势电流方向的规律：**闭合回路中产生的感应电流绕向，总是使得这电流产生的磁场通过回路面积的磁通量，去抵偿引起感应电流的磁通量的变化。**亦可表述为感应电流总是阻碍产生它的原因。这一规律称为楞次定律。

用楞次定律来判断感应电流的方向，首先要明确原来磁场的方向以及穿过闭合回路的磁通量是增加还是减少，然后根据楞次定律确定感应电流产生的感应磁场的方向，最后根据右手螺旋定则来确定感应电流的方向。

7.1.3 动生电动势

导体在恒定磁场中运动而产生的感应电动势，称为动生电动势。如图 7.1-3 所示，导体回路 abcda 置于匀强磁场中，磁感应强度 B 垂直回路平面，回路中导线 ab 向右移动，导体内自由电子也以速度 v 向右运动，将受到洛仑兹力 F_m 的作用

$$F_m = -ev \times B \tag{7.1-10}$$

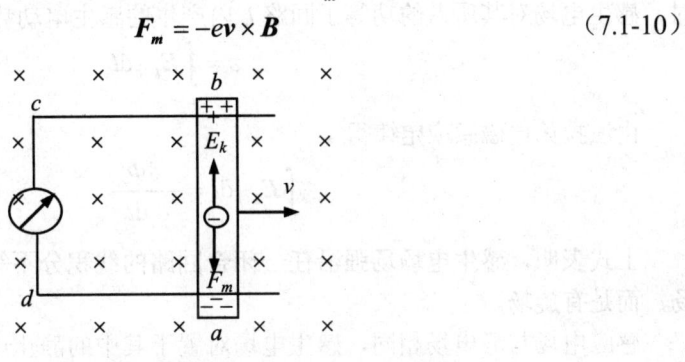

图 7.1-3 动生电动势

在此力作用下，电子沿导线由 b 向 a 运动，在 a 端聚集，使 a 端带负电，而 b 端因失去电子而带上正电，因而在 ab 形成电动势。此时 ab 段中的非静电场强为

$$E_m = \frac{F_m}{-e} = v \times B \tag{7.1-11}$$

根据电动势的定义得 ab 段的电动势为

$$\varepsilon = \int_{-}^{+} E_m \cdot dl = \int_{-}^{+} (v \times B) \cdot dl \tag{7.1-12}$$

对于图 7.1-3 所示直导线在匀强磁场中，以垂直于磁场方向做切割磁感线的运动，其电动势大小为

$$\varepsilon = \int_{-}^{+} (v \times B) \cdot dl = vBL \tag{7.1-13}$$

例 7.1-1（直导线的动生电动势） 有一架机翼长 20m 的飞机，以 $v = 250$ m/s 的速率向正南方向水平飞行，该地区地磁场 $B = 5.84 \times 10^{-5}$ T，磁倾角 $\alpha = 70°$，求翼两端会出现电势差 ε 的大小。

解：当飞机在天空中飞行时，在地球磁场中运动，对庞大的地磁场来说，飞机的机翼可简化为一根有限长直导线，如图 7.1-3 中的 ab 导线，由式（7.1-13）得

$$\varepsilon = \int_a^b (v \times B) \cdot dl = vBL\sin\theta$$
$$= 250 \times 5.84 \times 10^{-5} \times 20 \times \sin 70°$$
$$= 0.274 \text{ V}$$

7.1.4 感生电动势

感生电动势是指由于磁场变化引起穿过闭合回路所围面积的磁通量发生变化而产生的。感生电动势 ε 在导体回路中将引起感应电流。由于导体回路没有运动，这个力不是

洛仑兹力。

麦克斯韦假设是由于磁场变化而产生的一种电场，由该电场使导体中自由电子定向运动而形成电流。麦克斯韦还认为，即使没有导体，这种电场同样存在，这种由**变化磁场产生的电场称为感生电场**。

感生电场的电场强度是非静电场强，用 E_k 表示。单位正电荷沿闭合回路 L 运动一周时，感生电场对其所做的功等于回路 L 内产生的感生电动势，即

$$\varepsilon = \oint_L E_k \cdot \mathrm{d}l$$

由法拉第电磁感应定律得

$$\oint_L E_k \cdot \mathrm{d}l = -\frac{\mathrm{d}\Phi_m}{\mathrm{d}t} \quad (7.1\text{-}14)$$

上式表明，感生电场场强沿任一闭合回路的线积分不等于零，即感生电场不是保守场，而是有旋场。

感应电场与静电场相同，感生电场对置于其中的静止电荷也有作用力。它们的不同之处，一是产生的原因不同，静电场是由静止电荷产生的，而感生电场是由变化磁场激发的；二是性质不同，静电场是保守场，而且有源，它的电场线起于正电荷（或无穷远），止于负电荷（或无穷远）。感生电场则是有旋场，它的电场线为闭合曲线，无头无尾。

7.1.5 涡电流

感生电场可以在整块金属内部引起闭合涡旋状的感应电流，这种电流称涡流。如图 7.1-4 所示，当线圈中通过交变电流时，在铁芯内部有变化的磁场，因而产生感生电场，引起涡流。

涡流在通过电阻时也要放出焦耳热。利用涡电流的热效应进行加热的方法称为感应加热。图 7.1-5 是感应炉的示意图，当线圈中通有高频交变电流时，感应炉中被冶炼的金属内出现很大的涡流，它所产生的热能很快熔化金属。这种冶炼的方法升温快，并且易于控制温度，还可避免其他杂质混入炉内，适用于冶炼特种钢。变压器、电机铁芯中的涡流热效应不仅损耗能量，严重时还会使设备烧毁。为减少涡流，变压器、电机中的铁芯都是用很薄且彼此绝缘的硅钢片叠加而成的。

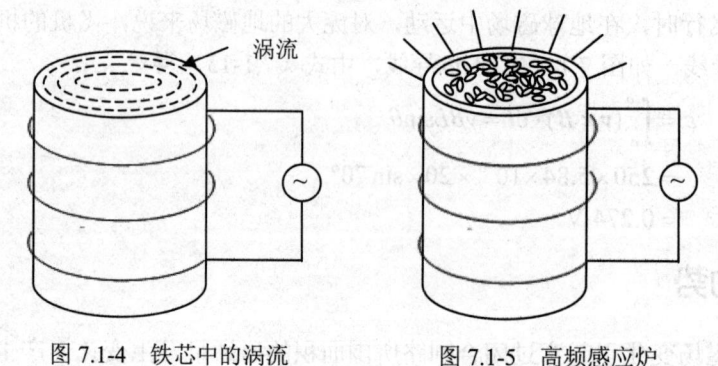

图 7.1-4 铁芯中的涡流　　图 7.1-5 高频感应炉　　图 7.1-6 电磁阻尼

如图 7.1-6 所示，在电磁铁未通电时，由铜板 A 做成的摆是往复多次，摆才能停止下来。如果电磁铁通电，磁场在摆动的铜板 A 中可产生涡流。涡流受磁场作用力的方向与摆动方向相反，因而增大了摆的阻尼，摆很快就能停止下来，这种现象称为电磁阻尼。电磁仪表中的电阻器就是根据涡流磁效应制作的，它可使仪表指针很快地稳定在应指示的位置上。此外，电气机车的电磁制动器也是根据这一效应制作的。

思考与练习

7.1-1　电源是_____装置。

7.1-2　电源电动势的定义为_____；其数学表达式为_____，电动势的方向是在电源内部_____的方向。

7.1-3　导线在均匀磁场 B 中，做如图 7.1-7 所示各种运动，磁场方向垂直纸面向里，试分析在哪种运动中导线内会有感应电动势，方向如何？

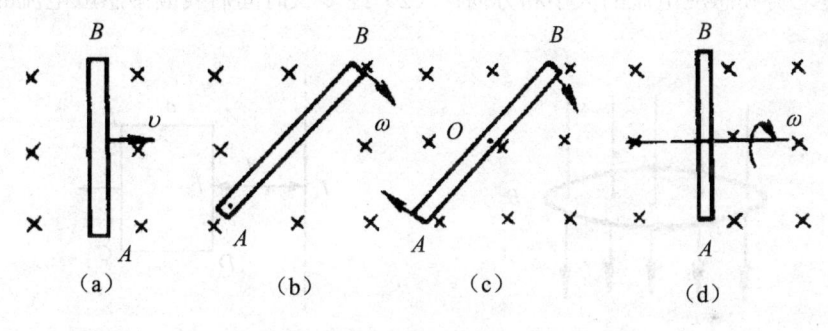

图 7.1-7　题 7.1-3 图

7.1-4　如图 7.1-8 所示，矩形导体线圈，以载流直导线为轴转动，导线通过矩形线圈的中线且与线圈共面，设直导线与线圈绝缘，则当线圈逆时针转动时，线圈中感应电流 i 的方向为（　　）。

A. $i=0$　　　　　　　　　　B. $i\neq 0$，方向为顺时针
C. $i\neq 0$，方向交变　　　　D. $i\neq 0$，方向为逆时针

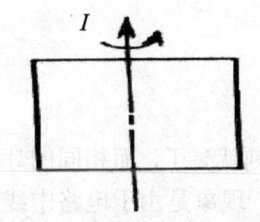

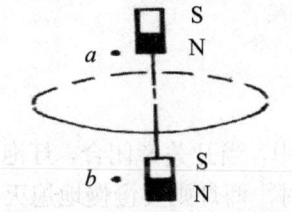

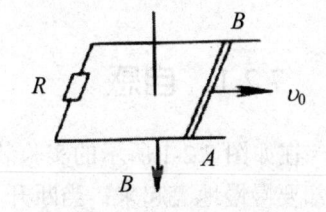

图 7.1-8　题 7.1-4 图　　　图 7.1-9　题 7.1-5 图　　　图 7.1-10　题 7.1-6 图

7.1-5　如图 7.1-9 所示，一磁铁自上向下运动，穿过一闭合导体回路，当磁铁运动到 a 处和 b 处时，回路中感应电流的方向分别是（　　）。

A. 顺时针、逆时针　　　　　　　　　　B. 逆时针、顺时针

C. 顺时针、顺时针 　　　　　　　　　　　　D. 逆时针、逆时针

7.1-6 如图 7.1-10 所示，一串联有电阻 R 的矩形线框，其上放一导体棒 AB，均匀磁场 B 垂直线框平面向下，今给 AB 一向右的初速度 v_0，并设棒与线框之间无摩擦，则此后棒的运动状态为（　　）。

A. 水平向右做减速运动，停止后又向左运动　　　B. 水平向右做加速运动
C. 水平向右做减速运动，最后停止　　　　　　　D. 水平向右做匀速运动

7.1-7 感生电场和静电场的主要区别是_____。

7.1-8 在均匀磁场中，有一边长为水平放置的闭合线圈，水平放置线圈平面与磁场垂直。若线圈开始时为正方形，将其拉成圆形，则在变形过程中，线圈内感应电流的方向为_____；若线圈起始为圆形，将其拉成正方形，则在变形过程中，线圈内感应电流的方向为_____。

7.1-9 如图 7.1-11 所示，通过圆形导线线圈的 B 与线圈平面垂直，磁通随时间的变化关系为：$\Phi = 2t^2 - 12t + 2(SI)$，线圈的电阻为 4Ω，求：（1）当 $t=1\,\text{s}$ 和 $t=5\,\text{s}$ 时，线圈中感应电动势和感应电流的大小和方向；（2）经多长时间后线圈中感应电流的方向发生变化。

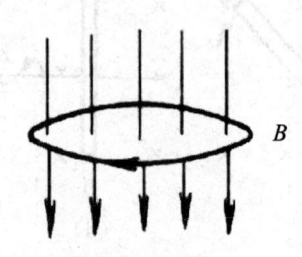

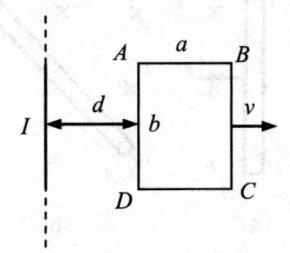

图 7.1-11　题 7.1-9 图　　　　　图 7.1-12　题 7.1-10 图

7.1-10 一载流长直导线，其中电流为 I，一矩形线框（短边长 a，长边长 b）与直导线共面，并以速度 v 沿垂直导线方向运动，开始运动时，线框 AD 边与导线相距为 d，如图 7.1-12 所示，计算此时线框内感应电动势大小，并标明其方向。

7.2 自感与互感

7.2.1 自感

在如图 7.2-1 所示的实验装置中，当开关 S 闭合，灯泡 A 立刻就亮了，而相同的灯泡 B 却要慢慢地亮起来；当断开 S 时，两灯则要慢慢地熄灭。这一现象是由于电路中线圈的电磁感应现象引起的。

开关 S 断开或闭合时，通过线圈的电流变化，它激发的磁场通过该线圈所围面积的磁通量随之变化。根据法拉第电磁感应定律，在该线圈中产生感生电动势。这种**由于线圈中自身电流变化而在回路中引起感应电动势的现象，称为自感现象**。由此引起的电动势称为**自感电动势**。

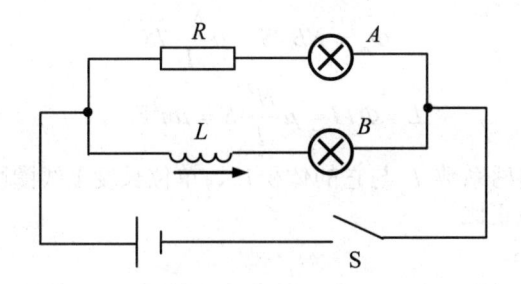

图 7.2-1 自感现象实验电路图

若通过线圈的电流为 I，由毕奥-萨伐尔定律知，该电流在空间任一点激发的磁感应强度与电流成正比，因此穿过此线圈的总磁通量也与电流成正比，即

$$\Phi_m = LI \tag{7.2-1}$$

式中 L 称为回路的自感系数，简称自感，工程上常称为电感。自感是线圈自感能力的量度，由式（7.2-1）知 L 的数值等于该线圈中通过单位电流时穿过回路面积的总磁通，它与回路的几何形状、大小、线圈匝数及周围磁介质的磁导率有关，而与回路中电流无关。

由法拉第电磁感应定律，自感电动势为

$$\varepsilon = -\frac{d\Phi_m}{dt} = -\left(L\frac{dI}{dt} + I\frac{dL}{dt}\right) \tag{7.2-2}$$

如果回路的几何形状、大小及周围磁介质的磁导率都不变，L 为一常数，即 $dL/dt = 0$，则（7.2-2）式变为

$$\varepsilon = -L\frac{dI}{dt} \tag{7.2-3}$$

负号表示自感电动势的方向会反抗引起它的原因。即若电流增加，自感电动势引起的自感电流与原电流方向相反，即自感电流抵偿电流的增加；若电流减小，则自感电流方向与原电流方向相同，同样自感电流起到抵偿电流的减少。可见，回路自感系数越大，自感的作用越强，回路中的电流越不容易改变。线圈的自感具有使回路保持原有电流不变的性质。因此自感也可看成是线圈"电磁惯性"大小的量度。

可用式（7.2-1）或式（7.2-3）进行测定，即

$$L = \Phi_m / I = \left|\frac{\varepsilon}{dI/dt}\right| \tag{7.2-4}$$

在 SI 中，自感系数单位是亨利，符号表示为 H，$1\text{ H} = 1\text{ Wb/A}$，工程中常用单位 mH、μH，$1\text{ H} = 10^3\text{ mH} = 10^6\text{ μH}$。

例 7.2-1（长直螺线管的自感） 一长直螺线管长为 l，横截面积为 S，线圈的总匝数为 N，管中充满磁导率为 μ 的磁介质，求其自感。

解：设有电流 I 通过长直螺线管，忽略漏磁和端点处磁场的不均匀性，管内磁感应强度的大小为

$$B = \mu n I = \mu \frac{N}{l} I$$

$$\Phi_m = NB \cdot S = \mu \frac{N^2}{l} IS$$

$$L = \Phi/I = \mu \frac{N^2}{l} S = \mu n^2 V \tag{7.2-5}$$

可见，螺线管的自感系数 L 与它的体积 V、单位长度上线圈匝数 n 的二次方，以及管内介质的磁导率 μ 成正比。

7.2.2 互感

如图 7.2-2 所示，若有两个邻近的线圈回路 1 和 2，分别通有电流 I_1 和 I_2；I_1 激发的磁场，有一部分磁感线穿过 2 所围的面积；同样 I_2 激发的磁场，有一部分磁感线穿过 1 所围的面积。当其中一个线圈中的电流变化时，通过另一个线圈中的磁通量也跟着变化，从而在回路中产生感应电动势，这种由于一个回路中电流的变化在邻近一回路中激起感应电动势的现象称为**互感现象**，所产生的电动势称为**互感电动势**。

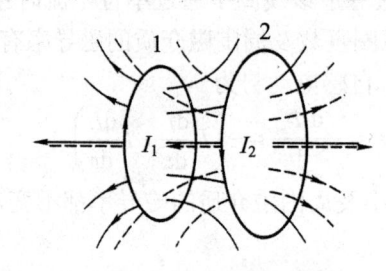

图 7.2-2 互感现象

由毕奥-萨伐尔定律，I_1 激发的磁场穿过 2 所围的面积的磁通量 Φ_{21} 与 I_1 成正比；同理 I_2 激发的磁场穿过 1 所围的面积的磁通量 Φ_{12} 与 I_2 成正比，即

$$\Phi_{21} = M_{21} I_1 \qquad \Phi_{12} = M_{12} I_2 \tag{7.2-6}$$

可以证明，上两式的比例系数 M_{21} 和 M_{12} 相等，可表示为

$$M_{21} = M_{12} = M \tag{7.2-7}$$

M 称为两线圈的互感系数，简称"互感"。它表征两个邻近回路相互感应能力强弱的物理量，其数值决定于回路的几何形状、尺寸、匝数、周围介质的情况及两个回路的相对位置。由式（7.2-6）和式（7.2-7）得

$$M = \Phi_{21}/I_1 = \Phi_{12}/I_2 \tag{7.2-8}$$

上式表明，两回路的互感系数在数值上等于其中一个回路为单位电流时，其磁场穿过另一个回路的磁通量。

一般情况下 M 为常量。根据法拉第电磁感应定律得

$$\varepsilon_{21} = -\frac{d\Phi_{21}}{dt} = -M \frac{dI_1}{dt} \tag{7.2-9}$$

$$\varepsilon_{12} = -\frac{d\Phi_{12}}{dt} = -M \frac{dI_2}{dt} \tag{7.2-10}$$

由此可见，当一个回路中的电流随时间的变化率一定时，互感系数越大，在另一个

回路中引起的互感电动势也越大，因此，它表征两个邻近回路相互感应强弱的物理量。其单位与自感相同，即是亨利（H）。

7.2.3 自感与互感的应用

利用线圈自感具有阻碍电流变化的特性，可以稳定电路中的电流。电工、电子技术中常用的扼流圈，日光灯电路中的镇流器就是利用了这一特性。电子电路中还常利用线圈的自感作用，与电容器或电阻器构成谐振电路或滤波电路。利用自感储存的能量在短时间内释放而转换成的热能，可使金属工件熔化进行焊接，还可用于受控热核反应实验，提供强脉冲磁场。

利用互感可以将电能或电信号由一个回路转移到另一个回路。电工和电子技术中使用的变压器，如电力变压器、中周变压器、输入和输出变压器等都是互感器件。

在有些情况下，自感与互感是有害的。例如，电路中存在自感系数较大的线圈，当电路断开时，由于电流变化快，会在电路中产生很大的电动势而产生大电流，以致带来各种危害；在有线电话或无线电设备中，由于互感会引起串音，造成相互干扰，都没法避免的。

7.2.4 交流变压器

交流变压器是典型的利用互感实现交流电压改变的电气设备。变压器的主要部件是铁芯和套在铁芯上的两个绕组，如图 7.2-3 所示。

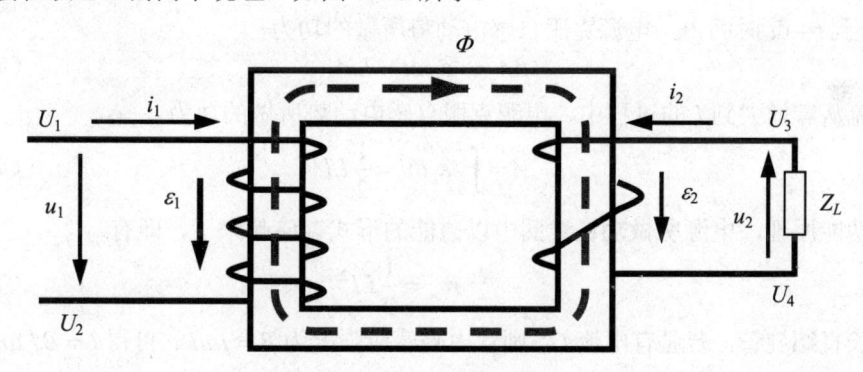

图 7.2-3 变压器电路与磁路

①铁芯：由铁芯柱和铁轭两部分组成。作为变压器的主磁路，为了提高导磁性能和减少铁损，用厚为 0.35～0.5mm，表面涂有绝缘漆的热轧或冷轧硅钢片叠成。

②绕组：是变压器的电路，一般用绝缘铜线或铝线（扁线或圆线）绕制而成。如图所示有两组：一个绕组与电源相连，称为一次绕组（或原绕组），这一侧称为一次侧（或原边），其绕组匝数为 N_1；另一个绕组与负载相连，称为二次绕组（或副绕组），这一侧称为二次侧（或副边），其绕组匝数为 N_2。

两个绕组只有磁耦合没有电联系。在原边绕组中加上交变电压，产生交链一、二次绕组的交变磁通，在两绕组中分别产生感应电动势。根据电磁感应定律可写出电动势的

瞬时方程式

$$\varepsilon_1 = -N_1 \frac{d\Phi}{dt} \quad (7.2\text{-}11)$$

$$\varepsilon_2 = -N_2 \frac{d\Phi}{dt} \quad (7.2\text{-}12)$$

所以只要原边与副边的绕组匝数不同，就能达到改变电压的目的。若忽略线圈自身的损耗，则原、副边电压就分别等于原副边电动势。所以原副边的电压大小比为

$$\frac{u_1}{u_2} = \frac{N_1}{N_2} \quad (7.2\text{-}13)$$

所以只需选择适应的原边副边绕组的匝数比，即可得到所要的变压比。

7.2.5 磁场的能量

由于线圈的自感特性，有线圈电路的电流不可突变，当电路中的开关闭合时，线圈电流增大的过程中将在线圈中产生自感电动势，阻碍电流的增大，因此在线圈磁场建立过程中，电源要克服自感电动势做功，以磁能的形式在线圈中储存起来，直到线圈中的电流达到稳定值，自感电动势消失，磁场能量不再增加。

设在线圈中电流从零增加到 I 的过程中，在某时刻 t，线圈中的电流为 i，则此时线圈中的电动势为

$$\varepsilon_L = -L \frac{di}{dt} \quad (7.2\text{-}14)$$

在 t 到 $t + dt$ 时间内，电源克服自感电动势所做的功为

$$dA = -\varepsilon_L i dt = L i di \quad (7.2\text{-}15)$$

电流从零增大到 I 的过程中，电源克服自感电动势所做的功为

$$A = \int_0^I \varepsilon_L i di = \frac{1}{2} L I^2 \quad (7.2\text{-}16)$$

由功能原理，电源所做功在线圈中以磁能的形式存储起来了，即有

$$W_m = \frac{1}{2} L I^2 \quad (7.2\text{-}17)$$

对长直螺旋管，若通有电流 I，则管内磁感应强度为 $B = \mu n I$，可得 $I = B/\mu n$；长直螺旋管的自感为 $L = \mu n^2 V$，代入式（7.2-17）得

$$W_m = \frac{1}{2} \mu n^2 V \left(\frac{B}{\mu n}\right)^2 = \frac{1}{2} \frac{B^2}{\mu} V \quad (7.2\text{-}18)$$

所以管内的磁场能量密度

$$w_m = \frac{W_m}{V} = \frac{1}{2} \frac{B^2}{\mu} \quad (7.2\text{-}19)$$

上式虽然是从匀强磁场这种特殊情况下导出的，但是对非匀强磁场也适用。

7.2.6 电磁波

麦克斯韦在总结前人研究成果基础上提出的电磁场理论，认为变化的电场与变化磁场相互依存，形成了统一的电磁场；并预言电磁场能够以波动的形成在空间传播，成为电磁波。

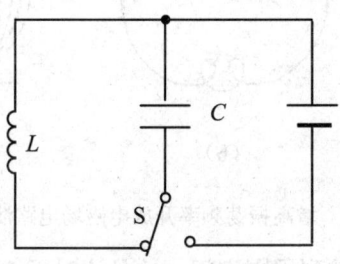

图 7.2-4 电磁振荡电路图

1. 电磁振荡

如图 7.2-4 所示的 LC 电路中，先将开关 S 扳向右边，使电源对电容器 C 充电，这时电容器极板上分别带有等量异号的电荷 +Q 和 –Q。然后将开关 S 扳向左边，电容器开始放电，由于线圈的自感作用，其中的电流将逐渐增大。当电容器放电完毕，电荷为零时，线圈中电流达到最大值 I，此时虽然电容器没有电荷了，但电流并不立即消失，由于自感作用，电流仍沿原方向继续流动，对电容器反向充电，当电流消失时，电容器上又充有电荷 Q。不过两极板上所带电荷的符号与开始时相反。而后电容器反向放电，电路又有反向电流，线圈再借其自感作用，使电容器充电到开始状态，以后又重复上述过程。在这一过程中，电容器充电完毕时储有电能 $W_e = Q^2/2C$，继而转化为线圈中的磁能 $W_m = LI^2/2$，接着磁能又转化为电能，电能再转化为磁能，磁能再转化为电能，使电容器恢复到原来的充电状态。

随着电能和磁能的交替转化，电路中的电荷或电流将随时间从零变到最大，又从最大变为零，沿正、反方向一直往复地这样变化下去，形成**电磁振荡**。产生电磁振荡的电路称为振荡电路。在上述 LC 振荡电路中，由于未考虑电路的电阻和辐射等阻尼，在电能与磁能的转化过程中总能量守恒。这种振荡称为无阻尼自由振荡。可以证明，在无阻尼自由振荡的电路中，电荷或电流按简谐运动规律作周期性变化，其固有频率为

$$f = \frac{1}{2\pi}\sqrt{\frac{1}{LC}} \qquad (7.2\text{-}20)$$

2. 电磁波的产生与传播

在 LC 振荡电路中，电容器极板上的电荷和线圈中的电流都作周期性变化，极板间的电场和线圈内的磁场也随之作周期性变化。根据麦克斯韦电磁场理论，这种变化的电场与磁场形成统一的电磁场，要向外传播，辐射电磁波。但因上述振荡电路中，振荡频率甚低，且电场和磁场被分别局限在电容器和自感线圈内，不利于电磁波的辐射，为此，把电容器两个极板的间距逐渐增大，并把两极板缩成两个球，同时减小线圈匝数使之逐

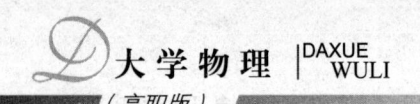

渐变成一条直线，如图 7.2-5 所示。

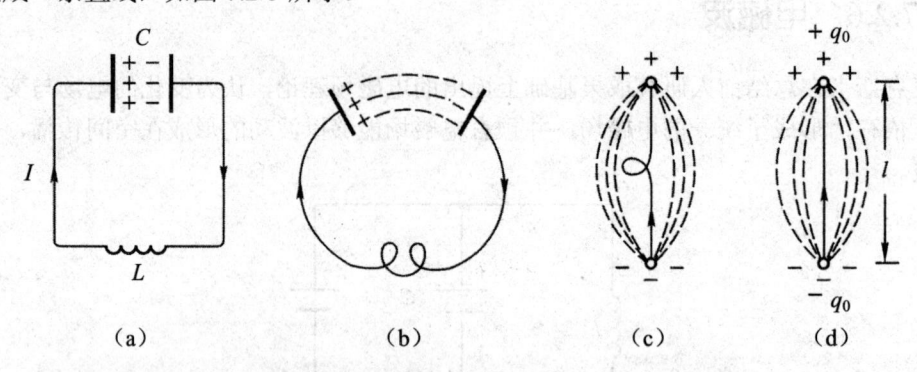

图 7.2-5 增高振荡频率开放电磁场电路演化过程图

这样，电场和磁场就分散到周围空间，并且这时因 L、C 值减小，由式（7.2-20）固有频率大为提高。在这种直线形振荡电路中，电流往复振荡，使电荷在其中涌来涌去，导线两端出现正负交替的等量异种电荷，这样的电路便成为一个振荡电偶极子。以它为波源，便能有效地发射电磁波，其发射电路图如图 7.2-6 所示。

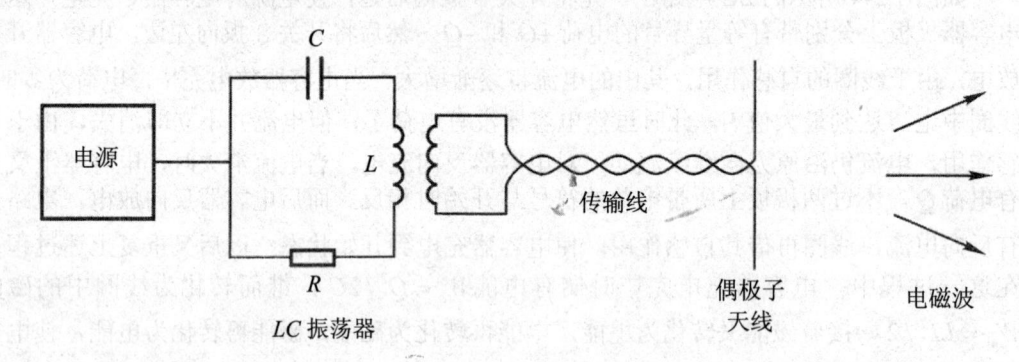

图 7.2-6 发射无线电波的电路示意图

思考与练习

7.2-1 如图 7.2-7 是飞机上的延时继电器的示意图，铁芯上绕有两组线圈 A 和 B，线圈 A 与电源和开关 K 连接，线圈 B 的两端连在一起形成一闭合回路。这种继电器，当断开开关时，弹簧不能使触点 C 立刻断开，而要经过一段短暂时间后才能离开，试说明其原因。

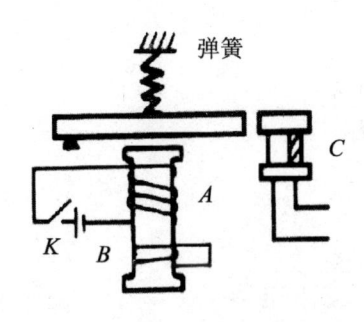

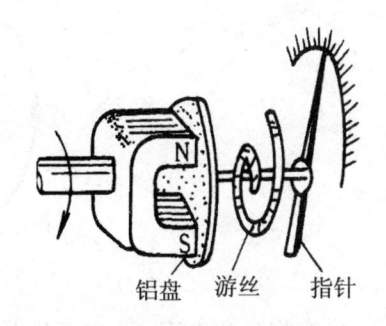

图 7.2-7　题 7.2-1 图　　　　　　　图 7.2-8　题 7.2-2 图

7.2-2　如图 7.2-8 所示，是汽车上使用的一种转速表的原理，工作时，永磁铁与发动机的转轴同步转动，由于磁铁的旋转，铝制圆盘也会转动，当圆盘所受力矩与游丝扭矩平衡时，指针便指出车速的大小。试说明这种车速表的工作原理。

7.2-3　使用电学测量仪表时，为了便于读数，总是希望指针能很快停在应指的位置上而不长时间左右摆动，为此，在一般电学测量仪表中都装有电磁阻尼装置，它的原理如图 7.2-9 所示，铝片与指针相连，指针摆动时，铝片在永磁铁内运动，由于电磁阻尼，指针会很快停下来，试解释其原理。

7.2-4　为了使有的电阻元件只有电阻而没有自感，常采用双线绕法，如图 7.2-10 所示，试说明其道理。

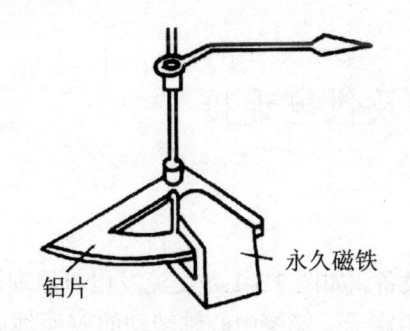

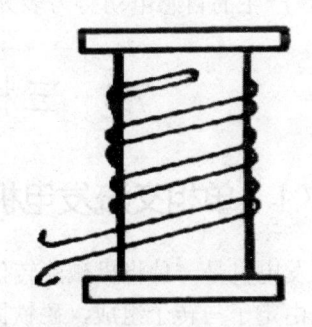

图 7.2-9　题 7.2-3 图　　　　　　　图 7.2-10　题 7.2-4 图

7.2-5　关于自感和自感电动势，说法正确的是（　　）。
A. 自感 L 与通过线圈的磁通量成正比，与线圈中的电流成反比
B. 当线圈中有电流时才有自感，无电流时没有自感
C. 线圈中的电流越大，自感电动势越大
D. 通过线圈的磁通量越多，自感电动势越大
E. 以上说法都不正确

7.2-6　如图 7.2-11 所示，两个环形导体 a、b，互相平行地放置，当它们之中的电流 I_a、I_b 同时变化时，则（　　）。

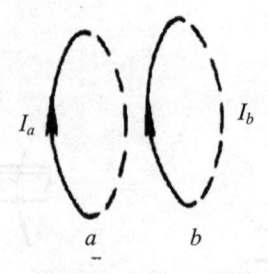

图 7.2-11　题 7.2-6 图

A. a 中产生自感电流，b 中产生互感电流
B. b 中产生自感电流，a 中产生互感电流
C. a、b 中同时产生自感电流和互感电流
D. a、b 中只有互感电流，没有自感电流
E. a、b 中只产生自感电流，不产生互感电流

7.2-7　导体在磁场中做切割磁感线运动时所产生的电动势是由_____而引起的，其数学表达式为_____。

7.2-8　两个长直密绕线管，长度及匝数都相等，横截面的半径分别为 R_1 和 R_2，且 $R_1 = 2R_2$，管内充满磁导率分别为 μ_1 和 μ_2 的均匀磁介质，且 $\mu_2 = 2\mu_1$，将它们串联在一个电路中通电，则两线圈自感系数的关系为 $L_1 = $_____$L_2$。

7.2-9　一个线圈的自感系数 $L = 1.2$ H，当通过它的电流在 0.5s 内由 1A 均匀地增加到 5A 时，产生的自感电动势为多大？

7.3　三相交流电及供电连接

7.3.1　单相交流发电机

交流发电机是一种将机械能转化为电能的设备。如图 7.3-1 是交流发电机原理图，交流发电机由定子与转子组成，磁铁固定不动，叫定子；能绕中心轴转动的 N 匝线圈，叫转子；线圈两端 a、d 分别与两个彼此绝缘的集流环 A、B 连接；C、D 为电刷，用它将得到的交流电引出。

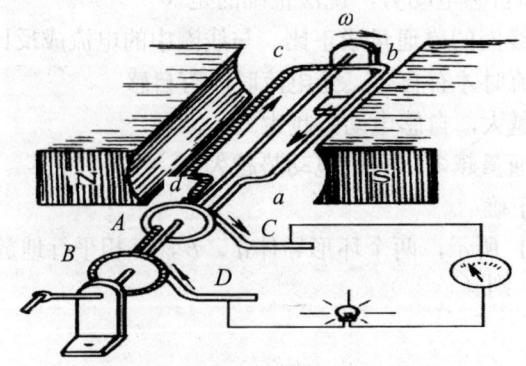

图 7.3-1　单相交流发电机结构简图

交流发电机的发电线圈以匀角速度 ω 绕与 $\boldsymbol{B}$ 垂直的中心轴转动，若开始时线圈平面法线 $\boldsymbol{n}$ 与 $\boldsymbol{B}$ 平行，则 t 时刻穿过线圈所围面积 S 的总磁通为

$$\Phi_m = NBS\cos\theta = NBS\cos\omega t \tag{7.3-1}$$

由法拉第电磁感应定律知

$$\begin{aligned}\varepsilon &= -\frac{\mathrm{d}\Phi_m}{\mathrm{d}t} = -\frac{\mathrm{d}}{\mathrm{d}t}(NBS\cos\theta)\\&= -\frac{\mathrm{d}}{\mathrm{d}t}(NBS\cos\omega t)\\&= N\omega BS\sin\omega t\\\varepsilon &= \varepsilon_{\max}\sin\omega t\end{aligned} \tag{7.3-2}$$

若线圈中电阻为 R，则感应电流为

$$I = \frac{\varepsilon}{R} = \frac{\varepsilon_{\max}}{R}\sin\omega t = I_{\max}\sin\omega t \tag{7.3-3}$$

其中

$$\varepsilon_{\max} = N\omega BS \tag{7.3-4}$$

可见要增大电动势，可用增加 B、S，还可用增加 N，或用加大推动转子的转矩，增大转速 ω。实用的发电机为获得更高的电压和大功率的交流电，把线圈嵌入固定不动的铁芯槽内作定子；转子是一个电磁铁，转子线圈通以直流电流后，能产生很强的磁场，当汽轮机或水轮机带动转子在定子线圈内转动时，穿过线圈内的磁通量也随时间作周期性变化，从而在定子线圈内产生高压交流电。

7.3.2 三相交流电及连接

1. 三相交流电

一个线圈在磁场中转动，产生一个交变的电动势，这种发电机叫作单相交流发电机，其产生的电动势或电流称为单相交流电。如图 7.3-2 所示，若发电机内有三个互成 120° 角的线圈同时在磁场中转动，电路里就产生相位差为 120° 的三个单相交变电动势，这样的发电机称为**三相交流发电机**，其所产生的电动势（或电流）叫做**三相交流电**。所以，所谓三相交流电就是三个频率相同、电势振幅相等、相位差互为 120° 的三个交流电动势或电流的总称。

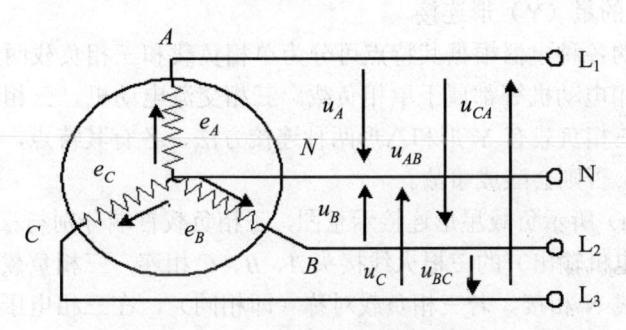

图 7.3-2 三相发电机线圈结构

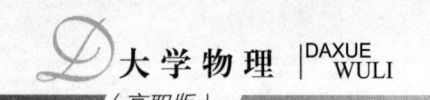

由三相线圈的位置关系，则产生的三相交流电的电动势为

$$\varepsilon_A = \varepsilon_{\max}\sin\omega t \tag{7.3-5}$$

$$\varepsilon_B = \varepsilon_{\max}\sin(\omega t - \pi/3) \tag{7.3-6}$$

$$\varepsilon_C = \varepsilon_{\max}\sin(\omega t - 2\pi/3) \tag{7.3-7}$$

三相交流电与单相交流电相比有很多优势，在用电方面，三相电动机比单相电动机结构简单，价格便宜，性能优越；在送电方面，采用三相制，在相同条件下，比单相输电更节约输电线的用铜量。实际上，单相电源就是取三相电源的一相，因此三相交流电得到广泛的应用。

2．三相电源的"星形连接"

通常发电机三相绕组的接法如图 7.3-2 所示，即将三个末端连在一起，这一连接点称为中点或零点，用 N 表示，由此引出的连接线称为中线或地线，由始端 A、B、C 引出的三根线 L_1、L_2、L_3 叫相线或端线，俗称火线，每根火线与中线组成一个单相交流电。这种连接方法称为"星形连接"。此连接方式称为三相四线制。

3．相电压与线电压

每相始端与末端间的电压，即火线与中线间的电压，称为相电压，其有效值用 U_A、U_B、U_C 或用 U_P 表示。

任意两始端间的电压，亦即两火线间的电压，称为线电压，其有效值用 U_{AB}、U_{BC}、U_{CA} 或用 U_l 表示。

各相电动势的正方向为自绕组的末端指向始端，相电压的正方向选定为自末端指向始端（中点）；线电压的正方向，例如 U_{AB} 是指 A 端指向 B 端，即端线 L_1 与 L_2 之间的电压。

当发电机的绕组呈星形连接时，相电压和线电压显然是不相等的。由于发电机绕组上的阻抗电压降低与相电压比较是很小的，可以忽略不计。于是相电压和对应的电动势基本相等，因此可以认为相电压同电动势一样，是对称的，故由相电压得出的线电压也是对称的，在相位上比相应的相电压超前 30°，且线电压是相电压的 $\sqrt{3}$ 倍，即

$$U_l = \sqrt{3}U_P \tag{7.3-8}$$

发电机的绕组呈星形连接时，就可以引出四根导线（三相四线制），这样就可以给予负载两种电压。通常在低压配电系统中相电压为 220 V，线电压为 380 V。发电机的绕组在连成星形时，不一定都引出中线。

4．三相负载的星（Y）形连接

生活中使用的各种电器根据其特点可分为单相负载和三相负载两大类。照明灯、电扇、电烙铁和单相电动机等都属于单相负载。三相交流电动机、三相电炉等三相用电器属于三相负载。三相负载有 Y 形和 △ 形两种连接方法，各有其特点，适用于不同场合，应注意不要搞错，否则会酿成事故。

如图 7.3-3（a）所示负载星形连接示意图，三相负载首端分别与三相交流电源（变压器输出或交流发电机输出）的三根火线接头 A、B、C 相连，三相负载的三个尾端相接后与三相电源的中线 N 相接。若三相负载对称（即相同），在三相电压的作用下负载中的三相电流也是对称的，即三相负载上的交流电流大小相同、频率相同，相位差互为 120°，这样的三个交流电流的矢量和为零，即中线上无电流流过，所以可以不接中线，只需接

三根火线，中性线悬空，得到如图 7.3-3（b）所示的无中线的星（Y）形连接。三相电流依靠端线和负载互成回路，且各相负载承受的电压为电源的相电压。

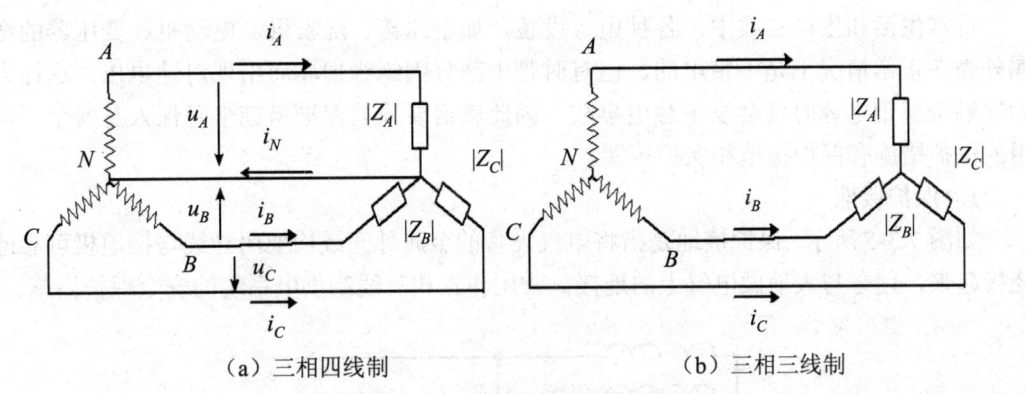

（a）三相四线制　　　　　　　　　　（b）三相三线制

图 7.3-3　三相负载的星形连接法

在实际工程中，经常遇到的问题是将许多单相负载分成容量大致相等的三相，分别接到三相电源上，这样构成的三相负载通常是不对称的。对于这样的负载必须使用三相四线制的方法连接，如图 7.3-3（a）所示。这是因为三相负载不对称，三相电流也不对称，其三相电流的矢量和不为零，必须引一根中线供电流不对称的部分流过，即必须三相四线制。由于中性线的作用，电流构成了相对独立的回路。不论负载有无变动，各相负载承受的电源相电压不变，从而保证了各相负载的正常工作。

对于不对称的负载，若没接有中线，或者中线出现断开故障，虽然电源的线电压不变，但各相负载承受的电压不再对称。有的相电压增高了，有的相电压降低了，这样就会使负载不能正常工作，甚至造成事故。

5．三相负载的三角形连接

当用电设备三相负载的额定电压为电源线电压时，负载电路应按△（三角）形连接。如图 7.3-4 所示，三相负载分别连接到两个火线之间。

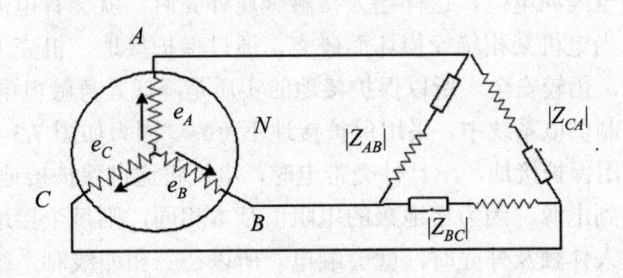

图 7.3-4　三相负载的三角形连接

当线路为△连接时，无须零线，可配接三相三线制电源。当负载用三角形接法时，无论负载平衡与否，各相负载承受的电压均为线电压；且各相负载与电源之间独自构成回路，互不干扰。

7.3.3 保护接地与保护接零

日常生活和生产实践中，各种电气设备，如电冰箱、洗衣机、电动机、变压器的金属外壳在正常情况下是不带电的，但有时带电部分因绝缘损坏而出现对地电压，这样人们接触金属带电体时就会发生触电事故，因此就需要采取保护措施来确保人身安全。常用的保护措施有保护接地和保护接零。

1. 保护接地

如图 7.3-5 所示，**保护接地**是指将电气设备的金属外壳或构架用导线与接地极可靠地连接起来，使之与大地做电气上的连接。常用作三相三线制供电系统的安全保护措施。

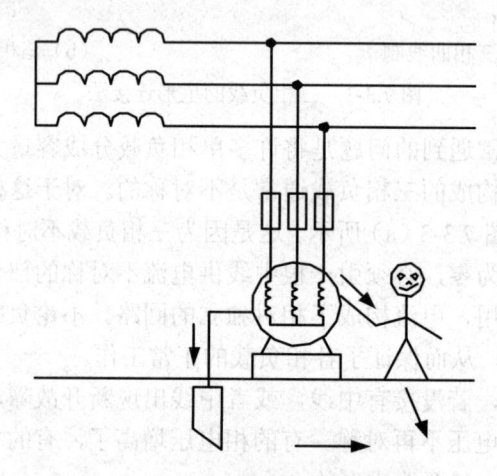

图 7.3-5　三相三线制保护接地

在三相三线制供电（电源中性点不接地）系统中，用电设备如电机、变压器等金属框架均应采用保护接地措施。如三相电机外壳不接地，电机某相绝缘损坏而碰壳，电机外壳带电，且与输电线同电位，这样当人接触金属外壳时，就会有电流流过而触电。采用保护接地之后，当电机某相绝缘损坏而碰壳，通过保护接地，机壳上电压很小，所以当人接触金属外壳，仍较安全。所以保护接地的实质是降低人身触电电压。

而对三相四线制供电系统中，采用保护接地不可靠。因为如图 7.3-6 所示，在三相四线制供电系统中若用保护接地，一旦外壳带电时，电流将通过保护接地的接地极、大地、电源的接地极而回到电源。因为接地极的电阻值基本相同，则每个接地极电阻上的电压是相电压的一半。人体触及外壳时，就会触电。所以在三相四线制系统中的电气设备不能采用保护接地，最好采用保护接零。

2. 保护接零

一般在电源中点接地的三相供电系统中，用电设备采用保护接零线。保护接零又叫保护接中线，是指在三相四线制系统中，将电气设备的金属外壳与接地的电源中线（零线）直接连接的保护连接方式。如图 7.3-7 所示。

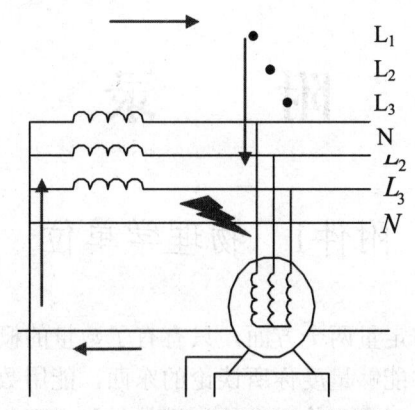

图 7.3-6　三相四线制错用保护接地

保护接零的基本作用是当用电设备一相绕组绝缘壁损坏而碰壳时，该相就通过金属壳和中线形成单相短路，产生很大的短路电流，使三相电路中的自动开关或熔断器迅速切断电源，把故障部分断开电流，从而消除触电危险，确保人身安全。

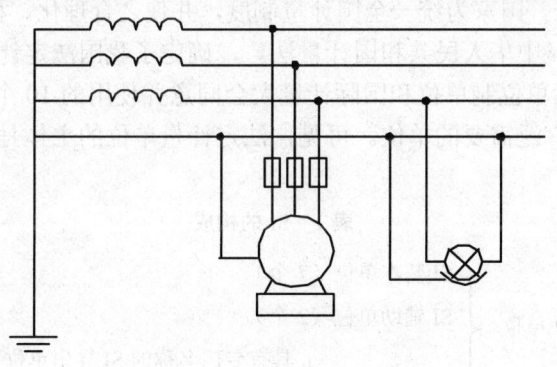

图 7.3-7　三相四线制中的保护接零

思考与练习

7.3-1　对称三相负载作 Y 接法，接在 380 V 的三相四线制的电源上，此时负载端线电压是相电压的_____倍；线电流等于相电流的_____倍；中线电流等于____。

7.3-2　我国三相四线制（低压供电系统）的照明电路中，相电压是_____V，线电压是____V。

7.3-3　三相四线制负载作星形连接的供电线路中，线电流与相电流_____；三相对称负载三角形连接的电路中，线电压与相电压_____。

7.3-4　在三相四线制供电线路中，中线上不许接_____、_____。

附　录

附件1　物理学单位

物理学规律包括定性与定量两个方面，只有有了数量的概念，物理学规律才显得精确。开尔文说过："假如你能够量度你所谈论的东西，能用数量表示它，你就对它有所了解；假如你不能用数量表示它，你对它的知识就是贫乏而不能令人满意的。"要量度某量的数量，就必须有量度的比较标准——单位。物理量之间有一定的关系，单位之间也就有一定的联系，相互关联的单位制确定之后，物理量才有意义。

1．法定计量单位和SI

新中国成立以来，国家为统一全国计量制度，并使之合理化、科学化做了许多工作。1985年9月颁布了《中华人民共和国计量法》，确定了我国法定计量单位。我国法定计量单位包括全部国际单位制单位和国际计量大会同意并使用的10个非国际单位，以及分贝、转每分等5个广泛需要的单位。可见，法定计量单位的主体是国际单位制（国际上简称SI）。

表1　SI的构成

SI {
　SI 单位 {
　　SI 基本单位（7个）
　　SI 辅助单位（2个）
　　SI 导出单位 {
　　　具有专门名称的SI导出单位（19个）
　　　组合形式的SI导出单位
　　}
　}
　SI 词头（16个）
　SI 单位的十进倍数和分数单位
}

表2　SI基本单位和辅助单位

	量的名称	单位名称	单位符号
基本单位	长度	米	m
	质量	千克（公斤）	kg
	时间	秒	s
	电流	安[培]	A
	热力学温度	开[尔文]	K
	物质的量	摩[尔]	mod
	发光强度	坎[德拉]	cd
辅助单位	[平面]角	弧度	rad
	立体角	球面度	sr

表3 我国选定几个常用非SI单位制单位

	量的名称	单位名称	单位符号	换算关系
基本单位	时间	分	min	1h=60 min
		时	h	
	[平面]角	秒	″	$1°=\pi/180\text{rad}$
		分	′	
		度	°	
	旋转速度	转每分	r/min	
	体积、容积	升	L、mL	$1L=10^3\text{mL}$
辅助单位	能	电子伏	eV	
	级差	分贝	dB	

表4 常用物理量的法定计量单位示例

物理量	名称	符号	备注
面积	平方米	m^2	
速度	米每秒	m/s	
加速度	米每平方秒	m/s^2	
角速度	弧度每秒	rad/s	
角加速度	弧度每平方秒	rad/s^2	
周期	秒	s	
频率	赫兹	Hz	
角（圆）频率	弧度每秒	rad/s	
波长	米	m	
动量	千克米每秒	kg·m/s	
角动量	千克平方米每秒	$kg·m^2/s$	
转动惯量	千克平方米	$kg·m^2$	
力	牛[顿]	N	$1N=1kg·m/s^2$
力矩	牛·米	N·m	
压强	帕[斯卡]	Pa	$1Pa=1N/m^2$
功	焦[耳]	J	$1J=1N·m$
能量	焦、电子伏[特]	J、ev	$1eV\approx1.6\times10^{-19}J$
功率	瓦[特]	W	$1W=1J/s$
摄氏温度	摄氏度	℃	
热量	焦[耳]	J	

表4续 常用物理量的法定计量单位示例

物理量	名称	符号	备注
声强级	分贝	dB	$L_I = 20\lg\dfrac{I}{I_0}$
声压级	分贝	dB	$L_p = 10\lg\dfrac{p}{p_0}$
物质的量	摩尔	mol	
摩尔质量	千克每摩尔	kg/mol	
摩尔热容	焦[耳]每摩尔	J/mol	
电荷量	库[仑]	C	$1C = 1A \cdot s$
电场强度	伏[特]每米	V/m	$1V/m = 1N/C$
电势	伏[特]	V	$1V = 1W/A$
电容	法[拉],微法,皮法	F,μF,pF	$1F = 1C/V, 1\mu F = 10^{-6}F$
电容率	法[拉]每米	F/m	
电偶极矩	库[仑]米	C·m	
磁场强度	安[培]每米	A/m	
电能	焦耳,千瓦时	J,kW·h	$1kW \cdot h = 3.6 \times 10^6 J$
磁感应强度	特[斯拉]	T	$1T = 1Wb/m^2$
磁通量	韦[伯]	Wb	
自感、互感	亨[利]	H	$1H = 1Wb/A = 1V \cdot s/A$
磁导率	亨[利]每米	H/m	
电阻	欧[姆]	Ω	$1\Omega = 1V/A$
电阻率	欧[姆]米	Ω·m	
电导率	西[门子]每米	S/m	
辐射功率	瓦[特]	W	
辐射出射度	瓦[特]每平方米	W/m²	
辐射照度	瓦[特]每平方米	W/m²	
光通量	流[明]	lm	
[光]照度	勒[克斯]	lx	
阻尼系数	每秒	s⁻¹	

表5　若干用于构成十进制位数和分数的词头

所表示的因数	词头名称	词头符号
10^6	兆	M
10^3	千	k
10^{-2}	厘	c
10^{-3}	毫	m
10^{-6}	微	μ
10^{-9}	纳[诺]	n
10^{-12}	皮[可]	p

2. 法定计量单位主要单位的定义

米（metre）：光在真空中 299 792 458 分之一秒时间间隔所经路径的长度。

千克（kilogram）：国际千克原器的质量。

秒（second）：铯-133 原子基态的两超精细能级间跃迁所对应的辐射的 9 192 631 770 个周期持续的时间。

安培（ampere）：在真空中，截面可忽略的两根相距 1m 的无限长平行圆直导线通以等量恒定电流时，若导线间相互作用力在每米长度上为 2×10^{-7}N，则每根导线中的电流为 1A。

开尔文（kelvin）：水三相点热力学温度的 1/273.16。

摩尔（mole）：物质的量为 1mol 的系统中所包含的基本单元数与 0.012kg 碳-12 的原子数目相等。在使用摩尔时，应指明单元是原子、分子、离子、电子及其他粒子，或这些粒子的特定组合。

坎德拉（candela）：是一光源在给定方向上的发光强度，该光源发出频率为 540×10^{12}Hz 的单色辐射，且在此方向上的辐射强度为 1/638W/sr。

弧度（radian）：一个圆内两条半径间的平面角，这两条半径在圆周上截取的弧度与半径相等。

球面度（steradian）：一个立体角，其顶点位于球心，而它在球面上所截取的面积等于以球半径边长的正方形面积。

伏特（volt）：通过 1A 恒定电流的导线内，两点之间消耗功率为 1W 时，这两点间的电位差为 1V。

法拉（farad）：电容器的电容量，当电容器充 1C 电量时，其两极板出现的 1V 电位差。

韦伯（weber）：只有 1 匝的环形线圈中磁通量，它在 1s 时间内均匀地降到零时，环路内所产生的感应电动势为 1V。

特斯拉（tesla）：在 $1m^2$ 面积内垂直均匀通过 1Wb 磁通量的磁通密度。

亨利（henry）：一闭合回路的电感，当流过该电路的电流以 1A/s 的速度均匀变化时，在回路中产生 1V 的电动势。

流明（lumen）：1cd 发光强度的点光源在 1sr 立体角内发射的光通量。

勒克斯（lux）：1lm 的光通量均匀分布于 $1m^3$ 面积上的光照度。

电子伏（electronvolt）：1 个电子经真空中电位差为 1V 的电场所获得的动量。

附件2　常用物理常量

物理常数	最佳实验值
真空中光速	$c = (2.99792458 \pm 0.00000012) \times 10^8 \, \text{m/s}$
引力常数	$G = (6.6720 \pm 0.0041) \times 10^{-11} \, \text{m}^3/(\text{kg} \cdot \text{s}^2)$
阿伏加德罗（Avogadro）常数	$N_A = (6.022045 \pm 0.000031) \times 10^{23} \, \text{mol}^{-1}$
普适气体常数	$R = 8.31441 \pm 0.00026 \, \text{J} \cdot \text{mol}^{-1} \cdot \text{K}^{-1}$
玻尔兹曼（Boltzmann）常数	$k = (1.380662 \pm 0.000041) \times 10^{-23} \, \text{J} \cdot \text{K}^{-1}$
理想气体摩尔体积	$V_m = (22.41383 \pm 0.00070) \times 10^{-3} \, \text{m}^3/\text{mol}$
基本电荷（元电荷）	$e = (1.6021892 \pm 0.0000046) \times 10^{-19} \, \text{C}$
原子质量单位	$u = (1.6605655 \pm 0.0000086) \times 10^{-27} \, \text{kg}$
电子静止质量	$m_e = (9.109534 \pm 0.000047) \times 10^{-31} \, \text{kg}$
电子荷质比	$e/m_e = (1.7588047 \pm 0.0000049) \times 10^{11} \, \text{C/kg}$
质子静止质量	$m_p = (1.6749485 \pm 0.0000086) \times 10^{-27} \, \text{kg}$
中子静止质量	$m_n = (1.6749543 \pm 0.0000086) \times 10^{-27} \, \text{kg}$
真空电容率	$\varepsilon_0 = (8.854187818 \pm 0.000000071) \times 10^{-12} \, \text{F/m}$
真空磁导率	$\mu_0 = 12.5663706144 \times 10^{-7} \, \text{N/A}^2$
电子磁矩	$\mu_e = -(9.284832 \pm 0.000036) \times 10^{-24} \, \text{J} \cdot \text{T}^{-1}$
质子磁矩	$\mu_p = (1.4106171 \pm 0.0000055) \times 10^{-26} \, \text{J} \cdot \text{T}^{-1}$
核磁子	$\mu_N = (5.059824 \pm 0.000020) \times 10^{-27} \, \text{J} \cdot \text{T}^{-1}$
普朗克（Planck）常数	$h = (6.626176 \pm 0.000036) \times 10^{-34} \, \text{J} \cdot \text{s}^{-1}$
质子电子质量比	$m_p/m_e = 1836.1515$

附件3　希腊字母表

序号	大写	小写	英文注音	国际音标	中文读音	字母在物理中常用意义
1	A	α	alpha	a:lfə	阿尔法	角度；系数
2	B	β	beta	betə	贝塔	磁通系数；角度；系数
3	Γ	γ	gamma	ga:mə	伽马	电导系数（小写）
4	Δ	δ	delta	deltə	德尔塔	变动；屈光度
5	E	ε	epsilon	ep`silon	伊普西龙	能量；电容率
6	Z	ζ	zeta	zatə	截塔	系数；方位角；阻抗；原子序数
7	H	η	eta	eitə	艾塔	磁滞系数；效率（小写）
8	Θ	θ	theta	θitə	西塔	温度；角度
9	I	ι	iota	aiotə	约塔	微小，一点儿
10	K	κ	kappa	kapə	卡帕	玻尔兹曼常数
11	Λ	λ	lambda	lambdə	兰布达	波长（小写）；体积
12	M	μ	mu	mju	缪	磁导系数；微（千分之一）；放大因数（小写）
13	N	ν	nu	nju	纽	磁阻系数
14	Ξ	ξ	xi	ksi	克西	随机变量
15	O	o	omicron	omik`ron	奥密克戎	无穷小量：o（x）
16	Π	π	pi	pai	派	圆周率=圆周÷直径=3.14159
17	P	ρ	rho	rou	肉	电阻系数（小写）；密度（小写）
18	Σ	σ	sigma	`sigma	西格马	总和（大写）；表面密度；跨导（小写）
19	T	τ	tau	tau	套	时间常数
20	Y	υ	upsilon	jup`silon	依普西龙	位移
21	Φ	φ	phi	fai	佛爱	电通量；磁能量；相位；角度
22	X	χ	chi	phai	西	卡方分布；电感
23	Ψ	ψ	psi	psai	普西	角速；角
24	Ω	ω	omega	o`miga	欧米伽	欧姆（大写）；角速（小写）；角

参 考 文 献

[1] 漆安慎，杜婵英. 力学（普通物理学教程）[M]. 北京：高等教育出版社，1997.
[2] 周圣源，黄伟民. 高工专物理学[M]. 北京：高等教育出版社，2004.
[3] 任修红，张小芳. 物理学（高职版）[M]. 北京：北京大学出版社，2014.
[4] 程守洙，江之水. 普通物理学（第 2 册第五版）[M]. 北京：高等教育出版社，1998.
[5] 胥宏. 工程力学学习指导[M]. 北京：机械工业出版社，2009.
[6] 徐建中. 物理学（三年制）[M]. 北京：化学工业出版社，2004.
[7] 杨砚儒. 应用物理学[M]. 北京：高等教育出版社，2007.
[8] 穆能伶，陈栩. 新编力学教程[M]. 北京：机械工业出版社，2008.
[9] 汪志诚. 热力学·统计物理[M]. 北京：高等教育出版社，1980.
[10] 梁灿彬，秦光戎，梁竹健. 电磁学（第三版）[M]. 北京：高等教育出版社，2004.